国家示范性高职院校建设项目成果
高等职业教育教学改革系列规划教材

# 物联网射频识别技术与应用

徐雪慧 主　编

王　川 主　审

电子工业出版社
Publishing House of Electronics Industry
北京·BEIJING

## 内 容 简 介

本书以贴近实际的具体项目为依托,将必须掌握的基本知识与项目设计和实施建立联系,将能力和技能培养贯穿其中。本书根据行业产业对人才的知识和技能要求,设计了 7 个项目:认识射频识别技术、125kHz 物联网 RFID 应用系统设计——门禁系统、13.56MHz 物联网 RFID 应用系统设计——公交收费系统、2.4GHz 物联网 RFID 应用系统设计——ETC 系统、物联网射频识别技术与应用系统硬件使用、物联网射频识别技术与应用系统软件使用、物联网 RFID 应用系统——学生拓展设计案例。根据项目的实施过程,将主要内容分成多个教学单元,将知识点和技能训练贯穿其中,使学生能在较短时间内达到掌握射频识别技术相关知识和技能的目的。各项目中的理论实践紧密结合,由浅到深,层层递进。

本书的参考学时为 60 学时,使用者可根据具体情况适当增减。本书可作为高职高专或应用型本科通信、物联网、电子与计算机类专业射频识别技术及应用相关课程的教材,也可作为射频系统开发、制造、使用和维护人员的培训参考书。

未经许可,不得以任何方式复制或抄袭本书之部分或全部内容。
版权所有,侵权必究。

**图书在版编目(CIP)数据**

物联网射频识别技术与应用 / 徐雪慧主编. —北京:电子工业出版社,2015.2
高等职业教育教学改革系列规划教材
ISBN 978-7-121-25027-9

Ⅰ.①物… Ⅱ.①徐… Ⅲ.①射频-无线电信号-信号识别-高等职业教育-教材 Ⅳ.①TN911.23

中国版本图书馆 CIP 数据核字(2014)第 282052 号

策划编辑:王艳萍
责任编辑:王艳萍
印　　刷:北京虎彩文化传播有限公司
装　　订:北京虎彩文化传播有限公司
出版发行:电子工业出版社
　　　　　北京市海淀区万寿路 173 信箱　邮编 100036
开　　本:787×1 092　1/16　印张:15.5　字数:396.8 千字
版　　次:2015 年 2 月第 1 版
印　　次:2019 年 7 月第 6 次印刷
定　　价:35.00 元

凡所购买电子工业出版社图书有缺损问题,请向购买书店调换。若书店售缺,请与本社发行部联系,联系及邮购电话:(010)88254888,88258888。
质量投诉请发邮件至 zlts@phei.com.cn,盗版侵权举报请发邮件至 dbqq@phei.com.cn。
本书咨询联系方式:wangyp@phei.com.cn。

# 前　言

过去的几十年间，互联网技术和应用取得巨大突破，随着全球信息技术革命的深入和3G、4G网络的建设，物联网近来正受到业界的广泛关注。物联网被称为世界信息产业的第三次浪潮，代表了下一代信息发展的重要方向，被世界各国作为应对国际金融危机、振兴经济的重点技术领域。物联网是一个正在高速发展并面临爆发性成长的朝阳行业，其巨大的市场需求已催生出一个新兴的物联网产业链。随着物联网技术应用的不断深入和推广，需要大量的具有相关技术的应用型人才来从事各类物联网技术配套设备及其应用系统的设计、开发、制造、发行、维护及服务工作。为适应高职院校物联网专业发展需要，根据高职高专人才培养目标，结合技术发展和教学实践经验，吸取国内外相关教材和技术资料优点，我们编写了本书。

物联网射频识别（RFID）技术与应用是一门应用性很强的综合专业课程，注重理论知识与实践应用的紧密结合。本书的设计思路是采用项目式课程模式，项目课程的开发是当前课程改革热点之一，项目课程强调不仅要给学生知识，而且要通过训练，使学生能够在知识与工作任务之间建立联系。项目课程的实施将课程的知识点、能力培养和技能训练的要素贯穿在对工作任务的认识和体验、实施及在任务实施过程的考核中加以体现和完成。在项目课程的实施过程中，项目课程开发的整体思路，对推进项目的实施、保证项目的顺利完成、考核学生的项目成果、引导学生从项目实施中获取相应的知识和技能，起着举足轻重的作用。

本书以贴近实际的具体项目为依托，将必须掌握的基本知识与项目设计和实施建立联系，将能力和技能培养贯穿其中。本书根据行业产业对人才的知识和技能要求，设计了7个项目：认识射频识别技术、125kHz 物联网 RFID 应用系统设计——门禁系统、13.56MHz 物联网 RFID 应用系统设计——公交收费系统、2.4GHz 物联网 RFID 应用系统设计——ETC 系统、物联网射频识别技术与应用系统硬件使用、物联网射频识别技术与应用系统软件使用、物联网 RFID 应用系统——学系拓展设计案例。根据项目的实施过程，将主要内容分成多个教学单元，将知识点和技能训练贯穿其中，使学生能在较短时间内达到掌握射频识别技术相关知识和技能的目的。各项目中的理论实践紧密结合，由浅到深，层层递进。

本书由武汉职业技术学院徐雪慧主编，并对全书进行统稿，刘骋、黎爱琼参编，王川主审。其中2.6节由刘骋编写，4.6节由黎爱琼编写，其余章节由徐雪慧编写。在本书编写过程中，原武汉卡卡智能科技有限公司多名工程师为本书编写给予了很大的指导和帮助，武汉职业技术学院电信学院温贤沣、刘敏、温理伟、黄甜同学提供并整理了部分图片及文字资料，在此表示深切的感谢。

在本书的编写过程中，我们力图全面反映射频识别技术各方面的知识、理论、技术和实践经验，但由于射频识别技术发展和应用日新月异，又在一定程度上存在技术保密与知识产权保护等因素，因此一些技术尚未在书中涉及，有待今后进一步完善。

本书注重对学生综合应用能力的培养和训练，并注重理论联系实践，所有系统设计项目均可进行软件仿真和硬件系统实验，相关知识点尽可能做到深入浅出，在内容的组织和编写方法上力求新颖，在语言上力求通俗易懂，但由于编者水平有限，书中难免存在不妥和错误之处，恳请读者不吝赐教。

本书配有免费的电子教学课件和设计源代码，请有需要的教师登录华信教育资源网

（www.hxedu.com.cn）免费注册后进行下载，如有问题请在网站留言或与电子工业出版社联系（E-mail：hxedu@phei.com.cn）。武汉职业技术学院电信学院电子信息工程技术专业物联网射频识别技术实验室为本书配备了实训所需的全套实验系统与应用软件，使用本教材的院校若有需要，可与武汉职业技术学院电信学院电子信息工程技术专业联系获得支持（E-mail：18150149@qq.com）。

编　者

2014 年 10 月

# 目 录

绪论 ······················································································································ (1)
  0.1 物联网概述 ···················································································································· (1)
    0.1.1 物联网的概念 ········································································································· (1)
    0.1.2 物联网发展历史 ····································································································· (2)
    0.1.3 物联网技术架构 ····································································································· (3)
    0.1.4 物联网的应用 ········································································································· (4)
    0.1.5 物联网对经济的影响 ····························································································· (6)
  0.2 自动识别技术 ················································································································ (6)
    0.2.1 自动识别技术概念 ································································································· (7)
    0.2.2 自动识别系统 ········································································································· (7)
    0.2.3 自动识别技术种类 ································································································· (8)
  小结 ···································································································································· (13)
  思考与练习 ························································································································ (13)

项目一 认识射频识别技术 ······························································································· (15)
  1.1 任务导入：什么是射频识别技术 ················································································· (15)
    1.1.1 射频识别技术的发展进程 ····················································································· (15)
    1.1.2 射频识别技术的特点 ··························································································· (16)
  1.2 射频识别系统组成 ······································································································ (17)
    1.2.1 射频识别系统的基本组成 ····················································································· (17)
    1.2.2 电子标签 ··············································································································· (18)
    1.2.3 阅读器 ··················································································································· (21)
  1.3 射频识别系统分类 ······································································································ (23)
  1.4 射频识别系统工作原理 ······························································································ (26)
    1.4.1 RFID 的基本交互原理 ··························································································· (26)
    1.4.2 射频识别系统工作流程 ························································································· (27)
    1.4.3 射频识别系统中能量及数据传输原理 ································································· (27)
  1.5 射频识别系统中的应用技术 ······················································································· (30)
    1.5.1 RFID 系统实施技术 ······························································································· (30)
    1.5.2 RFID 系统测试技术 ······························································································· (32)
    1.5.3 RFID 系统的安装技术 ··························································································· (32)
    1.5.4 RFID 系统的故障分析技术 ··················································································· (32)
  1.6 射频识别技术的应用和发展前景 ··············································································· (33)
    1.6.1 RFID 技术的应用 ··································································································· (33)
    1.6.2 RFID 技术的典型应用实例 ··················································································· (33)

|  |  | 1.6.3 RFID 技术的发展前景 | （35） |
| --- | --- | --- | --- |
|  | 1.7 | 知识拓展 | （36） |
|  |  | 1.7.1 RFID 技术相关标准 | （36） |
|  |  | 1.7.2 射频卡简介 | （38） |
|  |  | 1.7.3 射频卡的生命周期 | （39） |
|  | 小结 |  | （44） |
|  | 思考与练习 |  | （45） |
| 项目二 | 125kHz 物联网 RFID 应用系统设计——门禁系统 |  | （46） |
|  | 2.1 | 任务导入：什么是射频卡门禁系统 | （46） |
|  |  | 2.1.1 门禁系统组成 | （47） |
|  |  | 2.1.2 门禁系统设计目标 | （49） |
|  |  | 2.1.3 门禁系统功能需求 | （49） |
|  | 2.2 | 125kHz 物联网射频卡 | （50） |
|  |  | 2.2.1 EM4100 射频卡简介 | （50） |
|  |  | 2.2.2 EM4100 射频卡内部电路框图 | （51） |
|  |  | 2.2.3 EM4100 编码描述 | （53） |
|  |  | 2.2.4 EM4100 中的 IC 存储单元 | （54） |
|  | 2.3 | 125kHz 射频卡门禁系统原理 | （54） |
|  |  | 2.3.1 125kHz 门禁系统阅读器结构原理 | （55） |
|  |  | 2.3.2 125kHz 门禁阅读器电路原理 | （56） |
|  |  | 2.3.3 125kHz 门禁阅读器天线设计原理 | （57） |
|  | 2.4 | 125kHz 射频卡门禁系统硬件设计 | （57） |
|  |  | 2.4.1 125kHz 门禁阅读器硬件结构 | （57） |
|  |  | 2.4.2 125kHz 门禁射频卡阅读器核心模块 | （57） |
|  |  | 2.4.3 125kHz 门禁射频卡阅读器外围电路 | （58） |
|  |  | 2.4.4 125kHz 门禁射频卡阅读器板级模块接口 | （59） |
|  | 2.5 | 125kHz 射频卡门禁系统软件设计 | （60） |
|  |  | 2.5.1 射频门禁卡 ID 的识别 | （60） |
|  |  | 2.5.2 射频卡门禁系统通信与管理功能的软件设计流程 | （64） |
|  | 2.6 | 知识拓展 | （64） |
|  |  | 2.6.1 LPC111x 芯片简介 | （64） |
|  |  | 2.6.2 嵌入式系统简介 | （70） |
|  |  | 2.6.3 韦根接口 | （74） |
|  |  | 2.6.4 其他 125kHz 射频卡介绍 | （76） |
|  | 小结 |  | （79） |
|  | 思考与练习 |  | （80） |
| 项目三 | 13.56MHz 物联网 RFID 应用系统设计——公交收费系统 |  | （81） |
|  | 3.1 | 任务导入：什么是公交收费系统 | （81） |
|  |  | 3.1.1 公交收费系统组成 | （82） |

  3.1.2 公交收费系统设计目标 ……………………………………………………………（83）
  3.1.3 公交收费系统功能需求 ……………………………………………………………（84）
 3.2 13.56MHz 物联网射频卡 ……………………………………………………………………（84）
  3.2.1 Mifare 1 射频卡简介 ………………………………………………………………（84）
  3.2.2 Mifare 1 射频卡的功能组成 ………………………………………………………（85）
  3.2.3 Mifare 1 射频卡的存储结构 ………………………………………………………（87）
  3.2.4 Mifare 1 射频卡与阅读器的通信 …………………………………………………（89）
 3.3 13.56MHz 射频卡公交收费系统原理 ……………………………………………………（90）
  3.3.1 13.56MHz 射频卡公交收费系统简介 ……………………………………………（90）
  3.3.2 13.56MHz 公交射频卡阅读器工作基本原理 ……………………………………（91）
  3.3.3 13.56MHz 射频系统天线设计 ……………………………………………………（92）
 3.4 13.56MHz 射频卡公交收费系统硬件设计 ………………………………………………（93）
  3.4.1 13.56MHz 公交射频卡阅读器模块硬件结构简介 ………………………………（93）
  3.4.2 MFRC522 简介 ……………………………………………………………………（94）
  3.4.3 13.56MHz 公交射频卡阅读器模块接口引脚 ……………………………………（96）
  3.4.4 13.56MHz 公交射频卡阅读器模块天线设计实现 ………………………………（98）
 3.5 13.56MHz 射频卡公交收费系统软件设计 ………………………………………………（98）
  3.5.1 I$^2$C 通信协议 ………………………………………………………………………（98）
  3.5.2 读写 13.56MHz 射频卡 …………………………………………………………（101）
  3.5.3 13.56MHz 公交收费系统功能流程 ……………………………………………（102）
 3.6 知识拓展 ……………………………………………………………………………………（104）
  3.6.1 I$^2$C 总线协议 ……………………………………………………………………（104）
  3.6.2 ISO/IEC 14443 标准 ……………………………………………………………（107）
  3.6.3 ISO/IEC 15693 标准简介 ………………………………………………………（128）
  3.6.4 其他 13.56MHz 射频卡简介 ……………………………………………………（129）
小结 …………………………………………………………………………………………………（130）
思考与练习 …………………………………………………………………………………………（131）

**项目四 2.4GHz 物联网 RFID 应用系统设计——ETC 系统** …………………………（132）
 4.1 任务导入：什么是 ETC 系统 ……………………………………………………………（132）
  4.1.1 ETC 系统组成及工作原理 ………………………………………………………（133）
  4.1.2 ETC 技术发展 ……………………………………………………………………（134）
  4.1.3 ETC 系统工作流程 ………………………………………………………………（135）
  4.1.4 ETC 系统特点 ……………………………………………………………………（135）
  4.1.5 ETC 系统设计目标 ………………………………………………………………（135）
 4.2 2.4GHz 物联网射频标签 …………………………………………………………………（136）
  4.2.1 nRF24L01 射频芯片 ……………………………………………………………（136）
  4.2.2 2.4GHz 射频标签模块 …………………………………………………………（139）
 4.3 2.4GHz 射频 ETC 系统原理 ……………………………………………………………（142）
 4.4 2.4GHz 射频 ETC 系统硬件设计 ………………………………………………………（142）

| | | |
|---|---|---|
| 4.5 | 2.4GHz 射频 ETC 系统软件设计 | (143) |
| 4.6 | 知识拓展 | (145) |
| | 4.6.1 ETC 相关介绍 | (145) |
| | 4.6.2 SPI 总线协议 | (146) |
| 小结 | | (154) |
| 思考与练习 | | (155) |

## 项目五 实训项目：物联网射频识别技术与应用系统硬件使用 (156)

| | | |
|---|---|---|
| 5.1 | 系统简介 | (156) |
| 5.2 | 搭建演示平台 | (158) |
| 5.3 | 主板使用手册 | (160) |
| | 5.3.1 主板硬件结构简介 | (160) |
| | 5.3.2 主板接口 | (160) |
| | 5.3.3 主板功能配置 | (165) |
| 5.4 | MCU 模块使用手册 | (167) |
| 5.5 | 各组件模块简介 | (169) |
| | 5.5.1 STN 显示模块 | (169) |
| | 5.5.2 BUTTON_LED 模块 | (170) |
| | 5.5.3 蜂鸣器、继电器模块 | (172) |
| | 5.5.4 USB-UART 串口模块 | (173) |
| | 5.5.5 电源模块 | (175) |
| | 5.5.6 硬件功能扩展 | (176) |
| 5.6 | 外围器件及接口简介 | (177) |
| | 5.6.1 液晶显示屏 | (177) |
| | 5.6.2 LED | (181) |
| | 5.6.3 按键开关 | (183) |
| | 5.6.4 蜂鸣器 | (184) |
| | 5.6.5 继电器 | (186) |
| | 5.6.6 USB 接口 | (188) |
| | 5.6.7 UART 接口 | (192) |

## 项目六 实训项目：物联网射频识别技术与应用系统软件使用 (196)

| | | |
|---|---|---|
| 6.1 | 工具准备阶段 | (196) |
| | 6.1.1 安装串口驱动说明 | (196) |
| | 6.1.2 Keil uVision 安装 | (197) |
| | 6.1.3 Flash Magic 安装使用 | (200) |
| 6.2 | MCU 系统应用基础技能 | (204) |
| | 6.2.1 创建 MCU 程序 | (204) |
| | 6.2.2 在线下载及调试 | (209) |
| 6.3 | Proteus 8.0 安装和使用 | (212) |
| | 6.3.1 Proteus 8.0 基本性能概述 | (212) |

  6.3.2 Proteus 8.0 的安装 ………………………………………………………………（214）
  6.3.3 Proteus 8.0 使用介绍 ………………………………………………………………（217）
**项目七 物联网 RFID 应用系统——学生拓展设计案例** ………………………………（226）
 7.1 公司等级权限智能门禁系统设计 …………………………………………………（226）
 7.2 射频卡水控制器系统设计 …………………………………………………………（227）
 7.3 购物消费系统设计 …………………………………………………………………（230）
 7.4 停车场收费系统设计 ………………………………………………………………（232）
 7.5 优秀职工考勤系统设计 ……………………………………………………………（233）
**参考文献** ………………………………………………………………………………………（236）

# 绪 论

物联网是在互联网的基础上,将其用户端延伸和扩展到任何物品,进行信息交换和通信的一种网络。物联网最初在美国被提出时,还只是停留在给全球每个物品一个代码,实现物品跟踪与信息传递的设想上。如今,物联网已经成为全世界最密切关注的技术,物联网本身则被称为继计算机、互联网之后世界信息产业的第三次浪潮。

IBM 前首席执行官郭士纳曾提出一个观点,计算模式每隔 15 年将发生一次变革。1965 年前后发生的变革以大型机为标志,1980 年前后发生的变革以个人计算机为标志,1995 年前后发生的变革以互联网为标志,这次则将是物联网的变革。物联网描绘的是智能化的世界,如果在基础建设的执行中植入"智慧"的理念,在物联网的世界里物物都将相连,地球万物将充满智慧。

射频识别技术是实现物联网的关键技术。射频识别技术是一种自动识别技术,它利用射频信号实现无接触信息传递,达到物品的跟踪与信息的共享,从而给物体赋予智能,实现人与物体以及物体与物体的沟通和交流,最终构成连通万事万物的物联网。

## 0.1 物联网概述

### 0.1.1 物联网的概念

物联网(Internet of Things,IOT)是一个基于互联网、传统电信网等信息承载体,使所有能够被独立寻址的普通物理对象实现互连互通的网络。物联网是通过射频识别(RFID)、红外感应器、全球定位系统、激光扫描器等信息传感设备,按照约定的协议,将任何物品与互联网相连接,进行信息交换和通信,以实现智能化识别、定位、跟踪、监控和管理的一种网络。因此,物联网是在计算机互联网的基础上,利用传感、红外、射频识别、无线数据通信等技术,通过计算机互联网实现物品的自动识别和信息的互连和共享,让物品能够彼此进行"交流",无须人的干预,如图 0-1 所示。

物联网的英文含义是物物相连的互联网。其有两层含义:第一,物联网的核心和基础仍然是互联网,是在互联网基础之上延伸和扩展的一种网络;第二,其用户端延伸和扩展到了任何物品与物品之间,并进行信息交换和通信。

物联网是互联网的应用拓展,应用创新是物联网发展的核心,以用户体验为核心的创新则是物联网发展的灵魂。物联网的本质概括起来主要体现在三个方面:一是互联网特征,即对需要联网的物一定要能够实现互连互通;二是识别与通信特征,即纳入物联网的"物"一定要具备自动识别与物物通信的功能;三是智能化特征,即网络系统应具有自动化、自我反馈与智能控制的特点。

物联网的问世打破了之前的传统思维。过去的思维一直是将物理基础设施和 IT 基础设施分开,一方面是机场、公路、建筑物,另一方面是数据中心、个人电脑、宽带等。而在物联网时代，钢筋混凝土、商品、电缆将与芯片、宽带整合为统一的基础设施，在此意义上，基础设施更像是一块新的地球，故也有业内人士认为物联网是智慧地球的有机构成部分。

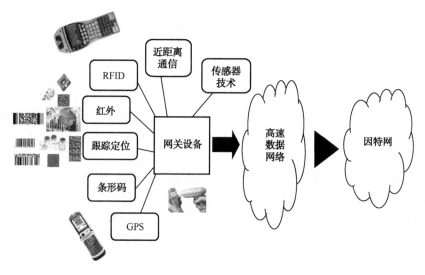

图 0-1　物联网拓扑图

根据国际电信联盟（ITU）的描述，通过在各种各样的日常用品上嵌入一种短距离的移动收发器，人类在信息与通信的世界将获得一个新的沟通维度，从任何时间、任何地点人与人之间的沟通和连接扩展到任何时间、任何地点人与人、人与物、物与物之间的沟通和连接。

### 0.1.2　物联网发展历史

物联网的概念是在 1999 年提出的。过去在中国，物联网被称为传感网。1999 年，在美国召开的移动计算和网络国际会议提出，传感网是下一个世纪人类面临的又一个发展机遇。

2003 年，美国《技术评论》杂志提出，传感网络技术将是未来改变人们生活的十大技术之首。

2005 年 11 月 17 日，在突尼斯举行的信息社会世界高峰会议（WSIS）上，国际电信联盟发布了《ITU 互联网报告 2005：物联网》正式提出了"物联网"的概念。报告指出，无所不在的"物联网"通信时代即将来临，世界上所有的物体都可以通过因特网主动进行交流，从轮胎到牙刷、从房屋到纸巾。

2009 年奥巴马就任美国总统后，与美国工商业领袖举行了一次"圆桌会议"。在这次会议中，IBM 首席执行官彭明盛首次提出"智慧地球"这一概念，建议新政府投资新一代的智慧型基础设施。"智慧地球"概念一经提出，即得到美国各界的高度关注，甚至有分析认为，IBM 公司的这一构想极有可能上升至美国的国家战略，并在世界范围内引起轰动。IBM 认为，IT 产业下一阶段的任务，是把新一代的 IT 技术充分运用到各行各业中，地球上的各种物体将被普遍连接，形成物联网。

物联网在我国被列为国家七大新兴战略性产业之一，写入政府工作报告，在中国受到了全社会极大的关注，其受关注程度是在美国、欧盟及其他各国不可比拟的。

物联网的发展进程如图 0-2 所示。

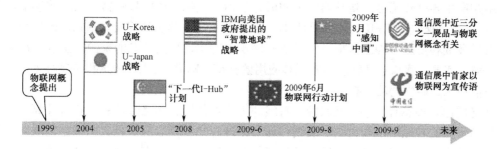

图 0-2　物联网的发展进程

欧洲智能系统整合平台（EPoSS）的报告《Internet of Things in 2020》中分析预测，物联网未来的发展将经历 4 个阶段：2010 年之前 RFID 被广泛应用于物流、零售和制药领域，2010～2015 年将为物体互连阶段，2015～2020 年物体将进入半智能化阶段，2020 年之后物体进入全智能化阶段。

## 0.1.3　物联网技术架构

物联网以射频识别系统为基础，结合已有的网络技术、数据库技术、中间件技术等，构筑一个由大量联网的阅读器和无数移动的电子标签组成的，比 Internet 更为宏大的网络。

从功能上来说，物联网应该具备 3 个特征：一是全面感知能力，可以利用 RFID、传感器、二维条形码等获取被控/被测物体的信息；二是数据信息的可靠传递，可以通过各种电信网络与互联网的融合，将物体的信息实时准确地传递出去；三是可以智能处理及应用，利用现代控制技术提供的智能计算方法，对大量数据和信息进行分析和处理，对物体实施智能化的控制，根据各个行业、各种业务的具体特点形成各种单独的业务应用，或者整个行业及系统的应用解决方案。

从技术架构上来看，物联网可分为三层：感知层、网络层和应用层，如图 0-3 所示。

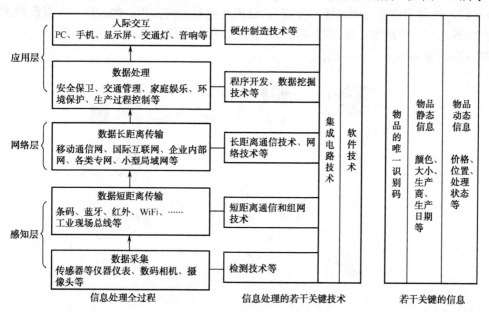

图 0-3　物联网的系统架构

感知层由各种传感器及传感器网关构成，包括二氧化碳浓度传感器、温度传感器、湿度传感器、二维码标签、RFID 标签和阅读器、摄像头、GPS 等感知终端。感知层的作用相当于人的眼耳鼻喉和皮肤等神经末梢，它是物联网识别物体、采集信息的来源，主要功能是识别物体、采集信息。感知层是物联网发展和应用的基础，RFID 技术、传感和控制技术、短距离无线通信技术是感知层的主要技术。

网络层由各种私有网络、互联网、有线和无线通信网、网络管理系统和云计算平台等组成，相当于人的神经中枢和大脑，负责传递和处理感知层获取的信息。网络是物联网最重要的基础设施之一。网络层在物联网中连接感知层和应用层，具有强大的纽带作用，在物联网中，要求网络层能够将感知层感知到的数据无障碍、高可靠性、高安全性地进行传送，它解决的是感知层所获得的数据在一定范围内，尤其是远距离传输问题。

应用层是物联网和用户（包括人、组织和其他系统）的接口，它与行业需求结合，实现物联网的智能应用。感知层生成的大量信息经过网络层传输汇聚到应用层，应用层解决数据如何存储（数据库与海量存储技术）、如何检索（搜索引擎）、如何使用（数据挖掘与机器学习）、如何不被滥用（数据安全与隐私保护）等问题。

### 0.1.4 物联网的应用

物联网将把新一代 IT 技术充分运用到各行各业之中，具体地说，就是把感应器嵌入到电网、铁路、桥梁、隧道、公路、建筑、供水系统、大坝、油气管道和商品等各物体中，然后将物联网与现有的互联网结合起来，实现人类社会与物理系统的整合。在这个整合的网络当中，存在能力超级强大的中心计算机群，能够对整合网络内的人员和设备实施实时的管理和控制。在此基础上，人类可以以更加精细和动态的方式管理生产和生活，这将极大提高资源利用率和生产力水平。

世界上的万事万物，小到手表、钥匙，大到汽车、楼房，只要嵌入一个微型感应芯片，把它变得智能化，这个物体就可以"自动开口说话"。再借助无线网络技术，人们就可以和物体"对话"，物体和物体之间也能"交流"，这就是物联网的作用。物联网搭上互联网这个桥梁，在世界任何一个地方，我们都可以即时获取万事万物的信息。

物联网应用领域如图 0-4 所示。

图 0-4　物联网应用领域

目前,物联网主要的行业应用如下:

1. 智能家居

智能家居产品融合自动化控制系统、计算机网络系统和网络通信技术于一体,将各种家庭设备(如音视频设备、照明系统、窗帘控制、空调控制、安防系统、数字影院系统、网络家电等)通过智能家庭网络联网实现自动化,通过家庭中的宽带、固话和 3G 无线网络,可以实现对家庭设备的远程操控。

2. 智能医疗

智能医疗系统借助简易实用的家庭医疗传感设备,对家中病人或老人的生理指标进行检测,并将生成的生理指标数据通过固定网络或 3G 无线网络传送到护理人或有关医疗单位。

3. 智能城市

智能城市产品包括对城市的数字化管理和城市安全的统一监控。

4. 智能环保

智能环保产品通过对地表水水质的自动监测,可以实现水质的实时连续监测和远程监控,及时掌握主要流域重点断面水体的水质状况,预警预报重大或流域性水质污染事故,解决跨行政区域的水污染事故纠纷,监督总量控制制度落实情况。

5. 智能交通

智能交通系统包括公交行业无线视频监控平台、智能公交站台、电子票务、车管专家和公交手机一卡通五种业务。

6. 智能司法

智能司法是一个集监控、管理、定位、矫正于一体的管理系统,能够帮助各地各级司法机构降低刑罚成本、提高刑罚效率。

7. 智能农业

智能农业产品通过实时采集温室内温度、湿度信号及光照、土壤温度、$CO_2$ 浓度、叶面湿度、露点温度等环境参数,自动开启或者关闭指定设备。

8. 智能物流

智能物流打造了集信息展现、电子商务、物流配载、仓储管理、金融质押、园区安保、海关保税等功能为一体的物流园区综合信息服务平台。

9. 智能校园

智能校园产品如校园手机一卡通和"金色校园"业务,促进了校园的信息化和智能化。

### 10. 智能文博

智能文博系统是基于 RFID 和无线网络，运行在移动终端的导览系统。

### 11. M2M 平台

M2M 平台是物联网应用的基础支撑设施平台。

### 12. 其他应用

还有很多其他领域的物联网应用，如智能电网、智能电力、智能安防、智能汽车、智能建筑、智能水务、商业智能、智能工业、平安城市等。

## 0.1.5 物联网对经济的影响

物联网用途广泛，可用于公共安全、工业生产、仓储物流、环境监控、智能交通、智能家居、公共卫生、健康监控等多个领域，让人们享受到更加安全轻松的生活。专家预测，未来 10 年内物联网就可能大规模普及。如果物联网顺利普及，就意味着几乎所有的电器、家居用品、汽车制造都需要更新换代，一个上万亿元规模的高科技市场就会诞生。

历史表明，每一次技术变革都会引起企业间、产业间甚至国家间竞争格局的重大变化。互联网革命一定程度上依赖于美国的"信息高速公路"战略。20 世纪 90 年代，美国克林顿政府计划用 20 年时间，耗资 2000 亿～4000 亿美元，建设美国的"信息高速公路"，美国的"信息高速公路"已经创造了巨大的经济和社会效益。而今天，物联网"智慧地球"战略被不少美国人认为与当年的"信息高速公路"有许多相似之处，同样被他们认为是振兴经济、确立竞争优势的关键战略，该战略能否掀起如当年互联网革命一样的科技和经济浪潮，不仅被美国关注，更被世界所关注。

在物联网普及以后，用于动物、植物、机器和物品的传感器、电子标签及配套接口装置的数量，将大大超过手机的数量。物联网的推广将成为推进经济发展的又一个驱动器，为产业开拓又一个潜力无穷的发展机会。美国权威咨询机构 Forrester Research 预测，到 2020 年，世界上物与物互连的业务与人与人通信的业务相比，其比例将达到 30∶1，规模比互联网大 30 倍，因此物联网被认为是下一个万亿级的通信业务。

物联网被"十二五"规划列为我国七大战略新兴产业之一，在"十二五"期间产业规模将达到 6000 亿元。物联网产业是当今世界经济和科技发展的战略制高点之一，据了解，2011 年，中国物联网产业规模超过了 2500 亿元。

## 0.2 自动识别技术

物联网建设离不开自动信息获取和感知技术，它是物联网"物"与"网"连接的基本手段，是物联网建设非常关键的环节。物联网的信息获取并不依赖于特定的、单一的信息获取技术或感知技术。物联网之所以涉及多种信息获取和感知技术，是因为它们各有优势，又都有一定的局限性。物联网建设需要射频识别、条形码等自动识别技术，也需要 NFC、WiFi、ZigBee、蓝牙、传感器等其他信息采集与处理技术。同时，还需要各种通信支撑技术，信息加工、过滤、存储、命令响应技术及网络接口与传输技术的全面协调。近几年来 RFID 技术的应用势头较为强劲，它不仅可以作为信息获取的手段，还可以与传感器集成，将传感器较强的数据采集、处理和传输能力与 RFID 技术强大的物品标识能力进行融合，从而极大地推动两项技术的应用。当然，具有成功应用 30 多年历史的条形码技术仍会在物联网的建设中担任重要角色，物联网为自动识别产业提供了前所未有的发展机遇。

## 0.2.1 自动识别技术概念

自动识别技术（Auto Identification and Data Capture，AIDC）是一种高度自动化的信息或数据采集技术，对字符、影像、条形码、声音、信号等记录数据的载体进行自动识别。自动识别技术是应用一定的识别装置，通过被识别物品和识别装置之间的接近活动，自动地获取被识别物品的相关信息，并提供给后台的计算机处理系统来完成相关后续处理的一种技术。如商场的条形码扫描系统就是一种典型的自动识别技术，售货员通过扫描仪扫描商品的条形码，获取商品的名称、价格，输入数量，后台 POS 系统即可计算出该商品的价格，从而完成顾客的结算。

自动识别技术是以计算机技术和通信技术的发展为基础的综合性科学技术，它是信息数据自动识读、自动输入的重要方法和手段，归根到底，自动识别技术是一种高度自动化的信息或者数据采集技术，因此是物联网感知层重要的支撑技术。

自动识别技术近几十年在全球范围内得到了迅猛发展，初步形成了一个包括条形码技术、磁条磁卡技术、IC 卡技术、光学字符识别、射频识别技术、声音识别及视觉识别等集计算机、光、磁、物理、机电、通信技术为一体的高新技术学科。

一般来讲，在一个信息系统中，数据的采集（识别）完成了系统的原始数据的采集工作，解决了人工输入数据的速度慢、误码率高、劳动强度大、工作简单重复性高等问题，为计算机信息处理提供了快速、准确地进行数据采集输入的有效手段，因此，自动识别技术作为一种革命性的高新技术，正迅速为人们普遍应用。

## 0.2.2 自动识别系统

完整的自动识别系统包括自动识别系统（Auto Identification System，AIDS），应用程序接口（Application Interface，API）或者中间件（Middleware）和应用系统软件（Application Software），如图 0-5 所示。也就是说，自动识别系统完成系统的采集和存储工作，应用系统软件对自动识别系统所采集的数据进行应用处理，而应用程序接口软件则提供自动识别系统和应用系统软件之间的通信接口包括数据格式转换，将自动识别系统采集的数据信息转换成应用软件系统可以识别和利用的信息并进行数据传递。

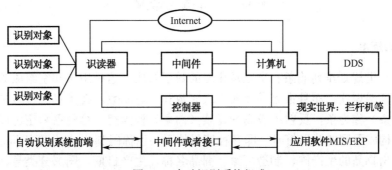

图 0-5 自动识别系统组成

## 0.2.3 自动识别技术种类

自动识别系统根据识别对象的特征可以分为两大类，分别是数据采集技术和特征提取技术。这两大类自动识别技术的基本功能都是完成物品的自动识别和数据的自动采集。

数据采集技术的基本特征是被识别物体需要具有特定的识别特征载体（如标签等，光学字符识别例外），而特征提取技术则根据被识别物体的本身的行为特征（包括静态的、动态的和属性的特征）来完成数据的自动采集。

数据采集技术包括：

（1）光存储器：条形码（一维、二维）、矩阵码、光标阅读器、光学字符识别（OCR）。

（2）磁存储器：磁条、非接触磁卡、磁光存储、微波。

（3）电存储器：触摸式存储、RFID 射频识别（无芯片、有芯片）、存储卡（智能卡、非接触式智能卡）、视觉识别、能量扰动识别。

特征提取技术包括：

（1）动态特征：声音（语音）、键盘敲击、其他感觉特征。

（2）属性特征：化学感觉特征、物理感觉特征、生物抗体病毒特征、联合感觉系统。

目前，自动识别技术主要有条形码技术、磁条（卡）技术、IC 卡识别技术、射频识别技术（RFID）、生物识别技术、光学字符识别 OCR 等，如图 0-6 所示。可以说，自动识别技术从条形码开始，以无线射频识别技术终结。也就是说，条形码识别技术是自动识别技术的始祖，而无线射频识别技术则是自动识别技术的未来终结。

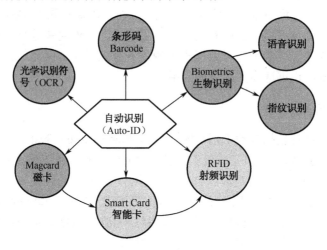

图 0-6 自动识别技术类别

### 1. 条形码技术

条形码由一组规则排列的条和空以及相应的数字组成，这种用条和空组成的数据编码可以供条形码阅读器识读，而且很容易译成二进制数和十进制数。在条形码符号中，反射率较低的元素（黑条）称为条，反射率较高的元素（白条）称为空。这些条和空可以有各种不同的组合方法，构成不同的图形符号，即各种符号体系（也称码制），适用于不同的应用场合。

条形码可以标出物品的生产国、制造厂家、商品名称、生产日期、图书分类号、邮件起止地点、类别、日期等许多信息，因而在商品流通、图书管理、邮政管理、银行系统等许多领域都得到了广泛的应用。

目前条形码的种类很多，大体可分为一维条形码和二维条形码两种。一维条形码和二维条形码都有许多码制，条、空图案对数据不同的编码方法，构成不同形式的码制。不同码制有其固有特点，可以用于一种或若干场合。条形码识别是用红外光或激光进行识别，由扫描器发出的红外光或激光照射条形码标记，深色的条吸收光，浅色的空将光反射回扫描器，扫描器将光反射信号转换成电子脉冲，再由译码器将电子脉冲转换成数据，最后传至后台。

（1）一维条形码

一维条形码是将宽度不等的多个黑条和空白，按照一定的编码规则排列，用以表达一定的字符、数字及符号等信息。

一维条形码有许多码制，包括 Code25 码、Code39 码、Code93 码、Code128 码、Codabar 码、EAN-13 码、EAN-8 码、UPC-A 码、UPC-E 码和库德巴码等，如图 0-7 所示。

图 0-7　一维条形码

不论哪一种码制，一维条形码都是由以下几部分组成的。
- 左右空白区：作为扫描器的识读标志。
- 起始符：扫描器开始识读。
- 数据区：承载数据的部分。
- 校验符（位）：用于判别识读的信息是否正确。
- 终止符：条形码扫描的结束标志。
- 供人识读字符：机器不能扫描时手工输入用。
- 有些条形码还有中间分隔符。

目前使用频率最高的几种码制是 EAN、UPC、39 码，交叉 25 码和 EAN-128 码，其中 UPC 条形码主要用于北美地区，EAN 条形码是国际通用符号体系，它们是一种定长、无含义的条形码，主要用于商品标识。EAN-128 条形码是由国际物品编码协会（EAN International）和美国统一代码委员会（UCC）联合开发、共同采用的一种特定的条形码符号，是一种连续型、非定长有含义的高密度代码，用来表示生产日期、批号、数量、规格、保质期、收货地等更多的商品信息。另有一些码制主要适应特殊需要的应用方面，如库德巴码用于血库、图书馆、包裹等的跟踪管理；25 码用于包装、运输和国际航空系统为机票进行顺序编号，还有类似 39 码的 93 码，它密度更高些，可代替 39 码。

（2）二维条形码

二维条形码技术是在一维条形码无法满足实际应用需求的前提下产生的。由于信息容量的限制，一维条形码通常是对物品的标识，而不是对物品的描述。二维条形码能够在横向和纵向两个方位同时表达信息，因此能在很小的面积内表达大量的信息。

二维条形码是用某种特定的几何图形，按一定规律在平面（二维方向）上分布的黑白相间的图形，在代码编制上巧妙地利用计算机内部逻辑基础的"0"、"1"概念，使用若干个与二进制数相对应的几何形体来表示文字数值信息，通过图像输入设备或光扫描设备自动识别以实现信息的自动处理。

目前有几十种二维条形码，常用的码制有 Data Matrix、QR Code、MaxiCode、PDF417、Code49、Code16K、Code One 等，如图 0-8 所示。

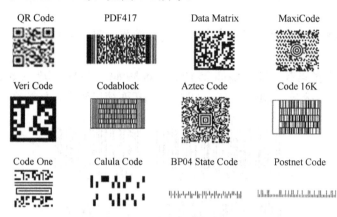

图 0-8 二维条形码

二维条形码技术自 20 世纪 70 年代问世以来，发展非常迅速，目前广泛应用于商业流通、仓储、医疗卫生、图书情报、邮政、铁路、交通运输、生产自动化管理等多个领域。

条形码成本低、制作简单、灵活实用，适于大量需求且数据不必更改的场合，如商品包装上就很适宜。但是较易磨损且数据量很小，而且条形码只对一种或者一类商品有效，也就是说，同样的商品具有相同的条形码。条形码只能适用于流通领域（商流和物流的信息管理），不能透明地跟踪和贯穿供应链过程，应用受到限制。

**2. 卡识别技术**

卡识别技术主要包括磁卡（条）识别技术和 IC 卡识别技术。

（1）磁条（卡）识别技术

磁卡最早出现在 20 世纪 60 年代，当时伦敦交通局将地铁票背面全涂上磁介质，用来储值。后来改进了系统，缩小面积，磁介质成为现在的磁条。磁条从基本意义上讲与计算机用的磁带或磁盘是一样的，用来记载字母、字符及数字信息，通过粘合或热合与塑料或纸牢固地整合在一起，形成磁卡。

磁卡是一种磁记录介质卡片，它由高强度、耐高温的塑料或纸质涂覆塑料制成，能防潮、耐磨且有一定的韧性，携带方便、使用较为可靠。磁条记录信息的方法是变化磁的极性，在磁性氧化的地方具有相反的极性，识读器能够在磁条内分辨到这种磁性变换，这个过程称为磁变。解码器可以识读到磁性变换，并将它转换回字母或数字的形式，以便由计算机来处理。磁条技术能够在小范围内存储较大量的信息，在磁条上的信息可以被重写或更改。

磁条技术的优点是数据可读写，即具有现场改写数据的能力；数据存储量能满足大多数需求，便于使用，成本低廉，还具有一定的数据安全性；它能粘附于许多不同规格和形式的基材上。这些优点，使之在很多领域得到了广泛应用，如信用卡、银行 ATM 卡、机票、公共汽车票、自动售货卡、会员卡、现金卡（如电话磁卡）、地铁 AFC 等，如图 0-9 所示。

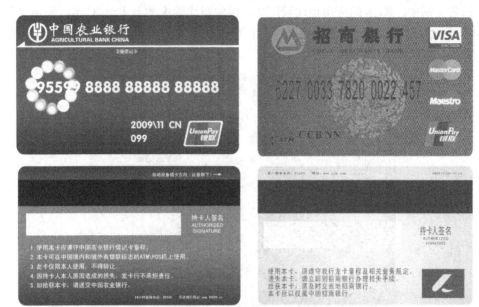

图 0-9　磁卡

　　磁条技术是接触识读，它与条形码有三点不同：一是其数据可做部分读写操作；另一点是给定面积编码容量比条形码大；还有就是对于物品逐一标识成本比条形码高。接触性识读最大的缺点就是灵活性太差。

　　磁卡的价格也很便宜，但是容易磨损，磁条不能折叠、撕裂，数据量较小。

（2）IC 卡识别技术

　　IC 卡是 1970 年由法国人 Roland Moreno 发明的，他第一次将可编程设置的 IC 芯片放于卡片中，使卡片具有更多功能。

　　IC 卡（Integrated Circuit Card，集成电路卡），也称智能卡（Smart Card）、智慧卡（Intelligent Card）、微电路卡（Microcircuit Card）或微芯片卡等，它是将一个微电子芯片嵌入符合 ISO 7816 标准的卡基中，做成卡片形式。IC 卡与阅读器之间的通信方式可以是接触式，也可以是非接触式。根据通信接口把 IC 卡分成接触式 IC 卡、非接触式 IC 卡和双界面卡（同时具备接触式与非接触式通信接口）。通常说的 IC 卡多数是指接触式 IC 卡，非接触式的 IC 卡即为射频卡，本节中主要介绍接触式 IC 卡，射频卡相关知识在项目一中详细介绍。

　　接触式 IC 卡是集成电路卡，通过卡里的集成电路存储信息，它将一个微电子芯片嵌入到卡基中，做成卡片形式，通过卡片表面 8 个金属触点与阅读器进行物理连接，来完成通信和数据交换。IC 卡包含了微电子技术和计算机技术，是继磁卡之后出现的又一种新型信息工具。

　　IC 卡的外形与磁卡相似，它与磁卡的区别在于数据存储的媒体不同。磁卡通过卡上磁条的磁场变化来存储信息，而 IC 卡通过嵌入卡中的电擦除式可编程只读存储器集成电路芯片（EEPROM）来存储数据信息。

　　IC 卡（接触式）和磁卡比较有以下特点：安全性高；IC 卡的存储容量大，便于应用，方便保管；IC 卡防磁、防一定强度的静电，抗干扰能力强，可靠性比磁卡高，使用寿命长，一一般可重复读写 10 万次以上；IC 卡的价格稍高些；由于它的触点暴露在外面，有可能因人为的原因或静电损坏。

在日常生活中，IC 卡的应用也比较广泛，接触得比较多的有电话 IC 卡、购电（气）卡、手机 SIM 卡、牡丹交通卡（一种磁卡和 IC 卡的复合卡），以及即将大面积推广的智能水表、智能气表等，如图 0-10 所示。

图 0-10 接触式 IC 卡

### 3. 射频识别技术（RFID）

射频识别技术的基本原理是电磁理论。射频识别技术的优点是不局限于视线，识别距离比光学系统远，射频识别卡具有读写能力，可携带大量数据，难以伪造和智能性较高。射频识别技术和条形码技术一样是非接触式的识别技术。

射频识别技术的优点就在于非接触，因此完成识别工作时无须人工干预，适于实现自动化且不易损坏，可识别高速运动物体并可同时识别多个射频标签/卡，操作快捷方便。射频标签不怕油渍、灰尘污染等恶劣的环境，短距离的射频标签可以在这样的环境中替代条形码，如用在工厂的流水线上跟踪物体。长距离的产品多用于交通上，可达几十米，如自动收费或识别车辆身份。RFID 识别的缺点是射频标签（卡）制作成本相对较高，制作流程相对复杂。有关射频识别技术内容在项目一中详述。

### 4. 生物识别技术

生物识别技术也称有生命识别技术，主要包括：声音识别技术、人脸识别技术、指纹识别技术等。

（1）声音识别技术

声音识别技术是一种非接触的识别技术，这种技术可以用声音指令实现"不用手"的数据采集，其最大特点就是不用手和眼睛，这对那些采集数据同时还要手脚并用的工作场合，以及标签仅为识别手段，数据采集不实际或不合适的场合尤为适用。如汉字的语音输入系统就是典型的声音识别技术，但是误码率很高。再如，手机上的语音电话存储也是一个典型的语音识别的例子，但是我们都知道，电话号码的语音准确呼出离实用还有一段相当长的距离。

目前由于声音识别技术的迅速发展及高效可靠的应用软件的开发,声音识别系统在很多方面得到了应用。

(2) 人脸识别技术

人脸识别技术,特指利用分析比较人脸视觉特征信息进行身份鉴别的计算机技术。人脸识别是一项热门的计算机技术研究领域,包括人脸追踪侦测、自动调整影像放大、夜间红外侦测、自动调整曝光强度;它属于生物特征识别技术,根据生物体(一般特指人)本身的生物特征来区分生物个体。

(3) 指纹识别技术

指纹是指人的手指末端正面皮肤上凸凹不平的纹线。纹线有规律地排列形成不同的纹型。纹线的起点、终点、结合点和分叉点,称为指纹的细节特征点(minutiae)。由于指纹具有终身不变性、唯一性和方便性,已经几乎成为生物特征识别的代名词。

指纹识别技术即指通过比较不同指纹的细节特征点来进行自动识别。由于每个人的指纹不同,就是同一人的十指之间,指纹也有明显区别,因此指纹可用于身份的自动识别。

### 5. 光学字符识别 OCR

光学字符识别 OCR 已有三十多年的历史,近几年又出现了图像字符识别 ICR(Image Character Recognition)和智能字符识别 ICR(Intelligent Character Recognition),实际上这三种自动识别技术的基本原理大致相同。

OCR 的三个重要的应用领域:办公自动化中的文本输入;邮件自动处理;与自动获取文本过程相关的其他领域。这些领域包括:零售价格识读,定单数据输入,单证、支票和文件识读,微电路及小件产品上状态特征识读等。在识别手迹特征方面的进展,使探索在手迹分析及鉴定签名方面的应用成为可能。

OCR 的优点是人眼可识读、可扫描,但输入速度和可靠性不如条形码,数据格式有限,通常要用接触式扫描器。

## 小　　结

1. 物联网的概念:物联网是通过射频识别(RFID)、红外感应器、全球定位系统、激光扫描器等信息传感设备,按照约定的协议,将任何物品与互联网相连接,进行信息交换和通信,以实现智能化识别、定位、跟踪、监控和管理的一种网络。

2. 物联网的系统架构可分为三层:感知层、网络层和应用层。

3. 自动识别技术是应用一定的识别装置,通过被识别物品和识别装置之间的接近活动,自动地获取被识别物品的相关信息,并提供给后台的计算机处理系统来完成相关后续处理的一种技术。

4. 自动识别系统根据识别对象的特征可以分为两大类,分别是数据采集技术和特征提取技术。常用自动识别技术主要有条形码技术、磁条(卡)技术、IC 卡识别技术、射频识别技术(RFID)、生物识别技术、光学字符识别 OCR 等。

## 思考与练习

1. 简述物联网概念及主要技术。

2. 简述物联网系统架构及各部分的主要作用。
3. 列举物联网在生活中应用的实例。
4. 什么是自动识别技术?
5. 自动识别系统有哪些组成部分?
6. 自动识别技术主要有哪些类别?
7. 列举5个以上生活中自动识别技术应用实例。

# 项目一  认识射频识别技术

### 学习目标

本项目的工作任务是认识射频识别技术,掌握射频识别技术原理、系统组成,了解射频识别系统特点、分类、各类电子标签的特点及射频识别系统的应用。

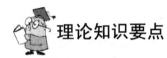

- 射频识别技术概念
- 射频识别系统组成、工作原理、分类
- 电子标签类别

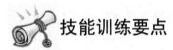

- 能分析射频识别系统工作原理
- 能区分不同类型射频识别系统及电子标签

## 1.1 任务导入:什么是射频识别技术

射频识别技术(Radio Frequency IDentification,RFID),是 20 世纪 80 年代发展起来的一种自动识别技术,是一项利用射频信号通过空间耦合(交变磁场或电磁场)实现无接触信息传递并通过所传递的信息达到识别目的的技术。RFID 射频识别技术是一种非接触式的自动识别技术,它通过射频信号自动识别目标对象并获取相关数据,识别工作无须人工干预,可工作于各种恶劣环境。

RFID 是一种能够让物品"开口说话"的技术,也是物联网感知层的一个关键技术。在对物联网的构想中,RFID 标签中存储着规范而具有互用性的信息,通过有线或无线的方式把它们自动采集到中央信息系统,实现物品(商品)的识别,进而通过开放式的计算机网络实现信息交换和共享,实现对物品的"透明"管理。

### 1.1.1 射频识别技术的发展进程

从信息传递的基本原理来说,射频识别技术在低频段基于变压器耦合模型(初级与次级之间的能量传递及信号传递),在高频段基于雷达探测目标的空间耦合模型(雷达发射电磁波信号碰到目标后携带目标信息返回雷达接收机)。1948 年哈里·斯托克曼发表的论文"利用反射功率的通信"奠定了射频识别技术的理论基础。

射频识别技术的发展可按十年期划分如下:

1940~1950年:雷达的改进和应用催生了射频识别技术,1948年哈里·斯托克曼奠定了射频识别技术的理论基础。

1950~1960年:早期射频识别技术的探索阶段,主要是实验室研究。

1960~1970年:射频识别技术的理论得到了发展,开始了一些应用尝试。

1970~1980年:射频识别技术与产品研发处于一个大发展时期,各种射频识别技术测试得到加速,出现了一些最早的射频识别应用。

1980~1990年:射频识别技术及产品进入商业应用阶段,各种规模应用开始出现。

1990~2000年:射频识别技术标准化问题日趋得到重视,射频识别产品得到广泛采用,逐渐成为人们生活中的一部分。

2000年后:标准化问题日趋为人们所重视,射频识别产品种类更加丰富,有源电子标签、无源电子标签及半无源电子标签均得到发展,电子标签成本不断降低,规模应用行业扩大。

至今,射频识别技术的理论得到了丰富和完善。单芯片电子标签、多电子标签识读、无线可读可写、无源电子标签的远距离识别、适应高速移动物体的射频识别技术与产品正在成为现实并走向应用。

## 1.1.2 射频识别技术的特点

RFID技术是自动识别技术之一,与其他自动识别技术相比有突出特点,如表1-1所示。

表1-1 自动识别技术特点

| 系统参数 | 条形码 | 光学字符 | 生物识别 | 磁卡 | 接触式IC卡 | RFID |
|---|---|---|---|---|---|---|
| 信息载体 | 纸或物质表面 | 物质表面 | — | 磁条 | EEPROM | EEPROM |
| 信息量 | 小 | 小 | 大 | 较小 | 大 | 大 |
| 读写性能 | R | R | R | R/W | R/W | R/W |
| 读取方式 | CCD或激光束扫描 | 光电转换 | 机器识读 | 电磁转换 | 电擦写 | 无线通信 |
| 读取距离 | 近 | 很近 | 直接接触 | 接触 | 接触 | 远 |
| 识别速度 | 低 | 低 | 很低 | 低 | 低 | 很快 |
| 通信速度 | 低 | 低 | 较低 | 快 | 快 | 很快 |
| 方向位置影响 | 很小 | 很小 | — | 单向 | 单向 | 没有影响 |
| 使用寿命 | 一次性 | 较短 | — | 短 | 长 | 很长 |
| 保密性 | 无 | 无 | 无 | 一般 | 好 | 好 |
| 智能化 | 无 | 无 | — | 无 | 有 | 有 |
| 环境适应性 | 不好 | 不好 | — | 一般 | 一般 | 很好 |
| 成本 | 最低 | 一般 | 较高 | 低 | 较高 | 较高 |
| 多个同时识别 | 不能 | 不能 | 不能 | 不能 | 不能 | 能 |

RFID技术是一项易于操控、简单实用且特别适合用于自动化控制的灵活性应用技术,可自由工作在各种恶劣环境下。短距离射频产品不怕油渍、灰尘污染等恶劣的环境,可以替代条形码,如用在工厂的流水线上跟踪物体;长距离射频产品多用于交通上,识别距离可达几

十米，如自动收费或识别车辆身份等。

RFID 系统主要有以下几个方面的系统优势。

（1）读取方便快捷：数据的读取不需要光源，不需要光学可视，不需要接触，甚至可以透过外包装来进行。有效识别距离更大，采用自带电池的主动电子标签时，有效识别距离可达到 30 米以上。

（2）识别速度快：电子标签一进入磁场，阅读器就可以读取其中的信息，而且能够同时处理多个电子标签，实现多个标签批量识别。

（3）数据容量大：数据容量最大的二维条形码（PDF417），最多也只能存储 2725 个数字，若包含字母，存储量则会更少；RFID 标签则可以根据用户的需要扩充到数万个。

（4）使用寿命长，应用范围广：无线电通信方式使其可以应用于粉尘、油污等高污染环境和放射性环境中，而且封闭式包装使其寿命大大超过印刷的条形码。

（5）标签数据可动态更改：利用编程器可以向电子标签写入数据，从而赋予 RFID 标签交互式便携数据文件的功能，而且写入时间相比打印条形码更少。

（6）更好的安全性：不仅可以嵌入或附着在不同形状、类型的产品上，而且可以为标签数据的读写设置密码保护，从而具有更高的安全性。

（7）动态实时通信：标签以每秒 50~100 次的频率与解读器进行通信，所以只要 RFID 标签所附着的物体出现在解读器的有效识别范围内，就可以对其位置进行动态的追踪和监控。

## 1.2　射频识别系统组成

### 1.2.1　射频识别系统的基本组成

射频识别系统因应用不同其组成会有所不同，但应包括阅读器（Reader，或称为读卡器、读写器等，本书以后各章节中均称为阅读器）与电子标签（TAG）（或称为射频标签、射频卡、应答器等，依据设计系统的实际应用情况，项目二、项目三使用射频卡，项目四使用射频标签），另外还应包括主机、上层应用软件，较大的系统还包括通信网络和主计算机等，如图 1-1 所示。

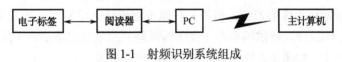

图 1-1　射频识别系统组成

1. 电子标签（TAG）

电子标签，即携带数据的发射器。电子标签内存有一定格式的电子数据，常以此作为待识别物品的标志性信息。应用中将电子标签附着在待识别物品上，作为待识别物品的电子标记。

2. 阅读器（Reader）

阅读器，即读写电子标签的收发器，是电子标签与 PC 进行信息交换的桥梁，而且常常是电子标签能量的来源。其核心通常为工作可靠的微控制器，如 Intel 的 51 系列、ARM 系列等。阅读器与电子标签间遵循 ISO/IEC 国际标准的通信协议，阅读器以非接触方式对电子标签进行读写，并通过 RS-232 串行接口或 USB 接口等以实时或非实时方式与 PC 通信，实现电子标签与 PC 间信息的上传下达。

### 3. PC

PC 是系统的核心，完成信息的汇总、统计、计算、处理，报表的生成、输出和指令的发放，系统的监控管理以及电子标签的发行与挂失、黑名单的建立等。

### 4. 网络与计算机

在金融服务等相对大的系统中，网络是使前端 PC 与上级控制、授权、服务、管理中心，即中央电脑（主计算机）连接的必备条件。其借助通信线路、设备和完善的网络通信软件，将地理位置不同的各个子系统，有机连接为一个功能完备的大系统；主计算机则是对此大系统实施监控管理的核心，是重大决策管理要素的源头。

综上所述，射频识别系统融微电子与芯片技术、单片机应用技术、数据库管理技术、网络技术、安全技术、射频识别技术、嵌入式操作系统及数字印刷技术等多种技术于一身，是一个综合性的新技术产业。

## 1.2.2 电子标签

电子标签通常由标签天线（或线圈）、耦合元件及标签芯片组成，附着在物体上标识目标对象，每个电子标签具有唯一的电子编码，存储着被识别物体的相关信息，如图1-2所示。

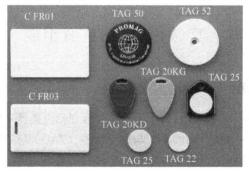

图1-2 电子标签/射频卡

电子标签具有各种各样的形状，但不是任意形状都能满足阅读距离及工作频率的要求，必须根据系统的工作原理，是磁场耦合（变压器原理）还是电磁场耦合（雷达原理），设计合适的天线外形及尺寸。如图1-3所示为各种形状的电子标签。

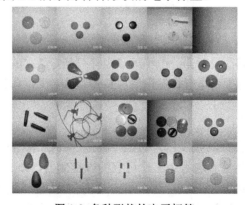

图1-3 各种形状的电子标签

## 1. 电子标签的组成

常见无源电子标签由天线匹配网络、模拟前端（射频模块）、数字部分（控制模块）和存储模块组成，如图 1-4 所示。

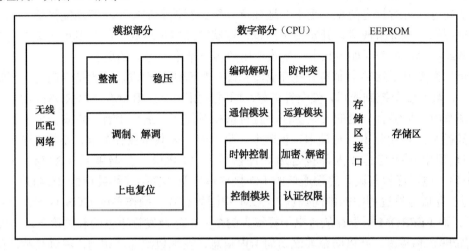

图 1-4 无源电子标签组成结构

从阅读器发出的信号，被电子标签天线接收，该信号通过模拟前端（射频模块部分）电路，将射频信号进行整流稳压转化为无源电子标签工作能量，激活电子标签进入工作状态，同时将接收的射频信号数据部分进行解调，进入电子标签的控制部分，控制部分对数据流做各种逻辑处理。电子标签为了将处理后的数据流返回到阅读器，射频前端多采用电感耦合或反向散射耦合方式。

常用无源电子标签内部电路组成如图 1-5 所示。标签天线谐振回路负责射频信号的发送和接收。当电子标签处在阅读器识别范围时，接收射频信号并通过桥式整流电路将射频信号转化为直流电压，稳压调节后储存在电容内提供电子标签工作能量。同时电子标签的工作时序由阅读器决定，接收的数据经相应方式进行解调，而电子标签的数据经负载调制方式输出耦合至阅读器。

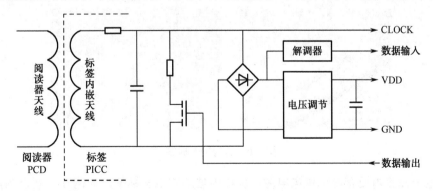

图 1-5 常用无源电子标签内部电路组成

## 2. 电子标签分类

电子标签种类繁多，可以按不同方式分类，常见的电子标签主要有以下几类。

（1）根据电子标签内镶嵌的芯片不同划分为存储器型电子标签、逻辑加密型电子标签和 CPU 型电子标签。

存储器型电子标签内嵌入的芯片为存储器芯片，这些芯片多为通用电擦除的可编程只读存储器 EEPROM（或 Flash Memory），仅具数据存储功能，没有数据处理能力，标签本身无硬件加密功能，可对片内信息不受限制地任意存取。存储器型电子标签功能简单，虽然没有安全保护逻辑，但价格低廉，开发使用简单，存储容量增长迅猛，因此多用于某些内部信息无须保密或不允许加密（如急救卡、餐饮业用的客户菜单卡等）的场合。

逻辑加密型电子标签由非易失性存储器和硬件加密逻辑构成，一般是专门为电子标签设计的芯片，具有安全控制逻辑，安全性能好；同时采用 ROM、RAM、EEPROM 等存储技术。逻辑加密型电子标签有一定的安全保证，且价格相对便宜，适用于有一定安全要求的场合，如食堂就餐卡、IC 电话卡、加油卡、保险卡、借书卡、公共事业收费卡、小额电子钱包等。

CPU 型电子标签芯片内部包含微处理器单元（CPU）、存储单元（RAM、ROM 和 EEPROM）、电子标签与读写终端通信的 I/O 接口单元及加密运算协处理器（CAU）。其中，RAM 用于存放运算过程中的中间数据，ROM 中固化有片内操作系统 COS（Card Operating System），而 EEPROM 用于存放持电子标签人的个人信息及发行单位的有关信息。CPU 管理信息的加/解密和传输，严格防范非法访问卡内信息，发现数次非法访问，将锁死相应的信息区（也可用高一级命令解锁）。CPU 型电子标签具有良好的数据处理能力和计算能力及较大的存储容量，因此应用的灵活性、适应性较强。同时 CPU 型电子标签在硬件结构、操作系统、制作工艺上采取了多层次的安全措施，保证了其极强的安全防伪能力，它不仅可验证电子标签和持电子标签人的合法性，而且可鉴别读写终端，已成为一个电子标签多用及对数据安全保密性特别敏感场合的最佳选择，使其成为电子标签发展的主要方向。

（2）根据电子标签内有无电源可将电子标签分为有源电子标签、无源电子标签和半有源电子标签。

有源电子标签是指电子标签内装有电池以提供电源，也称为主动式电子标签。其作用距离较远，但寿命有限、体积较大、成本高，且不适宜在恶劣环境下工作，如图 1-6 所示为两种有源电子标签。

图 1-6　有源电子标签

无源电子标签内没有内部供电电源，也称为被动式电子标签，如图 1-7 所示为两种无源电子标签。它利用射频电磁波供电技术将接收到的射频电磁波能量转化为直流电源为电子标签内电路供电，作用距离不如有源电子标签远，但寿命长且对工作环境要求不高。在阅读器的响应范围之外，电子标签处于无源状态。在阅读器响应范围之内，电子标签所需要的能量及时钟脉冲、数据，都是通过耦合单元的电磁耦合作用传输给电子标签的。由于被动式电子标签具有价格低廉、体积小巧、无须电源的优点，目前市场的电子标签主要是被动式的。

一般而言，无源被动式电子标签的天线有两个任务，一是接收阅读器所发出的电磁波，以驱动电子标签；二是电子标签回传信号时，需要靠天线的阻抗做切换，才能产生 0 与 1 的变化。问题是想要有最好的回传效率的话，天线阻抗必须设计在"开路与短路"，但这样又会使信号完全反射，无法被电子标签接收，半有源电子标签解决了这样的问题。半有源电子标签类似于无源电子标签，不过它多了一个小型电池，电力恰好可以驱动电子标签，使电子标签处于工作的状态。这样的好处在于天线可以不用管接收电磁波的任务，充分作为回传信号之用。比起无源被动式电子标签，半有源式射频卡有更快的反应速度、更高的效率。

图 1-7　无源电子标签

（3）根据电子标签的工作频率不同，可将电子标签分为低频电子标签、高频电子标签、超高频电子标签和微波电子标签。电子标签工作频率越高，通信速率越快，系统工作时间越短。低频电子标签具有较强的穿透能力，如穿透水、金属、导体等。

低频电子标签工作频率范围为 30k～300kHz，主要有 125kHz 和 134.2kHz 两种。大多在短距离、低成本的系统中应用，如门禁控制、校园卡、动物监管、货物跟踪等。

高频电子标签工作频率范围为 3M～30MHz，主要为 13.56MHz，用于门禁控制和需传送大量数据的应用系统。

超高频电子标签工作频率范围为 300M～3GHz，卡与阅读器之间通信使用的频段为高频段，如 433MHz、915MHz、2.45GHz、5.8GHz 等。应用于较远读写距离和高速度读写的场合，如火车监控、高速公路收费等。其天线波束方向较窄且价格较高。

微波电子标签工作频率大于 3 GHz，主要应用工作频率为 5.8 GHz。

## 1.2.3　阅读器

阅读器是利用射频技术读写电子标签信息的设备，如图 1-8 所示为一种阅读器。RFID 系统工作时，一般（被动电子标签系统中）首先由阅读器发射一个特定的询问信号，当电子标签感应到这个信号后，就会给出应答信号，应答信号中含有电子标签携带的数据信息。阅读器接收这个应答信号，并对其进行处理，然后将处理后的应答信号返回给外部主机，进行相应操作。

图 1-8　阅读器

阅读器主要完成以下功能：
- 与应用软件进行通信，并执行应用软件发来的命令。
- 控制与电子标签的通信过程。
- 信号的编码与解码。

- 执行防冲突算法。
- 对电子标签与阅读器之间传送的数据进行加密和解密。
- 进行电子标签与阅读器之间的身份验证。

阅读器的所有行为均由软件来控制完成。软件向阅读器发出读写命令，作为响应，阅读器与电子标签之间就会建立起特定的通信。

阅读器的硬件一般由天线、射频处理模块、控制模块和接口组成。控制模块是阅读器的核心，一般由 ASIC 组件和微处理器组成。控制模块处理的信号通过射频模块传送给阅读器天线，由阅读器发射出去。控制模块与应用软件之间的数据交换主要通过阅读器的接口来完成，阅读器的组成结构如图 1-9 所示。

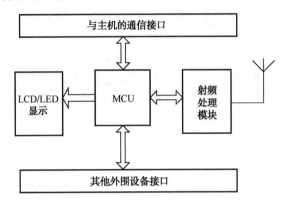

图 1-9　阅读器的组成结构

（1）控制模块

控制模块由 ASIC 组件和微处理器组成，微处理器是控制模块的核心部件。ASIC 组件主要用来完成逻辑加密过程，如对阅读器与电子标签之间的数据流进行加密/解密，以减轻微处理器计算过于密集的负担。

（2）射频处理模块

射频前端主要由发送电路和接收电路构成，用以产生高频发射功率，并接收和解调来自电子标签的射频信号。

发送电路的主要功能是对控制模块处理好的数字基带信号进行处理，然后通过阅读器的天线将信息发送给电子标签。发送电路主要由调制电路、上变频混频器、带通滤波器和功率放大器构成。

接收电路的主要功能是对天线接收到的已调信号进行解调，恢复出数字基带信号，然后送到阅读器的控制部分。接收电路主要由滤波器、放大器、混频器和电压比较器构成，用来完成包络产生和检波的功能。

（3）阅读器的接口

阅读器控制模块与应用软件之间的数据交换，主要通过阅读器的接口来实现，接口可采用 RS-232、RS-485、RJ-45、USB 或 WLAN 接口。

（4）天线

天线是用来发射或接收无线电波的装置。阅读器与电子标签利用无线电波来传递信息，当信息通过电磁波在空间传播时，电磁波的产生和接收要通过天线来完成。

电子标签和阅读器均有天线，天线是电子标签与阅读器之间传输数据的发射、接收装置。

在实际应用中，除了系统功率，天线的形状和相对位置也会影响数据的发射和接收，需要专业人员对系统的天线进行设计、安装。

## 1.3 射频识别系统分类

根据射频识别系统的特征，可以将射频识别系统进行多种分类。射频识别系统的特征及分类如表 1-2 所示。

表 1-2　射频识别系统的特征及分类

| 系统特征 | 系统分类 | |
| --- | --- | --- |
| 工作方式 | 全双工系统 | 半双工系统 |
| 数据量 | 1 位系统 | 多位系统 |
| 可否编程 | 可编程系统 | 不可编程系统 |
| 数据载体 | IC 系统 | 表面波系统 |
| 运行情况 | 状态机系统 | 微处理器系统 |
| 能量供应 | 有源系统 | 无源系统 |
| 工作频率 | 低频系统 | 中高频系统 |
| 数据传输 | 电感耦合系统 | 电磁反向散射耦合系统 |
| 信息注入方式 | 集成电路固化式 | 现场有线改写式 |
| 读取信息手段 | 广播发射式系统 | 倍频式系统 |
| 作用距离 | 密耦合系统 | 遥耦合系统 |
| 系统特征 | 低档系统 | 中档系统 |

### 1. 按照工作方式进行分类

按照射频识别系统的基本工作方式来划分，可以将射频识别系统分为全双工系统、半双工系统和时序系统。

（1）全双工系统

在全双工系统中，数据在阅读器和电子标签之间的双向传输是同时进行的，并且从阅读器到电子标签的能量传输是连续的，与传输的方向无关。

（2）半双工系统

在半双工系统中，从阅读器到电子标签的数据传输和电子标签到阅读器的数据传输是交替进行的，并且从阅读器到电子标签的能量传输是连续的，与传输的方向无关。

（3）时序系统

在时序系统中，从电子标签到阅读器的数据传输是在电子标签的能量供应间歇进行的，而从阅读器到电子标签的能量传输总是在限定的时间间隔内进行的。时序系统的缺点是在阅读器发送间隔时，电子标签的能量供应中断，这就要求系统必须有足够大容量的辅助电容器或辅助电池对电子标签进行能量补偿。

### 2. 按照电子标签的数据量进行分类

按照射频识别系统的数据量来划分，可以将射频识别系统分为 1 位系统和多位系统。

(1) 1 位系统

1 位系统的数据量为 1 位。该系统中阅读器能够发出两种状态的信号：在阅读范围内有电子标签和在阅读范围内没有电子标签。这对于实现简单的监控或信号发送功能是足够的，其主要应用在百货商场和商店中的商品防盗系统中。

(2) 多位系统

多位系统中电子标签的数据量通常在几个字节到几千个字节之间，电子标签的数据量主要由具体的应用需要来决定。

### 3. 按照数据载体进行分类

(1) 只读系统

在只读系统中，阅读器只能读取电子标签内的数据，不能将数据写入到电子标签中。电子标签中一般存储的是自身序列号，是在加工芯片时集成进去的，阅读器不能改写电子标签内的信息。

(2) 可读/写系统

在可读/写系统中，阅读器可以读取电子标签内的数据，也可改写电子标签内存储的信息，可以将数据动态写入电子标签内。

### 4. 按照能量供应方式进行分类

(1) 无源系统

在无源系统中，电子标签为无源标签。无源系统中电子标签所需的工作能量需要从阅读器发出的射频信号中获取，经过整流、存储后提供电子标签所需的工作电压。无源识别系统中电子标签成本低、使用寿命长，但是阅读器要发射更大功率射频信号，识别距离相对比较近。目前集成电路设计技术能使所需工作电压进一步降低，可以进一步增加无源系统的识别距离。

(2) 有源系统

在有源系统中，电子标签为有源标签，标签内装有电池，为电子标签的工作提供全部或部分能量，一般具有较远的阅读距离，不足的是电池使用寿命有限。

### 5. 按照工作频率进行分类

(1) 低频系统

低频系统的工作频率一般为 30k～300kHz，典型工作频率为 125kHz 和 133kHz。基于这个频段的射频系统都有相应的国际标准。系统特点是标签成本低、标签内保存的数据量少、阅读距离较短、阅读器天线方向性不强等。

(2) 中高频系统

中高频系统的工作频率一般为 3M～30MHz，典型的工作频率为 13.56MHz。中高频系统在这个频段上也有众多国际标准支持。系统的特点是标签及阅读器成本较高、标签内数据量较大、阅读距离较远、适应物体高速运动、性能好、阅读器及电子标签均有较强的方向性。

(3) 超高频和微波系统

超高频和微波系统统称为微波系统，系统的工作频率一般为 300M～3GHz 或大于 3GHz，典型工作频率为 4333MHz、902M～928MHz、2.453GHz 和 5.83GHz。

## 6. 按照耦合方式进行分类

RFID 系统中阅读器与电子标签之间的通信是在无接触方式下，利用交变磁场或电磁场的空间耦合及射频信号调制与解调技术实现的。以 RFID 阅读器及电子标签之间的通信及能量感应方式来看，发生在阅读器和电子标签之间的射频信号的耦合类型有两种：电感耦合及电磁反向散射耦合。

（1）电感耦合。变压器模型，通过空间高频交变磁场实现耦合，依据的是电磁感应定律，如图 1-10 所示。

电感耦合方式一般适用于中、低频工作的短距离射频识别系统。典型的工作频率有 125kHz、225kHz 和 13.56MHz，识别作用距离小于 1m，典型作用距离为 10~20cm。

（2）电磁反向散射耦合。雷达原理模型，雷达技术为 RFID 的反向散射耦合方式提供了理论和应用基础。当发射出去的电磁波碰到空间目标后，其能量的一部分被目标吸收，另一部分以不同的强度被散射到各个方向。在散射的能量中，一部分反射回发射天线，同时携带目标信息，被该天线接收，对接收信号进行处理，即可获取目标的有关信息。依据的是电磁波的空间传播规律，如图 1-11 所示。

电磁反向散射耦合方式一般适用于高频、微波工作的远距离射频识别系统。典型的工作频率有 433MHz、915MHz、2.45GHz 和 5.8GHz，识别作用距离大于 1m，典型作用距离为 3~10m。

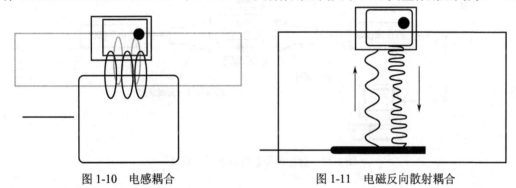

图 1-10　电感耦合　　　　　　　图 1-11　电磁反向散射耦合

## 7. 按照信息注入方式进行分类

（1）集成固化式 RFID 系统

集成固化式 RFID 系统的电子标签信息一般在集成电路生产时即将信息以 ROM 工艺模式注入，其保存的信息是一成不变的。

（2）现场有线改写式 RFID 系统

现场有线改写式 RFID 系统的电子标签一般将电子标签保存的信息写入其内部的存储区中，改写时需要专用的编程器或写入器，改写过程中必须为其供电。

（3）现场无线改写式 RFID 系统

现场无线改写式 RFID 系统一般适用于有源类电子标签，具有特定的改写指令。

## 8. 按照作用距离进行分类

（1）密耦合系统

密耦合系统也称为紧密耦合系统，阅读器和电子标签之间作用距离较小，典型范围是 0~

1cm。

（2）遥耦合系统

遥耦合系统的作用距离可以达到 1m，可以细分为近耦合系统和疏耦合系统。近耦合系统的典型作用距离为 15cm，疏耦合系统典型作用距离为 1m。遥耦合系统的发射频率可以使用 125kHz、13.56MHz 等。

（3）远距离系统

远距离系统的典型作用距离是 1～10m，某些系统的作用距离可以更远。远距离系统利用微波频段的电磁波进行工作，发射频率通常采用 433MHz、915MHz、2.45GHz、5.85GHz 等。

## 1.4 射频识别系统工作原理

### 1.4.1 RFID 的基本交互原理

射频识别系统的基本工作原理如图 1-12 所示。在射频识别系统中，存在着能量提供、工作时序和数据交换三种事件。电子标签与阅读器之间通过耦合元件实现射频信号的空间（无接触）耦合，在耦合通道内，根据时序关系，实现能量的传递、数据的交换。

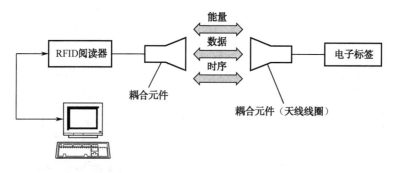

图 1-12 射频识别系统基本工作原理

**1. 能量提供**

对于无源电子标签来说，当电子标签离开阅读器的工作范围以后，电子标签由于没有能量激活而处于休眠状态。当电子标签进入阅读器工作范围以后，阅读器发出的能量激活电子标签，电子标签通过整流的方法将接收到的能量转换为电能存储在电子标签内的电容器里，从而为电子标签提供工作能量。对于有源电子标签而言，其始终处于激活状态，和阅读器发出的电磁波相互作用，具有较远的识别距离。

**2. 工作时序**

时序是指阅读器和电子标签的工作次序，阅读器和电子标签之间的信息交互通常采用询问—应答的方式进行，有严格的时序关系，时序由阅读器提供。通常有两种时序：一种是阅读器先发言（RTF 方式），另一种是标签先发言（TTF 方式）。一般状态下，电子标签处于休眠状态，当电子标签进入阅读器作用范围时，检测到一定特征的射频信号便从休眠状态转到接收状态，接收阅读器发出的命令，进行相应处理，并将结果返回阅读器，这种时序方式称为 RTF 方式。与此相反，电子标签进入阅读器的能量场主动发送自身信息的时序方式称为 TTF

方式。

### 3. 数据交换

阅读器与电子标签之间可以实现双向数据交换，数据通信包括阅读器向电子标签的数据通信和电子标签向阅读器的数据通信。电子标签存储的数据信息采用对载波的负载调制方式向阅读器传送，阅读器给电子标签的命令和数据通常采用数字调制方式，如幅移键控 ASK、频移键控 FSK、相移键控 PSK，通常采用振幅键控调制，比较便于解调。

## 1.4.2 射频识别系统工作流程

阅读器与电子标签可按约定的通信协议互传信息，通常由阅读器向电子标签发送命令，电子标签根据收到的阅读器命令，将内存的标识性数据回传给阅读器。射频识别系统工作流程如图 1-13 所示。

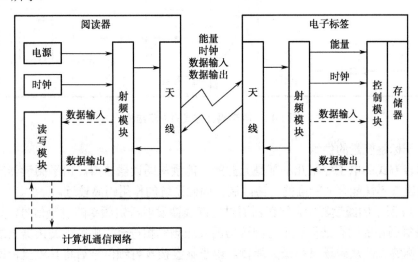

图 1-13 射频识别系统工作流程

射频识别系统一般工作流程如下。
- 阅读器通过天线发射发送一定频率的射频信号。
- 电子标签进入磁场后，接收阅读器发出的射频信号，凭借感应电流所获得的能量被激活（Passive Tag，无源标签或被动标签），或者由电子标签主动发送某一频率的信号（Active Tag，有源标签或主动标签）。
- 电子标签将自身信息通过内置天线发送出去。
- 阅读器天线接收从电子标签发送来的载波信息。
- 阅读器天线将接收到的载波信号传送到阅读器。
- 阅读器对接收信号进行解调和解码，送至中央信息系统进行有关数据处理。

## 1.4.3 射频识别系统中能量及数据传输原理

在射频识别系统中，阅读器和电子标签之间的通信通过电磁波来实现，存在着能量和数据的传输。无源标签需要从阅读器获取能量激活工作，同时阅读器与电子标签之间可以实现双向数据交换，数据通信包括阅读器向电子标签的数据通信和电子标签向阅读器的数据通信。

如前所述,射频识别系统阅读器和电子标签之间的射频信号传输有电感耦合及反向散射耦合两种方式,本小节从这两个方面介绍射频识别系统中信息传输的原理。

**1. 电感耦合方式**

电感耦合方式的电路结构如图 1-14 所示。电感耦合方式适用于近距离低频射频识别系统,典型射频载波频率(也称为工作频率)为 125kHz 和 13.56MHz。电子标签和阅读器之间的作用距离在 1m 以下。

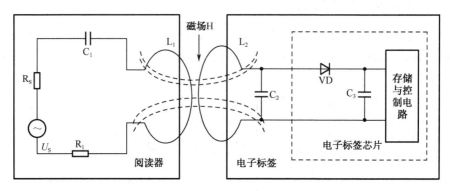

图 1-14　电感耦合方式的电路结构

(1)电子标签能量的供给

电感耦合方式的电子标签几乎都是无源的,能量从阅读器获得。由于阅读器产生的磁场强度受到电磁兼容性能有关标准的严格限制,因此系统的作用距离较近。

在图 1-14 所示的阅读器中,阅读器通过电感线圈发射一定频率的射频信号,如果电子标签的 LC 谐振回路的固有谐振频率与阅读器的发送频率相符合,则处于阅读器天线的交变磁场中的电子标签就能从磁场获得最大能量。电子标签接收射频信号后将其整流,即可产生电子标签所需的直流电压,储存在电容 $C_3$ 中,提供电子标签的工作电压。

阅读器和电子标签的线圈可以看成一个变压器的初、次级线圈,二者间耦合较弱,因此电感耦合系统的效率不高,主要适用于小电流电路,而且电子标签的功耗大小对工作距离的影响很大。

(2)电子标签向阅读器的数据传输

电子标签向阅读器的数据传输采用负载调制方式,原理图如图 1-15 所示。

在电子标签中以二进制数据编码信号控制开关器件 S,则电子标签线圈上的负载电阻 $R_2$ 按二进制数据编码信号的高低电平变化而接通和断开,影响电子标签的负载电阻变化,从而使电子标签 LC 谐振回路两端的电压按规律发生相应变化。因此,开关 S 接通或断开,会使电子标签谐振回路两端的电压发生变化。当电子标签谐振回路两端的电压发生变化时,由于电子标签和阅读器线圈的电感耦合,这种变化会传递给阅读器,表现为阅读器线圈两端电压的振幅发生变化。因此,负载调制实际是通过改变电子标签天线上负载电阻的接通和断开,来使阅读器天线上的电压发生变化,实现近距离电子标签对天线电压的振幅调制的。如果通过数据来控制负载电压的接通和断开,那么这些数据就能够从电子标签传输到阅读器了。

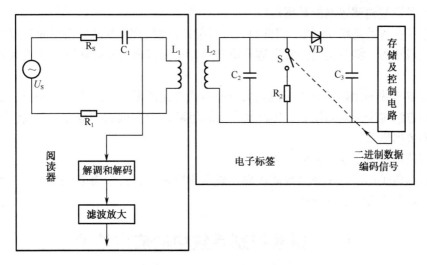

图 1-15 负载调制原理示意图

（3）阅读器向电子标签的数据传输

阅读器给电子标签的命令和数据通常采用数字调制方式，通常为幅移键控 ASK。

## 2. 反向散射耦合方式

一个目标反射电磁波的效率由反射横截面来衡量。反射横截面的大小与一系列参数有关，如目标大小、形状和材料，电磁波的波长和极化方向等。由于目标的反射性能通常随频率的升高而增强，所以 RFID 反射散射耦合方式适用于特高频和超高频段。

反向散射耦合方式的原理如图 1-16 所示。

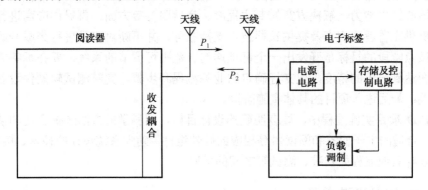

图 1-16 反向散射耦合方式原理框图

（1）电子标签能量的供给

无源电子标签的能量由阅读器提供，阅读器天线发射的射频信号功率 $P_1$ 经自由空间后到达电子标签，设到达功率为 $P_3$，$P_3$ 中被吸收的功率经电子标签中的整流电路后形成电子标签的工作电压。

由于电磁兼容的国际标准对阅读器所能发射的最大功率有严格限制，因此在很多应用中，电子标签上要安装附加电池，电子标签平时处于低功耗模式。当电子标签进入阅读器的作用范围时，电子标签由获得的射频功率激活，进入工作状态。

(2) 电子标签向阅读器的数据传输

到达电子标签的功率 $P_3$ 的一部分被天线反射，反射功率 $P_2$ 经自由空间后到达阅读器，被阅读器天线接收。接收信号经收发耦合电路传输至阅读器的接收通道，被放大处理后获得有用信息。

电子标签天线的反射性能受连接到天线的负载变化的影响，因此，可采用与低频段相同的负载调制方法实现反射的调制。其表现为反射功率 $P_2$ 是振幅调制信号，它包含了存储在电子标签中的数据信息。

(3) 阅读器向电子标签的数据传输

阅读器至电子标签的命令及数据传输，根据 RFID 的有关标准进行编码和调制，或按所选用的电子标签的要求进行设计。

## 1.5 射频识别系统中的应用技术

在 RFID 的实施过程中会涉及一些应用方面的技术，RFID 系统的应用技术包括实施技术、测试技术、安装技术和故障评估技术。

### 1.5.1 RFID 系统实施技术

RFID 技术的应用将会带来巨大的收益前景，实施这项技术也会带来新的挑战。实施过程中需要考虑如下问题：标准化方面的问题，如何将条形码转换成电子编码，这些转换将如何改变公司的运营活动等。

一般来说，RFID 项目的实施可以分为起步、测试和验证、试点和实施 4 个阶段。在 RFID 项目的起步阶段，需要建立一个合适的开发环境；选择合适供应商，要考虑供应商的项目开发经验、核心技术能力、解决方案的专注程度、售后服务等方面；再对供应商进行评估和测试，寻找提供完善解决方案及提供长期技术支持服务，并不断对产品进行集成升级、维修的供应商；试点阶段的目标是开发出一个可预期的、范围可调节的系统，要在标签放置、输出和性能方面达到一定的精度，建立好确定的业务流程和步骤，完整测试软硬件设备，验证系统的精准性；最后进入项目的具体实施阶段。

在 RFID 项目实施过程中，要有明确的设计目标，用科学的方法选择合适的软件系统、运行环境，合适的电子标签和阅读器等相应的硬件组件，确定系统设计的技术、接口等参数，还要处理好与其他流程如安装、测试等之间的关联。

**1. RFID 系统的技术参数**

用来衡量 RFID 系统的技术参数比较多，如系统使用的工作频率、协议标准、识别距离、识别速度、数据传输率、存储容量、防碰撞方法及电子标签的封装标准等，这些技术参数相互影响和制约。

(1) 工作频率

工作频率是 RFID 系统最基本的技术参数之一，工作频率的选择很大程度上决定了系统的应用范围、技术可行性及成本的高低。

(2) 作用距离

RFID 系统的作用距离是指系统的有效识别距离。影响作用距离的因素主要有阅读器的发射功率、系统的工作频率、电子标签的封装形式、电子标签的定位精度、多个电子标签之间的最小距离、阅读器工作区域内电子标签的移动速度等。工作频率越高、阅读器发射功率越大、电子标签的天线越大、识别距离越远。

(3) 数据传输速率

RFID 系统的数据传输速率取决于代码的长度、电子标签数据的发送速率、读写距离、载体的工作频率、数据传输的调制技术等，还要考虑电子标签是无源还是有源，也要考虑载体上传数据和写入数据的速度。

(4) 安全要求

RFID 系统要求排除在应用阶段出现的各种危险攻击，对系统做好充分安全评估和采取相应加密及身份认证措施。

(5) 存储容量

数据载体存储容量的大小不同，系统的价格也不同，数据载体的价格主要是由电子标签的存储容量确定的。

(6) RFID 系统的连通性

RFID 系统必须能够集成现存的和发展中的自动化技术，可以直接与个人计算机、可编程逻辑控制器或工业网络接口模块相连，从而降低安装成本，使 RFID 系统提供灵活的功能，易于集成到广泛的工业应用中。

(7) 多标签的同时识读性

RFID 系统可能需要同时对多个电子标签进行识别，因此要考虑阅读器的多标签识读性能，这与阅读器的识读性能、电子标签的移动速度等都有关系。

(8) 标签的封装形式

针对不同的工作环境，电子标签的大小和封装形式也是需要考虑的参数之一。电子标签的封装形式不仅影响系统的工作性能，决定电子标签的安装与性能，也影响到系统的安全与美观。

## 2. RFID 系统的运行环境与接口参数

一个完整的 RFID 系统应当包含阅读器、电子标签、计算机网络、平台系统、应用软件等。考虑到数据的读取、处理、传输等问题，还应当考虑阅读器天线的安装、传输距离等问题。RFID 系统的运行环境相对比较宽松，可在现有任何系统上运行基于任何编程语言的任何应用软件。

RFID 系统中存在多种硬件模块或设备之间的数据通信，相应的接口方式可以根据实际系统需求来确定，如韦根、SPI、I$^2$C、USB、RJ-45、RS-232、RS-485/422 等，可依据接口方式选择相应接口软件。

## 3. RFID 系统硬件组件的选择

RFID 系统的硬件组件主要考虑阅读器、电子标签及二者的天线的选择。

(1) 电子标签

电子标签的技术参数有能量需求、数据容量、工作频率、数据传输速率、读写速度、封装形式、数据的安全性等。标签的读写速度一般为毫秒级，数据容量根据实际需要可大可小，不同的天线可以封装成不同形状，具有不同的识别性能，要求有密码保护标签的数据安全。

(2) 阅读器

阅读器的技术参数有工作频率、输出功率、数据传输速率、输出端口形式和阅读器是否可调等，RFID 系统根据实际需要及成本等因素选择合适的阅读器。

(3) 天线

RFID 系统中的阅读器及电子标签均有天线，需要合理选择二者的天线才能达到有效的识别。

电子标签中，特别是工作频率到微波段时，天线与标签芯片之间的匹配问题更加严峻。选择天线的目的是传输最大的能量进入标签芯片，需要仔细设计天线与自由空间及相连标签芯片的匹配。设计高频段标签天线时需要满足以下条件：足够小以至于能够贴到需要的物品上；有全向或半球覆盖的方向性；提供最大可能的信号给标签的芯片；无论物品在什么方向，天线的极化都能与阅读器的询问信号相匹配；具有鲁棒性；便宜。

阅读器天线的选择主要考虑天线类型、阻抗、应用到物品上的 RF 性能、在有其他物品阻挡被贴标签物品时的射频性能、辐射模式、局部结构和作用距离。

## 1.5.2 RFID 系统测试技术

当前 RFID 技术在理论和技术上日趋成熟，但距离大规模应用还有很长的路要走，同时 RFID 技术存在很多问题，如故障率高、多个标签相互干扰时识别率低、不同介质对信息的干扰、安全架构问题、电磁兼容问题、液体和金属造成读取失败问题等。这些问题可以通过测试技术结合理论分析和研究来帮助我们找到正确的解决方法。RFID 系统测试通常包括性能测试（物理特性测试、静态特性测试、动态特性测试）、应用场景测试（模拟 RFID 技术应用于不同领域的测试、高低温测试、高低电压测试、压力测试、破坏性测试、强干扰环境测试）、可靠性测试（模拟实践测试结合统计分析、读取标签的可靠性测试、高速运动标签测试、大批量标签测试、强干扰环境测试）、电磁兼容性测试、一致性测试。

测试贯穿于整个 RFID 系统开发和应用的生命周期。RFID 测试将为 RFID 产业的健康发展和 RFID 应用的有序推进起到积极的监督和保障作用，也是完善 RFID 产业链的重要举措。

## 1.5.3 RFID 系统的安装技术

RFID 系统的安装包括系统的软件安装和硬件安装。软件安装相对容易。硬件安装通常包括天线安装、阅读器安装、辅助设备安装（如辅助光传感器、压力传感器、移动传感器等）、读/写入口的安装、RFID 通道的安装、编码站的安装、车载安装及系统的接地。

RFID 系统的安装技术要保障阅读器能正确读取标签、数据能正确传输、所有的电缆都连接正确并发挥应当发挥的功能，同时还要考虑实际情况，正确合理安装相应软、硬件。

## 1.5.4 RFID 系统的故障分析技术

故障分析技术是指 RFID 系统运行一段时间之后，对于其发生的故障进行分析的技术，故障分析技术需要结合测试技术。

在故障分析过程中，需要清楚地定义故障现象，这将为处理问题提供立足点，可以帮助快速准确地给出解决问题的方案。一般故障的分析应遵循以下步骤：重启系统、从最容易的问题着手（如检查物理连接、电源等）、检查标签是否可见、测试所有触发和反馈装置、检查网络通信、检查中间件、检查系统的连接。遵循此步骤，一般故障都可以得到解决。

RFID 系统中的故障分析通常有以下 3 种，结合相应的故障排查技术可以解决故障问题。

① 针对阅读器读取区域的故障，如果没有读取标签时，检查所有组件是否连上电源、检查所有组件是否连接正确、连接是否牢固有无损坏、检查阅读器配置是否正确、检查阅读器天线方向是否正确。如果读取不到全部标签，检查系统是否能实现读取所有标签、检查系统支持标签协议是否过多、检查物品被识别时间是否够长、检查系统周围是否有潜在的干扰。

② 针对标签失效故障，检查标签位置和天线方向是否正确、标签是否已损坏、数据格式等。

③ 针对软、硬件故障，检查软件和固件是否要更新或升级，网络通信问题也会影响RFID系统的性能。

## 1.6 射频识别技术的应用和发展前景

### 1.6.1 RFID技术的应用

射频识别应用领域广泛，普及到我们生活中的方方面面，而且每种应用的实现都会形成一个庞大的市场，因此可以说RFID技术是一个重要的经济增长点。其主要有以下应用领域。

（1）物流：物流过程中的货物追踪、信息自动采集、仓储应用、港口应用、快递。
（2）零售：商品的销售数据实时统计、补货、防盗。
（3）制造业：生产数据的实时监控、质量追踪、自动化生产。
（4）服装业：自动化生产、仓储管理、品牌管理、单品管理、渠道管理。
（5）医疗：医疗器械管理、病人身份识别、婴儿防盗。
（6）身份识别：电子护照、身份证、学生证等各种电子证件。
（7）防伪：贵重物品（烟、酒、药品）的防伪、票证的防伪等。
（8）资产管理：各类资产（贵重的或数量大相似性高的或危险品等）。
（9）交通：高速不停车、出租车管理、公交车枢纽管理、铁路机车识别等。
（10）食品：水果、蔬菜、生鲜、食品等保鲜度管理。
（11）动物识别：训养动物、畜牧牲口、宠物等识别管理。
（12）图书馆：书店、图书馆、出版社等应用。
（13）汽车：制造、防盗、定位、车钥匙。
（14）航空：制造、旅客机票、行李包裹追踪。
（15）军事：弹药、枪支、物资、人员、卡车等识别与追踪。

### 1.6.2 RFID技术的典型应用实例

#### 1. 二代身份证

按公安部规划，从2005年1月1日起我国启动了第二代居民身份证升级换发工作，这是RFID市场的重要应用。二代身份证推行带动了各种公共场所（如飞机场、火车站、银行、购物场所等）的终端需求，再加上身份信息的网络传输、数据存储系统等，市场影响非常大。

二代身份证是符合ISO/IEC14443 TypeB协议的射频卡，按照《居民身份证法》规定，二代身份证中存储了居民的姓名、性别、民族、出生日期、常住户口所在地住址、公民身份号码、本人相片、指纹、证件的有效期和签发机关等信息。二代身份证可以非接触式读取信息，提高识别效率，防伪性和安全性高，如图1-17所示。

图 1-17 二代身份证样证及阅读器

### 2. 供应链应用

商业供应链是 RFID 技术应用最广泛的舞台。RFID 可以实现对商品设计、原材料采购、半成品和成品的生产、运输、仓储与配送,一直到销售,甚至退货处理和售后服务等所有供应链上的环节进行实时监控,随时获得各种产品相关信息,如种类、生产商、生产时间、地点、颜色、尺寸、数量、到达地和接收者等。

(1) 生产制造环节。应用 RFID 技术,完成自动化生产线运作,准确找到零部件,配送零部件,实现整个生产线对原材料、零部件、半成品和成品的识别与跟踪,加强了对产品质量的控制与追踪,降低人工识别成本和出错率,提高效率和效益。

(2) 存储环节。RFID 技术在仓库里可以应用在存取货物与库存盘点中,解决物品在仓库中装卸、处理和跟踪问题,提高效率,保证有关信息准确可靠,降低由于商品误置、送错、偷窃、损害、出货错误造成的损失。

(3) 配送、分销环节。产品贴上 RFID 标签,在进入中央配送分销中心时,阅读器读取相关标签信息,系统将这些信息与发货记录进行核对,以检测出是否出错,再将标签信息更新为最新产品存放地和状态。

(4) 运输环节。便携式数据终端和射频通信能够及时掌握在途物资和实时跟踪运输工具。

(5) 零售环节。RFID 标签体积小,可以植入商品或外包装中,可以有效防止商品被盗。同时 RFID 标签还能在付款台实现自动扫描和计费,提高交易效率。

(6) 售后服务环节。厂商在大型产品(如汽车等)上植入永久性标签,不仅记录制造过程中的数据,而且可以记录顾客和车辆保修相关信息,门店系统可以自动读取标签中数据,清楚查询保修记录及车辆使用情况。

### 3. 防盗

应用 RFID 技术可以保护和跟踪物品,如图 1-18 所示。如将电子标签贴在计算机、文件、空调、办公桌或其他物品上,该标签使公司可以自动跟踪、管理这些财物,可以监管物品是否离开某个区域,或是用报警的方式限制物品离开某地。结合 GPS 系统,利用 RFID 技术还可以有效实现对物品的跟踪,可以用于寻找丢失的物品。在商场和超市中应用 1 位电子标签可以防止商品被盗。汽车防盗也可以应用 RFID 技术,将电子标签装载在汽车钥匙里,汽车上装上阅读器,当钥匙插入点火器中时,阅读器可以识别钥匙的身份,如果身份错误,汽车引擎将不会发动。汽车上装有标示身份的标签,可用于寻找丢失的汽车,警察还可驾驶装有阅读器的流动巡逻警车,更加方便地监控交通情况。

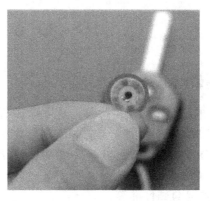

图 1-18 射频识别移动硬盘及汽车防盗应用

## 1.6.3 RFID 技术的发展前景

射频识别技术是一种自动识别技术，也是一门综合的技术，它涉及微电子技术、材料科学、微波技术、计算机软件及现代管理科学等许多领域，应用空间广阔，与国民经济各个领域有着千丝万缕的联系，特别在国民经济结构调整、全社会运用信息技术提高经济运行效益和质量的形势下，RFID 等自动识别技术将会逐渐渗透到社会经济生活的方方面面，发挥越来越大的作用，发展前景广阔。

RFID 已经走过几十年，在最近几年里得到了更快的发展。随着技术的不断进步，RFID 产品的种类将越来越丰富，应用也越来越广泛。

物联网已被确定为中国战略性新兴产业之一，《物联网"十二五"发展规划》的出台，无疑给正在发展的中国物联网又吹来一股强劲的东风，而 RFID 技术作为物联网发展的关键技术，其应用市场必将随着物联网的发展而扩大，RFID 巨大的市场空间即将打开。

据调查数据显示，2010 年全球 RFID 标签的生产数量达到了 330 亿个，是 2005 年 13 亿个产量的 25 倍以上，RFID 在未来几年的应用会随着产业不同而有很大差异。从 1991 年至今，已经有超过 15000 万台汽车在使用 RFID 标签。而根据分析师的预测，未来 RFID 将主要应用在供应链管理等物流领域，而这个市场将成为 RFID 市场的重头戏。但如果在应用上能够采取有效措施，实现 RFID 标签的量产化，RFID 标签的价格将会迅速下跌，应用普及也将指日可待。

当 RFID 系统应用普及到一定程度时，每件产品将通过电子标签赋予自己独特的身份标识，尤其是随着 4G、三网融合的日益普及，今后 RFID 与互联网、电子商务结合将是必然趋势，也必将改变人们传统的生活、工作和学习方式。同时，与其他 IT 产业一样，当标准和关键技术解决和突破之后，RFID 也将与其他产业如 4G、三网融合等形成更大的产业集群，并得到更加广泛的应用，实现跨地区、跨行业应用。

另外，如今芯片频率、容量、天线、封装材料等组合日益形成产品系列化，RFID 在未来的发展中，将与其他高科技加速融合，如与传感器、GPS、生物识别结合，这一切，都将促使 RFID 由单一识别向多功能识别发展，从独立系统应用走向网络化应用，实现跨地区、跨行业的综合应用。

## 1.7 知识拓展

### 1.7.1 RFID 技术相关标准

由于 RFID 的应用牵涉众多行业,因此其相关的标准盘根错节,非常复杂。RFID 相关的标准涉及电气特性、通信频率、数据格式和元数据、通信协议、安全、测试、应用等方面。从类别看,RFID 标准可以分为以下四类:技术标准(如 RFID 技术、IC 卡标准等);数据内容与编码标准(如编码格式、语法标准等);性能与一致性标准(如测试规范等);应用标准(如船运标签、产品包装标准等)。

目前 RFID 存在三个主要的技术标准体系,ISO 标准体系、Auto-ID Center 自动识别中心的 EPC Global、日本的 Ubiquitous ID Center(泛在 ID 中心)。RFID 主要频段标准及特性如表 1-3 所示。

表 1-3 RFID 主要频段标准及特性

| | 低 频 | 高 频 | | 超 高 频 | | 微 波 |
|---|---|---|---|---|---|---|
| 工作频率 | 125k~134kHz | 13.56MHz | JM13.56MHz | 433MHz | 868M~915MHz | 2.45G~5.8GHz |
| 读取距离 | <0.5m | 60cm | 60cm | 50~100m | 3.5~35m | >15m |
| 速度 | 慢 | 中等 | 很快 | 快 | 快 | 很快 |
| 潮湿环境 | 无影响 | 无影响 | 无影响 | 无影响 | 影响较大 | 影响较大 |
| 方向性 | 无 | 无 | 无 | 有 | 部分 | 有 |
| 全球适用频率 | 是 | 是 | 是 | 是 | 部分(欧盟、美国) | 部分(非欧盟国家) |
| 现有 ISO 标准 | 11784/5,14223,18000-2 | 18000-3/1,14443 | 18000-3/2,15693,18000-3 | 18000-7 | EPC Global,18000-6 | 18000-4,18000-5 |
| 运行方式 | 无源标签 | 无源标签 | 无源标签 | 有源标签 | 无源标签 | 有/无源标签 |
| 主要应用范围 | 进出管理、固定设备、天然气、洗衣店 | 图书馆、产品跟踪、货架、运输 | 空运、邮局、医药、烟草 | 物流、集装箱定位跟踪 | 货架、卡车、拖车跟踪 | 收费站、集装箱 |

**1. ISO 标准体系**

国际标准化组织 ISO/IEC 是信息技术领域最重要的标准化组织之一,其制定的 RFID 空中接口协议系列标准受到了最为广泛的关注。电子标签和阅读器之间通过相应的空中接口协议才能进行相互通信。空中接口协议定义了阅读器与标签之间进行命令和数据双向交换的机制,即阅读器发给标签的命令和标签发给阅读器的响应。因此空中接口标准在 RFID 系统中举足轻重,它将直接决定系统传输和识别的可靠性和有效性。其中影响最大的主要有 ISO/IEC 14443、ISO/IEC 15693 和 ISO/IEC 18000 三个系列标准。

(1) ISO/IEC 14443:2001《识别卡 无触点的集成电路卡 接近式卡》标准采用的载波频率为 13.56MHz,定义了 TypeA、TypeB 两种类型协议,通信速率为 106kbps。该标准在国内外的应用已经非常广泛,我国第二代居民身份证中的射频识别技术采用的就是 ISO/IEC

14443 TypeB 协议。与 TypeA 相比,由于调制深度和编码方式的不同,TypeB 具有传输能量不中断、速率更高、抗干扰能力更强的优点。该系列标准共分为物理特性、空中接口和初始化、防冲突和传输协议、扩展命令集和安全特性四个部分。符合该标准的 RFID 设备及标签的最大识读距离约为 10cm。

ISO/IEC 14443 国际标准的主要内容有:

① ISO/IEC 14443-1:物理特性。
② ISO/IEC 14443-2:射频能量与信号接口。
③ ISO/IEC 14443-3:初始化和防冲突。
④ ISO/IEC 14443-4:传输协议。

(2) ISO/IEC 15693:2001《识别卡 无触点的集成电路卡 邻近式卡》标准采用的载波频率仍为 13.56MHz,同样分为物理特性、空中接口和初始化、防冲突和传输协议、扩展命令集和安全特性四个部分。目前该标准已被广泛应用,符合该标准的 RFID 设备已经非常成熟,最大识读距离可达 1m。

ISO/IEC 15693 国际标准的主要内容有:

① ISO/IEC 15693-1:物理特性。
② ISO/IEC 15693-2:空中接口和初始化。
③ ISO/IEC 15693-3:防冲突和传输协议。
④ ISO/IEC 15693-4:扩展命令集。

(3) ISO/IEC 18000:2004《信息技术 用于单品管理的射频识别技术》系列标准是由 ISO/IEC JT-SC31 自动识别和数据采集分技术委员会负责制定的用于单品管理的空中接口通信协议标准,它涵盖了从 125kHz 到 2.45GHz 的通信频率,识读距离由几厘米到几十米。非接触式 IC 卡中射频识别标签形状各异,应用范围极广,有多个国际标准化组织为其制定了国际标准,本书主要介绍 ISO/IEC 18000 国际标准,该标准规定了通信的空中接口协议,即阅读器与标签之间进行命令和数据双向交换的机制。目前包括以下 7 部分。

① ISO/IEC 18000-1:物理层标准化参数定义。
② ISO/IEC 18000-2:低于 135kHz 频率下通信的空中接口的参数。
③ ISO/IEC 18000-3:在 13.56MHz 频率下通信的空中接口的参数。
④ ISO/IEC 18000-4:在 2.45GHz 频率下通信的空中接口参数。
⑤ ISO/IEC 18000-5:在 5.8GHz 频率下通信的空中接口参数。
⑥ ISO/IEC 18000-6:在 860M~960MHz 频率下通信的空中接口的参数。
⑦ ISO/IEC 18000-7:在 433MHz 频率下通信的空中接口的参数。

另外关于 ISO/IEC 7816 中有对非接触式 IC 卡即射频卡也适用的部分标准。ISO/IEC 7816 国际标准的标题是《识别卡 集成电路卡》。此标准包括以下部分。

适用于接触式 IC 卡的部分:

① ISO/IEC 7816-1 接触式卡的物理特性。
② ISO/IEC 7816-2:触点尺寸和位置。
③ ISO/IEC 7816-3:异步卡的电接口和传输协议。
④ ISO/IEC 7816-10:同步卡的电接口和复位应答。
⑤ ISO/IEC 7816-12:USB 卡的电接口和操作过程。

对接触式 IC 卡与非接触式 IC 卡均适用的部分:

① ISO/IEC 7816-4：组织、安全和用于交换的命令。
② ISO/IEC 7816-5：应用提供者的注册。
③ ISO/IEC 7816-6：用于交换的数据元。
④ ISO/IEC 7816-7：结构化卡查询语言和命令。
⑤ ISO/IEC 7816-8：安全操作命令。
⑥ ISO/IEC 7816-9：卡管理命令。
⑦ ISO/IEC 7816-11：个人验证的生物方法。
⑧ ISO/IEC 7816-13：在多应用环境中用于应用管理的命令。
⑨ ISO/IEC 7816-15：密码信息应用。

### 2. EPC Global

EPC 是由 EPC Global 组织、各应用方协调一致的编码标准，可以实现对所有实体对象（包括零售商品、物流单元、集装箱、货运包装等）的唯一有效标识，赋予物品唯一的电子编码，其位长通常为 64 或 96，也可扩展为 256 位。对不同的应用规定有不同的编码格式，主要存放企业代码、商品代码和序列号等。

ISO/IEC 空中接口协议标准侧重于数据采集，即阅读器与标签之间进行通信的方式，而在物品编码规则和数据采集后处理方面 EPC Global 制定的一系列标准则更加成熟。EPC Global 旨在改变整个世界，它通过搭建一个可以自动识别任何地方任何事物的开放性全球网络（即 EPC 系统或物联网），来为公司提供某些他们梦寐以求的、几乎完美的供应链可见度。在物联网的构想中，RFID 标签中储存的 EPC 代码，可以通过无线数据通信网络自动采集到中央信息系统，以实现对物品的识别，进而通过开发的计算机网络实现信息交换和共享，实现对物品的透明化管理。

EPC Global 已经得到沃尔玛、微软、飞利浦、IBM 等众多企业的支持，具有广阔的应用前景。沃尔玛早在 2005 年就将基于该标准的 RFID 技术应用到货品管理中。沃尔玛更多的上游供应商也逐步开始进行相关测试，应用的规模不断扩大并取得一定的成效。

## 1.7.2 射频卡简介

射频卡是电子标签的一种典型应用形式，日常应用中电子标签常以射频卡的形式存在，通常也称为非接触式 IC 卡。

射频卡的外形尺寸符合国际标准 ISO 7810 对 ID-1 型卡的规定，标准射频卡尺寸为 85.72mm×54.03mm×0.76mm。射频卡由 IC 芯片、耦合元件（感应天线）组成，并完全密封在一个标准 PVC 卡片外壳中，无外露部分，如图 1-19 所示。

射频卡的组成结构是在 4 层 PVC 薄膜（两层嵌入薄膜和两层覆盖薄膜）之间粘合一个射频卡模块及耦合元件，如图 1-20 所示。

其中，耦合元件一般为电磁感应天线线圈，起电感耦合或电磁反向散射作用。将设计成线圈状的天线安放在承载薄膜的上面，且用适当的连接技术将其与芯片模块连接在一起。天线的制造主要采用以下四种方法：绕制工艺、布线工艺、丝网印刷工艺和蚀刻工艺。

项目一 认识射频识别技术

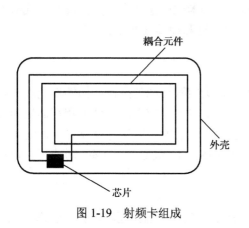

图 1-19 射频卡组成

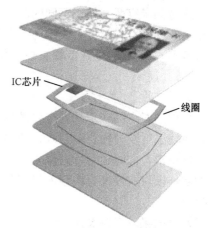

图 1-20 射频卡组成结构

## 1.7.3 射频卡的生命周期

射频卡的生命周期一般可分成 5 个阶段：设计与制造、卡的初始化、个人化、使用和使用终结，如图 1-21 所示。

图 1-21 射频卡的生命周期

**1. 射频卡的设计与制造**

如图 1-22 所示为射频卡的设计与制造流程。

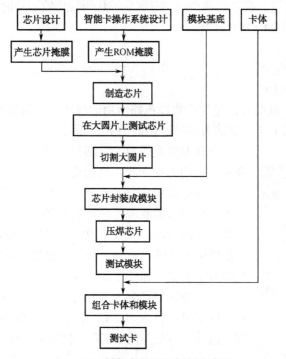

图 1-22 射频卡的设计与制造流程

一张射频卡有两个性质不同的部件：包含芯片的模块和塑料卡体。射频卡的制造是一个大批量生产过程，其批量约从1万个开始，实际上有的卡生产量很大（如我国的二代身份证和交通卡等），所有的生产步骤，必须有一定的质量保证和检验（测试）。

1）芯片设计

（1）系统设计

根据用户对卡的应用与安全要求设计卡内芯片，确定其功能与指标（如操作速度、接口规格、环境温度及消耗功率等），并根据工艺水平与成本对卡内CPU的性能和存储器容量等提出具体要求，同时也对片内操作系统提出具体要求，然后就可以进行具体设计。还可进一步规划软件模块及硬件模块该如何划分，哪些功能该整合于SOC内，哪些功能可以设计在电路板上。

（2）卡内集成电路设计

其设计过程与ASIC（专用系统集成电路）设计过程类似，包括逻辑设计、逻辑模拟、电路设计、电路模拟、版图设计与正确性验证等步骤。借助于计算机辅助设计工具（如Workview、Mentor、OrCAD和Cadence等），争取在设计阶段发现逻辑错误、电路错误或版图错误。

目前卡内集成电路一般包括CPU、ROM、RAM、EEPROM和安全逻辑等内容。卡内CPU经常采用微控制器MCU核心（如MC68HC05和ARM等），不必一切重新设计。

（3）软件设计

软件设计包括安装在芯片内部的ROM中的操作系统和应用软件的设计，如采用国外现成的芯片，则有相应的开发工具可供选用。

射频卡中某些针对特定应用的程序可不进入掩膜ROM，而进入EEPROM中。

常用的开发工具称为仿真器，它包含与卡内芯片类似的硬件结构，如CPU和存储器等。仿真器通常与计算机相连，开发者在计算机上利用仿真器与计算机之间的通信软件进行编程、测试和修改，直到编出符合要求的软件，并将软件的代码提供给芯片制造部门用于生产ROM的掩膜，或作为EEPROM中的部分内容。

2）芯片制造

芯片制作过程如下：

（1）制作晶圆（wafer）

晶圆也称晶圆片、硅晶片，是生产集成电路所用的载体，多指单晶硅圆片。在硅晶片上可加工制作成各种电路元件，而成为有特定功能的IC产品。

图1-23 晶圆

制作晶圆是将单晶硅圆片（直径75～150mm）切割成圆片，圆片厚度约为0.5mm，表面磨光，不能有任何缺陷。

单晶硅圆片由普通硅砂（$SiO_2$）拉制提炼，经过溶解、提纯、蒸馏一系列措施制成高纯度的多晶硅，晶圆制造厂再将此多晶硅溶解，于溶液内掺入一小粒的硅晶体晶种，然后将其慢慢拉出，以形成圆柱状的单晶硅晶棒，单晶硅晶棒经过抛光、切片之后，就成为了晶圆，如图1-23所示。

晶圆按其直径分为4英寸、5英寸、6英寸、8英寸、12英寸、14英寸、15英寸、16英寸、…、20英寸以上等，晶圆越大，同一圆片上可生产的IC芯片就越多，可降低成本；但对材料技术和生产技术要求更高。

早期在小集成电路时代，每一个 6 英寸的晶圆上可制作数以千计的晶粒。现在次微米线宽的大型 VLSI，每一个 8 英寸的晶圆上也只能完成一两百个大型芯片。晶圆的制造虽动辄投资数百亿，但却是所有电子工业的基础。

（2）制作晶圆上的电路

根据设计与工艺过程要求，对圆片进行氧化、光刻、腐蚀和扩散等处理，形成所需要的电路。在一个圆片上可制作几百至几千个相互独立的电路，每个电路即为一个小芯片（晶粒），小芯片上除了有按 IC 卡标准（8 个触点）设计的压焊块外，还应有专供测试用的探头压块。

为了避免在使用中射频卡遭受弯曲和扭曲而影响芯片的坚固性，一般将小芯片的尺寸限制在 $25mm^2$ 以下，且尽量接近正方形，如图 1-24 所示。

（3）测试并在 EEPROM 中写入信息

利用带测试程序的计算机控制探头测试圆片上的每个小芯片，对小芯片的电气和功能进行全面测试。在有缺陷的小芯片上做标记（涂上带色的墨水）。在调整得很好的生产线上，合格率约为 80%，所以要对每个小芯片都进行测试。

图 1-24 小芯片——晶粒

在测试合格的小芯片中写入制造厂代号等信息，如图 1-25 所示。如用户需要制造厂在 EEPROM 中写入内容，也可在此时进行，运输码也可在此时写入。运输码是为了防止卡片在从制造厂运输到发行商的途中被窃而采取的防卫措施，是仅为制造厂和发行商知道的密码。发行商接收到卡片后要首先核对运输码，如核对不正确，卡将自锁，烧断熔丝。

图 1-25 经过测试合格的小芯片

（4）研磨圆片和切割圆片

经过工艺过程的圆片可能过厚，需进行研磨，使厚度达到要求。IC 卡的厚度规定为 0.76mm，芯片应该更薄。

研磨后，用激光或钻石将圆片切割成众多的小芯片，并将带墨水的小芯片丢弃或销毁。

通过测试结束时进行的烧断熔丝操作，或切割芯片的部分连接线，使专供测试用的压块失效，可使芯片脱离测试状态。

3）模块制造

将已经制造好的芯片安装在微型印制电路板上，称为模块制造。

模块的制作有三个过程：首先制作基底（微型印制电路板），然后将芯片连接在基底上，最后进行团块封顶（glop topping）。

（1）制作基底

模块的基底是一层绝缘物质，如聚酰亚胺或环氧树脂玻璃，在其上有连接芯片到卡表面的接触焊盘。基底通常装在 35mm 宽、边上打孔的塑料带上，它并排成对地携带模块，如图 1-26 所示。

图 1-26　射频卡电路基底——微型印制电路板

（2）芯片安装

芯片安装常用压焊法。压焊法是将外壳引出线与芯片中相对应的部位用金属细丝连接起来，用于微电子器件中固态电路内部的互连接线，即芯片与引线框架之间的连接。

三种压焊法：

● 细丝压焊法

● 磁带自动压焊法（TAB）

● 倒焊芯片法（flip chip）

细丝压焊法中的丝材是金丝或铝丝。丝球焊是丝材通过空心劈刀的毛细管穿出，然后经过电弧放电使伸出部分熔化，并在表面张力作用下成球形，然后通过劈刀将球压焊到芯片的电极上。在 LSI 芯片的电极区制作好金属凸点，然后把金属凸点与印制基板上的电极区进行压焊连接，即安装完成，如图 1-27 所示。

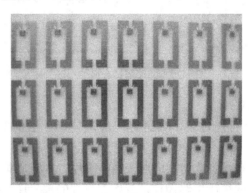

图 1-27　芯片焊接安装完成的电路模块

（3）团块封顶

卡片的传统材料 PVC 在潮湿的环境中会产生盐酸，其他替代材料又可能包含离子物质，对芯片产生腐蚀和污染。

保护措施是在芯片连到基底上以后,在芯片上覆盖一层环氧树脂或其他惰性保护物质,如图1-28所示。同时,保护层烧烤干后,为不影响卡片封面、封底的平整性及外观,通常需将保护层打磨平整,如图1-29所示。

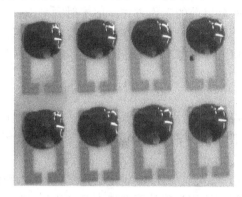
图1-28 绝缘胶团块封顶的电路模块

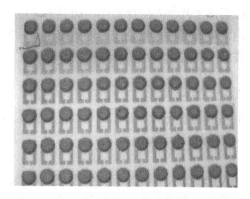
图1-29 打磨后的电路模块

模块制造过程可能会损坏一些芯片,因此需对模块进行测试。

4) 卡片制造

卡片制造过程是将模块嵌入卡中。在卡中嵌入模块的方法有三种:层压钻孔法、将微模块嵌入压平的各层的夹层中、注入成形法。

(1) 层压钻孔法

这种方法只适用于有触点的卡。将一层或多层的PVC及透明的顶层和底层封皮进行碾压,形成卡片,在卡片上挖一个洞,将微模块粘进洞中。典型方法是将4个不同的层叠在一起:顶部封面层、顶部图形层、底部图形层、底部封面层。封面层是透明的,保护图形层,图形层上印制卡的正、反面的设计图案,为微模块开的洞孔从卡的一边一直开到卡厚度的大部分(不挖透),粘贴微模块后进行密封,只露出8个触点在卡的外表面。

(2) 将微模块嵌入压平的各层的夹层中

这种方法适用于安装更大、更复杂的微模块。

卡片由5层组成:两个封皮层和两个图形层,在顶层图形层和底部图形层之间夹着微模块层。为使微模块不受挤压,要求图形层PVC靠近微模块的一面有一凹孔,以便将微模块嵌入图形层,然后将这些层压平,形成卡片。对于有触点的卡,触点位置应有孔通到卡外。

(3) 注入成形法

这种针对塑料卡的制作工艺,主要包括三个过程:注塑、粘贴、印刷。

将塑料颗粒加热至熔化,注入一高温高压模具中(约300℃和200lb/in$^2$),冷却后形成的白卡有一孔,然后将微模块粘贴进这个孔中,并对芯片进行检测和编码,最后对卡片进行印制。这种技术将微模块直接放入模具中,再注塑,这样微模块就直接嵌入卡中了。

使用这种方法存在的问题是注入温度会影响芯片,可能会损坏芯片。

5) 其他工艺流程

经过上述4个步骤就可制成多个卡合成的中料,还可以进一步进行卡片的冲切、丝印、打码(喷墨打码或激光打码)、检测、包装、终检等工艺流程。

### 2. IC 卡的初始化

先核对运输码。如为逻辑加密卡，运输码可由制造厂写入用户密码区，发行商核对正确后改写成用户密码，在此时可进行写入密码、密钥，建立文件等操作。操作完毕，将熔丝烧断。此后该卡片进入用户方式，而且永远也不能回到以前的工作方式。由于射频卡没有足够的引出端可连到内部电路，为便于测试，可增加一些测试专用的连接线，而烧断熔丝后，这些连接线不再起作用，此后，内部一些保密信息和工作状态不能在外部测到，保证了安全。

### 3. 个人化和发行

射频卡制造好后，制造商通过保密渠道将成批的卡片发给发行者（银行、邮局和医院等单位）。发行者通过阅读器对卡进行个人化处理，使每张卡成为唯一能识别的卡，发行给最终的客户。

个人化工作大体包括 4 个方面：EEPROM 分区、写入个人信息、设定个人密码、写入密钥。射频卡由制造商生产出来后，其应用存储空间（给用户用的而非卡本身使用的空间，通常在 EEPROM 中）是一片空白，只是在某些特定位置（如整个存储区的开关写入制造商的标识号码）有信息。卡到了发行商手里，发行商就要对卡的存储区进行分区，规定这个区派什么用场，那个区有什么用。

发行商还将识别卡的一些信息写入卡内，如标示发行者的号码、用户账号、用户姓名和金额等。为保护持卡人而设定的个人密码（或称个人识别号码）也在发行时由用户输入（或由发行商输入，用户拿到卡后可立即修改），并存储在一块以后连发行商都无法读取的空间内，这通常是由芯片内的安全逻辑予以保证的。

### 4. 使用阶段

可按各种卡的使用规定进行操作，要求安全、可靠和方便，如果由于设计或制造上的缺陷而造成用户的损失，应由发行商负责。

### 5. 使用终结阶段

可按标准要求，撤销卡的应用，结束卡的使用，并由发行商收回。

## 小　　结

1. 射频识别技术是一项利用射频信号通过空间耦合（交变磁场或电磁场）实现无接触信息传递并通过所传递的信息达到识别目的的技术。RFID 射频识别技术是一种非接触式的自动识别技术。

2. RFID 技术特点：非接触、读取方便快捷、无须光学可视、识别速度快、多标签识别、标签数据容量大、使用寿命长、应用范围广、标签数据可动态更改、安全性高、可识别高速移动物品。

3. 射频识别系统包括阅读器（Reader）与电子标签（TAG）（或称射频标签、射频卡、应答器），主机、上层应用软件，较大的系统还包括通信网络和主计算机等。

4. 电子标签通常由标签天线（或线圈）、耦合元件及标签芯片组成，附着在物体上标识目标对象，每个电子标签具有唯一的电子编码，存储着被识别物体的相关信息。

5. 常见无源电子标签基本由天线匹配网络、模拟前端（射频模块）、数字部分（控制模块）和存储模块组成。

6．电子标签种类繁多，常见的有存储器型电子标签、逻辑加密型电子标签、CPU 型电子标签、有源电子标签、无源电子标签、低频电子标签、高频电子标签、超高频电子标签和微波电子标签等。

7．阅读器的硬件一般由天线、射频模块、控制模块和接口组成。控制模块是阅读器的核心，一般由 ASIC 组件和微处理器组成。

8．射频识别系统中，阅读器和电子标签之间的射频信号的耦合类型有两种：电感耦合（Inductive Coupling）及反向散射耦合（Backscatter Coupling）两种。

9．射频识别系统中，阅读器和电子标签之间的通信通过电磁波来实现。阅读器和电子标签之间存在着能量和数据传输。阅读器传输的数据多采用数字调制方式，多采用 ASK，电子标签传输的数据多采用负载调制方式。

10．RFID 系统的应用技术包括实施技术、测试技术、安装技术和故障评估技术。

## 思考与练习

1．什么是射频识别技术？
2．射频识别技术有哪些特点？与其他自动识别技术相比优势是什么？
3．射频识别系统包括哪些组成部分？分别起什么作用？
4．射频识别阅读器由哪些部分组成？简述各部分作用。
5．电子标签主要由哪些部分组成？简述各部分作用。
6．简述射频识别系统工作原理、工作流程。
7．射频识别阅读器与电子标签间通过什么方式进行通信？简述其原理。
8．射频识别技术的主要应用有哪些？
9．什么是电子标签？电子标签有哪些类别？你拥有哪些卡？哪些是电子标签？
10．电子标签有哪些优点？
11．日常生活中，射频识别技术的应用有哪些？举几个生活中实例说明。

# 项目二  125kHz 物联网 RFID 应用系统设计
## ——门禁系统

 学习目标

本项目的工作任务是掌握 125kHz 物联网 RFID 系统的特点，了解其应用，以设计射频卡门禁应用系统为例掌握 125kHz 物联网 RFID 应用系统的设计方法。

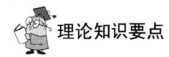 理论知识要点

- 125kHz 物联网只读射频卡的特点
- 125kHz 物联网 RFID 应用系统组成结构及工作原理
- 射频卡门禁系统硬件、软件设计方法

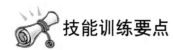 技能训练要点

- 能进行 125kHz 物联网 RFID 应用系统硬件设计
- 能进行 125kHz 物联网 RFID 应用系统软件设计
- 能正确设计和操作射频卡门禁系统

## 2.1  任务导入：什么是射频卡门禁系统

门禁系统，又称为出入管理控制系统，是一种管理人员进出的数字化管理系统。在科学技术发达的今天，门禁系统已发展成为一套现代化的、功能齐全的管理系统，它对出入门和通道的管理也早已超出了单纯的对门锁及钥匙的管理。它不仅作为进出口管理使用，而且还能有助于内部的有序化管理，能够时刻自动记录人员的出入情况，限制内部人员的出入区域、出入时间，礼貌地拒绝不速之客。

常见的门禁系统有密码门禁系统、IC 卡（感应式 IC 卡）门禁系统、指纹虹膜掌型生物识别门禁系统等。密码门禁系统由于其本身的安全性弱和便捷性差已经面临淘汰；生物识别门禁系统安全性高，但成本较高，由于拒识率和存储容量等应用瓶颈问题而没有得到广泛的市场认同。IC 卡门禁系统根据识别卡和阅读器可分为两大类，即接触式和非接触式。接触式是指必须将识别卡插入读卡器内或在槽中划一下，才能读到卡号，如 IC 卡、磁卡等，这类卡

和阅读器有着不可避免的缺点：磁卡极易受强磁干扰而丢失数据，易被复制，在摩擦、湿热等条件下易丢失数据，使用寿命短。非接触式是指利用射频识别技术，识别卡为射频卡，识别卡无须与阅读器接触，相隔一定的距离就可以读出识别卡内的数据。现在最流行最通用的还是非接触射频卡门禁系统。非接触射频卡由于其较高的安全性、便捷性和性价比成为门禁系统的主流。本项目主要介绍的就是非接触射频卡门禁系统的设计，简称门禁系统设计，如图 2-1 所示。

图 2-1　射频卡门禁系统

## 2.1.1　门禁系统组成

门禁系统由阅读器、控制器、电磁锁、识别卡和软件控制服务器等组成，如图 2-2 所示。

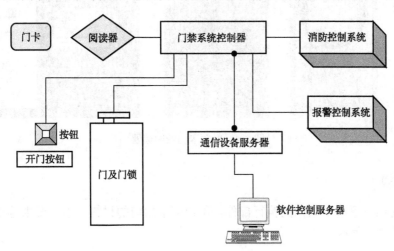

图 2-2　门禁系统组成

控制器是门禁系统的核心，它由一台微处理机和相应的外围电路组成。如果将阅读器比做系统的眼睛，将电磁锁比做系统的手，那么控制器就是系统的大脑，由它来决定某一张卡是否为本系统已注册的有效卡，该卡是否符合所限定的时间段，从而控制电磁锁是否打开。

### 1．门禁控制器

门禁控制器是门禁系统的核心部分，相当于计算机的 CPU，它负责整个系统输入、输出信息的处理和储存、控制等。如图 2-3 所示为四门禁控制器。

图 2-3　四门禁控制器

## 2. 阅读器（识别仪）

阅读器是读取射频门禁卡片中的数据信息并将信息传送给控制器的设备。如图 2-4 所示为射频卡门禁阅读器。

图 2-4　射频卡门禁阅读器

## 3. 电控锁

电控锁是门禁系统中锁门的执行部件。用户应根据门的材料、出门要求等需求选取不同的锁具，如图 2-5 所示。

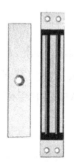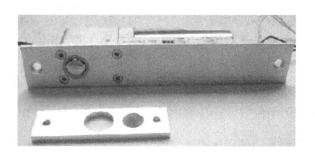

图 2-5　电控锁

#### 4. 门禁卡

门禁卡是开门的钥匙。可以在卡片上打印持卡人的个人照片、个人信息等,可将开门卡、胸卡合二为一,如图 2-6 所示。

图 2-6　射频门禁卡

#### 5. 其他设备

- 出门按钮:按一下即打开门的设备,适用于对出门无限制的情况。
- 门磁:用于检测门的安全和开关状态等。
- 电源:整个系统的供电设备,分为普通和后备式(带蓄电池)两种。

#### 6. 传输部分

传输部分主要包含电源线和信号线,如门禁控制器、读卡器、电控锁都需要供电,门禁控制器同读卡器、门磁之间的信号线等。

### 2.1.2　门禁系统设计目标

门禁系统设计目标:通过 RFID 技术,验证电子钥匙(射频门禁卡)的合法性,控制电子门锁的开启;对射频门禁卡信息进行管理;对用户信息进行管理;记录出入信息作为考勤管理;实现自动、安全的射频卡门禁系统的管理目标。

射频卡门禁系统的设计目的是实现人员出入控制、考勤数据采集、数据统计和信息查询过程的自动化;方便工作人员进出开锁与报到,方便管理人员统计、考核人员出勤情况等。

### 2.1.3　门禁系统功能需求

市场应用门禁系统具体的功能需求如下:

(1)卡片使用模式:可采用非接触式射频卡和韦根卡。

(2)刷卡开门:用户进入门禁管制区域时需刷卡,阅读器读取信息后,将信息传输到主机,主机首先判断该信息是否合法,如合法则发出开门指令,不合法则发出报警,同时记录用户刷卡事件。

(3)按钮开门:对于安全级别较低的门禁管制区域或者不需双向管制的区域,用户可选择按钮开关门;出入等级控制:系统可任意对卡片的使用时间、使用地点进行设定,即对不同的卡片进行时区管制和节假日管制、有效期管制、访问区域的管制。具有合法权限的用户才可开门,对非法行为系统将会报警。

（4）时间段设置：不同用户的时段和访问区域可编程设置，同时对某些安全性较高的门禁区域，必须有多卡认证功能，多用户在规定时间内刷卡才能开门。

（5）必报警功能：如发生控制器异常、非法卡开门、强制开门、开门超时、阅读器或者控制器被破坏等事件时则系统将发出报警信号，并记录事件。

（6）定时事件：系统可设置定时事件，对某些门禁管制区域实施定时开、关门处理；互锁判断功能：系统可对某些管制区域设置互锁条件，当输入端口状态满足互锁条件的时候方可进行开、关门处理。

（7）局域网互连功能：门禁控制器可通过局域网与管理系统互连，共同完成对出入口的监控和管理。上位机管理系统可对控制器进行参数的设置和初始化，并对控制器的记录进行收集管理，可增加、删除、更新用户信息、节假日信息、时段信息等。

（8）远程控制：门禁管理系统通过网络可远程控制门锁的开启和关闭。

（9）实时监控：门禁管理系统实时监控各个门的状态和用户的刷卡信息。

（10）时间校正：上位机管理系统可对门禁控制器进行时间的校正。

（11）记录存储功能：系统可将门禁控制器运行产生的所有用户刷卡事件、报警时间等记录，便于进行用户的考勤管理和发生事故后及时进行处理。

依据专业特点及对知识点的要求，本课程门禁系统项目实施的需求功能如下：

（1）卡片使用模式：采用 125kHz 非接触式物联网射频卡。

（2）刷卡开门：用户进入门禁管制区域时需刷卡，读卡器读取信息后，将信息传输到主机，主机首先判断该信息是否合法，如合法则发出开门指令，不合法则发出报警，同时记录用户刷卡事件。

（3）管理控制：对控制器的记录进行收集管理，可增加、删除、更新用户信息。

（4）记录存储：系统可将门禁控制器运行产生的所有用户刷卡事件、报警时间等进行记录，便于用户的考勤管理和发生事故后及时进行处理。

（5）报警功能：如发生控制器异常、非法卡开门等事件时则系统将发出报警信号。

（6）记录存储功能：系统可将门禁控制器运行产生的所有用户刷卡事件、报警时间等记录，便于进行用户的考勤管理和发生事故后及时进行处理。

## 2.2　125kHz 物联网射频卡

125kHz 物联网射频卡主要有台湾 4001 卡、瑞士微电 EM4100（H4001）卡、EM4150 卡、EM4609 卡、Temic e5551 卡、Atmel T5557 卡、Atmel AT88RF256-12 卡等。其中使用较多的是台湾 4001 卡、瑞士微电 EM4100 卡，卡内主芯片分别是 4001 和 EM4100，它们都是只读型射频卡，均采用 125kHz 的典型工作频率。本项目使用 EM4100 卡作为门禁系统门卡。

### 2.2.1　EM4100 射频卡简介

EM4100（原名 H4100）是一款用于 RF 只读收发器的 CMOS 集成电路。这个芯片通过放置于电磁场中的外部线圈获得电源，同时从线圈的一端得到运行时使用的主时钟。通过开启和关闭调制电流的方式，芯片可以把工厂预编程的 64 位标签信息返回给阅读器。

通过激光熔断集成电路内部多晶硅连接的方式，可以为每一个芯片编程一个唯一的识别码。

### 1. EM4100 芯片引脚设置

EM4100 芯片只有 4 个引脚，引脚设置如图 2-7 所示。4 个引脚分别为电源 VDD、电源地 VSS、天线线圈连接端 Coil1、Coil2。

### 2. EM4100 射频卡典型的操作配置

EM4100 芯片内核消耗的功率很低，因此应用电路没必要增加一个电源缓冲电容，EM4100 内部已经集成了一个 74pF 的并联谐振电容。一个外部线圈连接到 EM4100 就可以实现芯片的典型应用，EM4001 典型配置如图 2-8 所示。

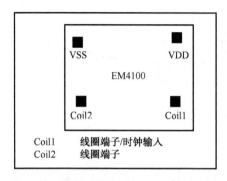
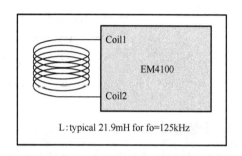

图 2-7　EM4100 引脚设置　　　　图 2-8　EM4100 典型配置

### 3. EM4100 射频卡芯片特点

- 激光可编程的 64 位内存空间；
- 提供多种数据速率和编码方式供选择；
- 片内集成谐振电容；
- 片内集成电源缓冲电容；
- 片内集成电压限位功能；
- 片内集成全波整流；
- 低阻抗器件提供大调制深度；
- 100k～150kHz 工作频率；
- 非常小的芯片尺寸，方便植入；
- 非常低的功耗。

## 2.2.2　EM4100 射频卡内部电路框图

EM4100 芯片内部功能模块由时钟提取器、时序器、全波整流器、数据调制器、数据编码器、记忆阵列、谐振电容组成，如图 2-9 所示。

EM4100 通过外部线圈的电磁场传导的方式获得能量。线圈上的交流电压信号经过整形变成直流，为芯片内部电路提供工作电压。只要芯片供电仍然持续，标签信息就会不停地循环发送出来。

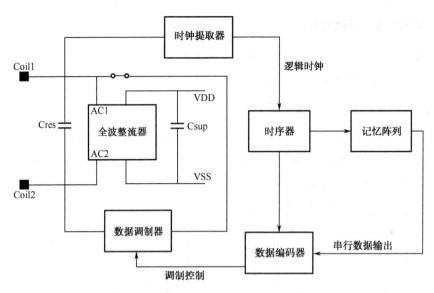

图 2-9 EM4100 内部功能模块

**1. 全波整流器**

外部线圈磁场传导产生的交流输入经由一个格雷兹桥（Graetz Bridge）整形，整流桥会限制内部直流电压的范围，避免强磁场条件下导致的功能故障。

**2. 时钟提取器**

线圈的一个端点（Coil1）用于生成内部逻辑需要的主时钟，时钟提取模块的输出（时钟）驱动后面的时序发生器。

**3. 时序器**

时序器提供所有必需的控制信号，用于访问存储单元和编码串行输出数据。EM4100 可以提供三种掩膜编程的编码版本。这三种编码类型为：曼彻斯特编码（Manchester Code），双相编码（Biphase Code）或者相移键控（PSK Code）。前两种类型的比特率可以是 64、32 个载波周期，PSK 版本的比特率为 16 个载波周期。

定序器从 Coil1 时钟提取模块接收时钟，并且生成内部信号，控制内存和数据编码逻辑。

**4. 数据调制器**

信号调制模块控制数据调制器，在线圈中产生一个大电流。在 PSK 版本中，只有 Coil2 晶体管驱动这个大电流。其他版本中则由 Coil1 和 Coil2 晶体管将其驱动到 VDD。数据调制器会根据存储单元的信息影响磁场（电子标签的数据信息 0、1 用于控制是否产生大电流的负载调制，从而影响外部磁场强度）。

**5. 谐振电容**

EM4100 内部谐振电容在出厂时会被以 0.5pF 的精度校准，以便获得典型应用下的 74pF 的绝对值。这个功能特性可以根据客户需要完成，从而获得一个更小的产品电容容忍度。

## 2.2.3 EM4100 编码描述

EM4100 提供多种选项（修改集成电路内部的金属线连接）定义编码类型和数据速率。编码数据位的发送速率可以是 64、32 或者 16 个载波周期；数据编码方式可以是曼彻斯特编码、双相编码或者相移键控。

**1. 曼彻斯特编码**

曼彻斯特编码是在一个数据位发送期间的中点总会产生一个从开到关或者从关到开的翻转。数据位从 0 到 1 或者从 1 到 0 变化时，相位发生改变。图 2-10 中数据流值的高电平表示调制器开关打开，低电平表示关闭。

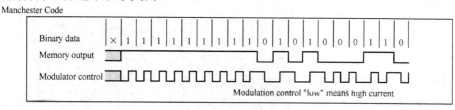

图 2-10 曼彻斯特编码时序

**2. 双相编码**

双相编码是在每一个位的起始时刻会发生一次翻转。逻辑 1 传送期间的状态保持不动，逻辑 0 传送期间在中间发生一次状态翻转，如图 2-11 所示。

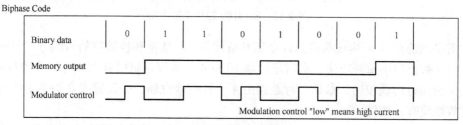

图 2-11 双相编码时序

**3. PSK 编码**

PSK 编码是在每一个载波周期调制开关交替地开启和关闭。当检测到一个相位移动时，表示逻辑 0 发送了，如果经过一个数据位传送周期，还没有检测到相位移动，表示发送了一个逻辑 1，如图 2-12 所示。

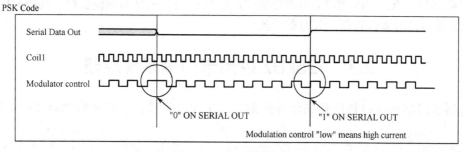

图 2-12 PSK 编码时序

### 2.2.4 EM4100 中的 IC 存储单元

**1. 曼彻斯特和双相编码模式的 IC 存储单元**

EM4100 有被分成 5 组的 64 位数据信息。其中包括 9 位头信息，10 位行校验信息（P0～P9），4 个列校验位（PC0～PC3），40 个数据位（D00～D93）以及设置成 0 的一个停止位，如图 2-13 所示。

| | | | | | | | | | |
|---|---|---|---|---|---|---|---|---|---|
| 1 | 1 | 1 | 1 | 1 | 1 | 1 | 1 | 1 | 1 |
| D00～D13，该 8 位为厂商自定义信息；P0～P1 为行校验位 | | | | | D00 | D01 | D02 | D03 | P0 |
| | | | | | D10 | D11 | D12 | D13 | P1 |
| D20～D93，32 位为可编程 ROM 数据，用来唯一标志该卡片，P2～P9 为对应的行校验位 | | | | | D20 | D21 | D22 | D23 | P2 |
| | | | | | D30 | D31 | D32 | D33 | P3 |
| | | | | | D40 | D41 | D42 | D43 | P4 |
| | | | | | D50 | D51 | D52 | D53 | P5 |
| | | | | | D60 | D61 | D62 | D63 | P6 |
| | | | | | D70 | D71 | D72 | D73 | P7 |
| | | | | | D80 | D81 | D82 | D83 | P8 |
| | | | | | D90 | D91 | D92 | D93 | P9 |
| 列校验位 | | | | | PC0 | PC1 | PC2 | PC3 | 0 |

图 2-13 EM4100 芯片存储单元

数据序列的前 9 位构成头信息，全部都编程为 1。数据和校验位的组织方式保证了数据序列不能在数据串中重新产生。头信息后是 10 组 4 位数据，可以有 1000 亿（100 billion）种组合及 1 位按行的偶校验。最后一行数据由 4 个列校验位和一个设置成 0 的停止位构成。最后一行数据没有行校验。

其中，D00～D03 和 D10～D13 是用户专用标志符，该 8 位为厂商自定义信息。D20～D93，32 位为可编程 ROM 数据，用来唯一标志该卡片，是卡的 ID。

全部 64 位串行输出，用于控制调制器。64 位串行输出完成后又循环输出，直到电源关闭为止。

**2. PSK 模式的 IC 存储单元**

PSK 编码的 IC 的 P0 和 P1 为奇校验位，总是 0。P2～P9 为偶校验位。列校验位 PC0～PC3 的计算包括版本信息位，都是偶校验。

## 2.3 125kHz 射频卡门禁系统原理

射频卡门禁系统包括软件和硬件两部分，本项目设计的门禁系统功能框图如图 2-14 所示。

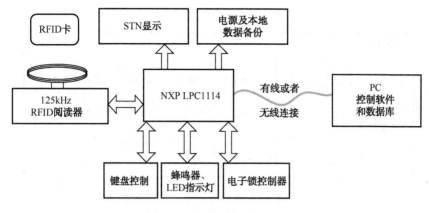

图 2-14 门禁系统功能框图

硬件部分由晶体管、运放等分离元器件构成的射频解调电路（125kHz RFID 阅读器）、天线、EM4100 射频门禁卡及 NXP 公司 MCU 芯片 LPC1114（详细介绍见 2.6.1 知识拓展）和外围组件（STN 显示、电源及本地数据备份、键盘控制、蜂鸣器、LED 指示灯）、电子锁控制器组成。关于硬件设计本节讲述阅读器的设计及阅读器与射频卡、阅读器与 MCU 之间通信接口设计。其他硬件电路连接及说明见项目五，将完成刷卡系统门禁卡的识别、卡号显示、蜂鸣器响铃提示及 LED 指示、继电器控制电子锁延迟开、关等功能。

软件部分在 Windows XP 操作系统下设计实现，包括阅读器端 MCU 程序和 PC 端的门禁管理系统两部分。阅读器端 MCU 程序包括只读 EM4100 射频门禁卡的编码识别与分析程序及与 PC 通信的串口程序，是基于 Keil uVision4 环境开发的 MCU 程序。PC 端的门禁管理系统软件包括管理界面与数据库设计两部分。管理界面基于 Visual C++6.0，应用 MFC 进行界面设计，提供串口通信 API 软件开发组件，完成读卡等功能操作。数据库设计部分用 MySQL 数据库设计完成，其中 Visual C++6.0 利用 ODBC API 实现 MySQL 数据库功能调用。软件部分完成门禁系统的发卡及出入管理，包括建立用户数据库、关联用户和卡号、记录出入刷卡时间、导入/导出记录、数据查询和分析等功能。

射频卡门禁系统硬件部分包含阅读器、射频门禁卡、天线三部分。射频门禁卡应用瑞士微电 EM4100 卡，如 2.2 节所述，本节主要介绍 125kHz 门禁射频卡阅读器及相关硬件接口部分。

## 2.3.1　125kHz 门禁系统阅读器结构原理

阅读器的主要任务是控制射频模块向标签发射读取信号，并接收标签的应答信息，对标签的标识信息进行解码，将标识信息连带标签上其他相关信息传输到主机以供处理。一台典型的阅读器包含射频模块（发送器和接收器）、控制单元以及与射频卡进行通信的耦合元件（天线）。此外，许多阅读器还有附加的接口（RS-232、RS-485、USB 等），以便将所获得的数据传输给另外的系统（如个人计算机）。125kHz 门禁射频卡阅读器系统结构框图如图 2-15 所示，包括与射频卡进行通信及对信号进行检波解码的射频模块及相应控制模块。

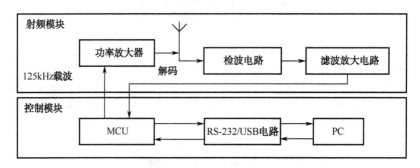

图 2-15　125kHz 门禁射频卡阅读器系统结构框图

## 2.3.2　125kHz 门禁阅读器电路原理

125kHz 门禁系统阅读器电路原理图如图 2-16 所示。

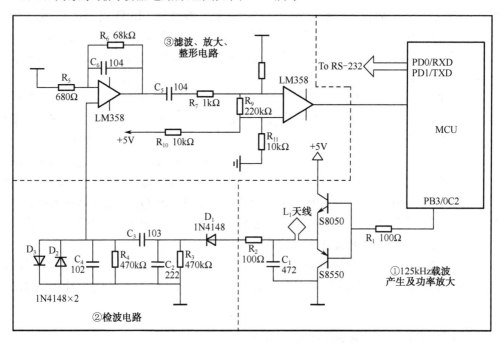

图 2-16　125kHz 门禁系统阅读器电路原理图

其中①为 125kHz 载波产生及功率放大电路，由 MCU 的 T/C2 工作于 CTC 模式，产生标准 125 kHz 载波信号，经过限流电阻 $R_1$ 后送入推挽式连接的三极管功率放大电路，放大后的载波信号通过天线发射出去。天线 $L_1$ 与电容 $C_1$ 构成串联谐振电路，谐振频率为 125kHz，谐振电路的作用是使天线上获得最大的电流，从而产生最大的磁通量，获得更大的读卡距离。天线可发射 125kHz 信号激活射频卡进入工作状态及向射频卡发送数据信息，也可以接收 125kHz 射频卡发送的数据信息。②为检波电路，检波电路用来去除 125kHz 载波信号，还原出有用的射频卡相关数据信号。$R_2$、$D_1$、$R_3$、$C_2$ 构成基本包络检波电路，$C_3$ 为耦合电容，$R_4$、$C_4$ 为低通滤波电路，$D_2$、$D_3$ 为保护二极管，输出接到滤波放大电路。③为滤波放大电路，滤波放大电路采用集成运放 LM358 对检波后的信号进行滤波整形放大，放大后的信号送入单片机的定时/计数器 T1 的输入捕捉引脚 ICP1,由单片机对接收到的信号进行解码,从而得到射频门禁卡的卡号等相关信息。本系统中阅读器直接采用 M106BWNL-34 模块为核心器件,与外围板载天线及供电电路形成 125kHz RFID 阅读器模块。

### 2.3.3 125kHz 门禁阅读器天线设计原理

天线部分只涉及一个电容、一个电阻和线圈,但是各个器件的值一定要准确。从两个天线端口出来,经过电容、电阻和线圈可以组成一个 LC 串联谐振选频回路,该谐振回路的作用就是从众多的频率中选出有用的信号,滤除或抑制无用的信号。串联谐振回路的谐振频率为

$$f_0 = \frac{1}{2\pi\sqrt{LC}} \quad (2-1)$$

当从天线端口出来的脉冲满足这一频率之后,串联谐振回路就会起振,在回路两端产生一个较高的谐振电压,谐振电压为

$$V_L = QV_S \quad (2-2)$$

其中,$V_S$ 为两天线端之间的输出电压,为线圈两端的谐振电压,一般在 200~350V 之间。所以线圈两端的电容耐压值要高,热稳定性要好。$Q$ 为谐振回路的品质因数,它描述了回路的储能与它的耗能之比。

当谐振电压达到一定的值,就会通过感应电场给门禁射频卡供电。当射频卡进入感应场的范围内,射频卡内部的电路就会在谐振脉冲的基础上进行非常微弱的调幅调制,从而将电子标签的信息传递回阅读器的天线,再由阅读器来读取。

## 2.4 125kHz 射频卡门禁系统硬件设计

### 2.4.1 125kHz 门禁阅读器硬件结构

图 2-17 展示了一个通用只读 125kHz RFID 阅读器的板级模块。其中,M106BWNL-34 是阅读器核心模块,同时提供了板载天线和供电控制电路,并有电源供电指示 LED 等外围支持电路。用户可以通过 IF1 接口把此模块接入自己的系统,从而为自己的系统实现 RFID 阅读器功能。

### 2.4.2 125kHz 门禁射频卡阅读器核心模块

M106BWNL-34 非接触式射频卡门禁系统阅读器核心模块,采用 125kHz 射频工作频率。当有 125kHz 射频卡靠近模块时,模块会以韦根或 UART 方式输出 ID 卡卡号,用户仅需简单地读取即可。该读卡模块完全支持 EM、TK 及其兼容卡片的操作,非常适合于门禁、考勤等系统的开发。M106BWNL-34 模块及引脚设置如图 2-18 所示。

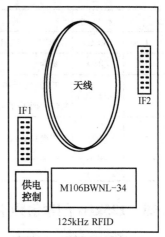

图 2-17 通用只读 125kHz RFID 阅读器板级模块

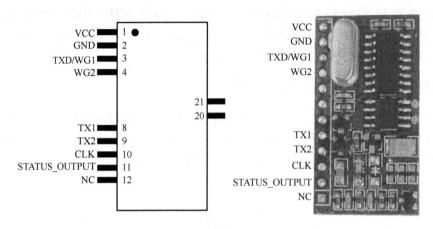

图 2-18  M106BWNL-34 模块及引脚设置

M106BWNL-34 有如下功能特点：
- 支持 EM、TK 及其兼容卡片。
- 超小体积，大小仅为 32.5mm×17.5mm。
- 低功耗，读卡电流为 29mA。
- 基于模块的扩展功能很强，可根据用户要求修改软件、定制个性化模块，而不用改变线路板。
- 通用协议：
  （a）UART：适用于 PC 或 8 位 UART 的单片机，波特率可选。
  （b）支持韦根-34：通用读卡器接口。
- 自带看门狗。
- 供电电源控制和指示。

M106BWNL-34 有 20 个引脚，引脚说明如表 2-1 所示，其他未说明引脚预留，未使用。

表 2-1  M106BWNL-34 引脚说明

| 管 脚 | 符 号 | 描 述 | 管 脚 | 符 号 | 描 述 |
| --- | --- | --- | --- | --- | --- |
| 1 | VCC | DC 5V，与 21 脚内部连接 | 8 | TX1 | 天线接口 1 |
| 2 | GND | 地端 | 9 | TX2 | 天线接口 2 |
| 3 | TXD/WG1 | TXD 用于串口数据输出，WG1 为韦根 DATA0 | 10 | CLK | 串口型号有效。=0：连续输出串口数据；=1：有卡只输出一次 |
| 4 | WG2 | 韦根 DATA1 | 11 | STATUS_OUTPUT | 有无卡状态指示（1：无卡指示；0：有卡指示） |
|  |  |  | 12 | NC | 必须悬空 |

## 2.4.3  125kHz 门禁射频卡阅读器外围电路

如图 2-19 所示，阅读器外围电路进一步完善了 M106BWNL-34 的接口支持，提供了板载天线和供电控制电路，并有电源供电指示 LED 等外围支持电路。简化了应用接口，实现了模块化即插即用，方便组建系统级产品。

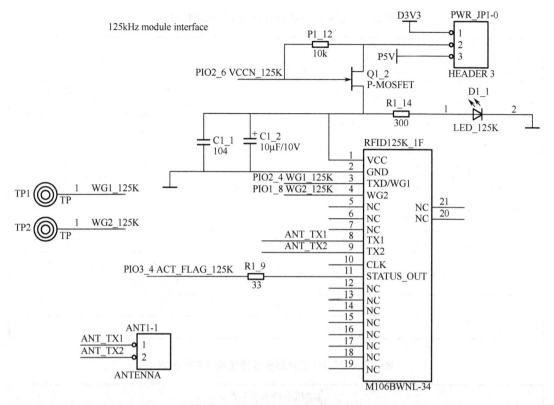

图 2-19 M106BWNL-34 接口电路

图 2-19 中，MCU 相关接口见项目五图 5-11。其中，阅读器模块供电电源由 VCCN_125K 进行控制，并由 LED_125K 进行电源指示。TX1、TX2 天线接口与板载天线两端相连，阅读器模块通过 WG1、WG2 两根数据线实现与 MCU 的韦根接口，进行数据传输。

### 2.4.4　125kHz 门禁射频卡阅读器板级模块接口

125kHz 阅读器板级模块实物如图 2-20 所示。此板级模块可选择使用 3.3V 或 5V 供电电源，通过跳线进行选择。其中，IF1、IF2 是板外围接口端，是阅读器韦根接口信号及电源控制信号端。125kHz 阅读器板级模块外部接口设置如表 2-2 所示，电源跳线选择设置如表 2-3 所示。

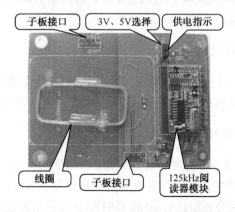

图 2-20　125kHz RFID 阅读器板级模块实物图

表2-2 125kHz 阅读器板级模块外部接口设置

| 引脚号 | 信号名称 | 功能说明 | 备注 |
|---|---|---|---|
| IF1 | | | |
| 1 | GND | 电源地 | GND 和 DGND 可以外部短接 |
| 2 | P5V | 5V 供电输入 | 如果阅读器模块使用 5V 电源,需要从此端口送入 |
| 3 | WG1_125K | 阅读器韦根接口信号及电源控制信号 | |
| 4 | ACT_FLAG_125K | 阅读器韦根接口信号及电源控制信号 | 1:无卡指示;0:有卡指示 |
| 5 | WG2_125K | 阅读器韦根接口信号及电源控制信号 | |
| 6 | VCCN_125K | 阅读器韦根接口信号及电源控制信号 | 供电开关 |
| 7 | DGND | 电源地 | GND 和 DGND 可以外部短接 |
| 8 | D3V3 | 3.3V 供电输入 | 如果阅读器模块使用 3.3V 电源,需要从此端口送入 |
| IF2 | | | |
| 1～8 | NC | 未连接 | — |

表2-3 125kHz 阅读器板级模块电源跳线设置

| ISP 跳线 PWR_JP1_0 | | |
|---|---|---|
| 丝印名 | 引脚号 | 功能说明 |
| PWR_JP1_0 | — | 5V:选择 5V 供电<br>3V:选择 3.3V 供电 |

## 2.5 125kHz 射频卡门禁系统软件设计

本系统的软件设计包括两部分:125kHz 载波的产生和门禁射频卡的解码。载波信号产生相对简单,可利用单片机的 T/C2,使其工作于 CTC 模式,比较匹配时使输出 OC2 取反便可得到 125kHz 的方波。解码软件设计相对较复杂,要对门禁射频卡进行解码,首先应掌握门禁射频卡的存储格式和数据编码方式。

### 2.5.1 射频门禁卡 ID 的识别

本系统使用的 125kHz 只读射频卡模块,采用 125kHz 的射频阅读器,当有 125kHz 射频卡靠近阅读器模块时,阅读器模块使用韦根-34 编码方式输出该射频卡的 32 位 ID。

#### 1. 韦根通信协议基本原理

Wiegand(韦根)协议是由摩托罗拉公司制定的一种通信协议,它适用于涉及门禁控制系统的读卡器和卡片的许多特性;其协议并没有定义通信的波特率,也没有定义数据长度。韦根协议主要定义了数据传输方式:DATA0 和 DATA1,两根数据线分别传输 0 和 1。现在应用最多的是 26bit,34bit,36bit,44bit 等。

韦根协议又称韦根码，韦根码在数据的传输中只需两条数据线，一条为 DATA0，另一条为 DATA1。协议规定，两条数据线在无数据时均为高电平，如果 DATA0 为高电平代表数据 0，DATA1 为高电平代表数据 1（低电平信号低于 1V，高电平信号大于 4V），数据信号波形如图 2-21 所示。图 2-21 中脉冲宽度在 20~200μs 之间，两个脉冲间的时间间隔在 200μs~20ms 之间。

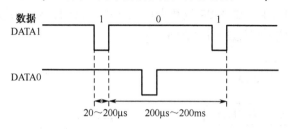

图 2-21　数据信号波形图

本系统中阅读器与 MCU 间通信采用韦根-34 接口协议。韦根-34 输出由 34 位二进制数组成，输出数据结构为：bit0 为 bit1~bit16 的偶校验位，bit33 为 bit17~bit32 的奇校验位。韦根-34 数据输出格式如表 2-4 所示。数据从左至右顺序发送，高位在前。

表 2-4　韦根-34 数据输出格式

| 数 据 顺 序 | 1 | 2~17 | 18~33 | 34 |
| --- | --- | --- | --- | --- |
| 韦根数据位 | bit0 | bit1~bit16 | bit17~bit32 | bit33 |
| 二进制数据 | （E）偶检验位 | 低 16 位 ID | 高 16 位 ID | （O）奇检验位 |

### 2. EM4100 数据存储格式及编码、译码

如前所述，EM4100 的 64 位数据信息由 5 个区组成（见图 2-13）：9 个引导位、10 个行偶校验位 P0~P9、4 个列偶校验位 PC0~PC3、40 个数据位 D00~D93 和 1 个停止位 S0。9 个引导位是出厂时就已掩膜在芯片内的，其值为"111111111"，当它输出数据时，首先输出 9 个引导位，然后是 10 组由 4 个数据位和 1 个行偶校验位组成的数据串，接着是 4 个列偶校验位，最后是停止位 0。D00~D13 是一个 8 位的晶体版本号或 ID 识别码。D20~D93 是 8 组 32 位的芯片信息，即卡 ID 号。

韦根编码方式使用 2 个输出管脚 WG0 和 WG1 分别表示 bit0 和 bit1，初始状态为上拉。当输出 bit0 时，管脚 WG0 产生一次跳变；反之，WG1 产生一次跳变。根据韦根编码方式，系统使用两个 GPIO 管脚 Pin2.4 与 Pin1.8 分别连接该模块的 WG0 和 WG1，同时使能这两个 PIN 的电平中断方式。当有卡接近该模块时，M106BXN 模块首先识别卡，并进行曼彻斯特解码，如果为有效卡，则以韦根编码方式，通过 Pin2.4 和 Pin1.8 输出该卡的 ID 数据。当 Pin2.4 和 Pin1.8 电平发生变化时，则会以中断方式通知 MCU，MCU 处理该中断，并根据不同的中断源信号获取包含 2 个奇偶校验的 34 位的卡 ID。在 MCU 完成 34 位的 ID 数据接收后，对 34 位的数据进行奇偶校验，如有效，则通过串口上报给 PC。

### 3. 程序流程及源代码实例

阅读器读取 125kHz 射频卡的 ID 流程如图 2-22（a）所示。首先进行系统初始化、串口初始化，配置好系统各接口，系统进入工作状态，然后初始化 125kHz 阅读器模块引脚，阅读

器模块进入工作状态,采用中断方式通过两个 GPIO 口接收射频卡 34 位数据信息,数据接收完毕后对 34 位的数据进行奇偶校验,如有效,将卡 ID 数据信息通过串口上传至 PC 进行其他管理和处理。

其中中断处理过程如图 2-22(b)所示,阅读器先判断阅读区域内是否有 125kHz 射频卡,如无卡,退出中断;如有卡,进入 34 位数据接收状态,cardId_bits 为接收数据位,每接收一位数据自加 1,34 位数据全部接收完毕退出中断。

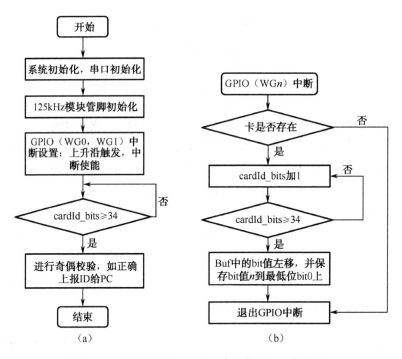

图 2-22 阅读器读取 125kHz 射频卡的 ID 流程图

源程序实例如下:

(注意:未定义的函数请参考本书配套的源代码)

```
    /* wg1_125K, 0 is received
       wg2_125K, 1 is received*/
    /*中断服务函数*/
    void wg_isr_handler ( int bitVal )
    {
    uint32_t cardSts = gpioGetValue ( ACT_FLAG_125K_PORT, ACT_FLAG_125K_PIN ); //0; has card;1;no card
        if ( !cardSts )
         {
         /*有刷卡*/
    if(cardId_bits > CARD_125K_MAX_BITS ) /*判断 34 位数据是否接收完毕*/
    return;
              cardId_125k[cardId_bits / 8] |=  ( bitVal ) << ( 7 − ( cardId_bits % 8 ));
        cardId_bits++;
             }
        return;
```

```c
}
int main (void)
{
    uint8_t command_data;
    SystemInit();        /* 系统初始化，切勿删除        */

    /*打开125kHz阅读器模块电源*/
    VCCN_125K_IOCON &= ~IOCON_PIO2_6_FUNC_MASK;
    VCCN_125K_IOCON |= IOCON_PIO2_6_FUNC_GPIO;
gpioSetDir ( VCCN_125K_PORT,VCCN_125K_PIN,gpioDirection_Output );
gpioSetValue ( VCCN_125K_PORT,VCCN_125K_PIN,0 );

    /*配置WG1管脚，并使能中断*/
    WG1_125K_IOCON &= ~IOCON_PIO2_4_FUNC_MASK;
    WG1_125K_IOCON |= IOCON_PIO2_4_FUNC_GPIO;
gpioSetDir ( WG1_125K_PORT，WG1_125K_PIN, gpioDirection_Input );
gpioSetPullup ( &WG1_125K_IOCON，gpioPullupMode_Inactive );
    /*configure pin for interrupt*/
gpioSetInterrupt ( WG1_125K_PORT,
                    WG1_125K_PIN,
                    gpioInterruptSense_Edge,        // level-sensitive
                    gpioInterruptEdge_Single,       // invalid
                    gpioInterruptEvent_ActiveHigh );  // High triggers interrupt

    /*配置WG2管脚，并使能中断*/
    WG2_125K_IOCON &= ~IOCON_PIO1_8_FUNC_MASK;
    WG2_125K_IOCON |= IOCON_PIO1_8_FUNC_GPIO;
gpioSetDir ( WG2_125K_PORT，WG2_125K_PIN, gpioDirection_Input );
gpioSetPullup ( &WG2_125K_IOCON，gpioPullupMode_Inactive );
    /*configure pin for interrupt*/
gpioSetInterrupt ( WG2_125K_PORT,
                    WG2_125K_PIN,
                    gpioInterruptSense_Edge,        // level-sensitive
                    gpioInterruptEdge_Single,       // invalid
                    gpioInterruptEvent_ActiveHigh );  // High triggers interrupt

    /* enable interrupt*/
gpioIntClear ( WG1_125K_PORT，WG1_125K_PIN );
gpioIntEnable ( WG1_125K_PORT，WG1_125K_PIN );
gpioIntClear ( WG2_125K_PORT，WG2_125K_PIN );
gpioIntEnable ( WG2_125K_PORT，WG2_125K_PIN );

    /*配置卡状态管脚信号*/
    ACT_FLAG_125K_IOCON &= ~IOCON_PIO3_4_FUNC_MASK;
    ACT_FLAG_125K_IOCON |= IOCON_PIO3_4_FUNC_GPIO;
gpioSetDir ( ACT_FLAG_125K_PORT，ACT_FLAG_125K_PIN, gpioDirection_Input );
    gpioSetPullup ( &ACT_FLAG_125K_IOCON,gpioPullupMode_Inactive );
```

```
    if ( cardId_bits >= CARD_125K_MAX_BITS )
        {
             checkCardID ( cardId_125k); /*韦根-34 奇偶校验*/
             get125KCardID(); /*上报卡 ID 给 PC*/
              /*清除结构*/
             lpc_memset ( cardId_125k.,0,sizeof ( cardId_125k ) );
             cardId_bits = 0; /*数据位清零,准备进入下一次刷卡状态*/
        }
    }
```

### 2.5.2 射频卡门禁系统通信与管理功能的软件设计流程

射频卡门禁系统完整的控制与管理功能包括系统动作及刷卡 ID 的 STN 显示、蜂鸣器响铃提示、继电器门锁开关控制及按钮、键盘等的接口。通信管理流程如图 2-23 所示。

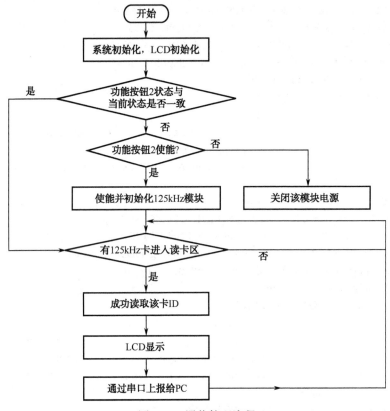

图 2-23　通信管理流程

## 2.6　知 识 拓 展

### 2.6.1　LPC111x 芯片简介

**1. 简介**

LPC111x 是基于 ARM Cortex-M0 的微控制器,可用于高集成度和低功耗的嵌入式应用。

ARM Cortex-M0 是第二代内核，它提供了一个简单的指令集，可以实现确定性行为。LPC111x CPU 的工作频率高达 50MHz。

LPC111x 的外设包括：32KB 的 Flash、8KB 的数据存储器、一个 Fast-mode Plus 的 $I^2C$ 接口、一个 RS-485/EIA-485 UART、2 个 SSP 接口、4 个通用定时器，以及 42 个通用 I/O 引脚。

2．特性

（1）ARM Cortex-M0 处理器工作在 50MHz 的频率下。

（2）ARM Cortex-M0 处理器内置有嵌套向量中断控制器（NVIC）。

（3）32KB（LPC1114）、24KB（LPC1113）、16KB（LPC1112）或 8KB（LPC1111）的片内 Flash 程序存储器。

（4）8KB 的静态 RAM。

（5）通过片内 Bootloader 软件来实现在系统编程（ISP）和在应用中编程（IAP）。

（6）串行接口：

- UART：可产生小数波特率，带有内部 FIFO，支持 RS-485/EIA-485，具有 moderm 控制。
- 2 个 SSP 控制器，具有 FIFO 和多协议功能（LQFP48 和 PLCC44 封装只有第二个 SSP 有该功能）。
- $I^2C$ 总线接口支持全部 $I^2C$ 总线规范和 Fast-mode Plus 模式，数据速率高达 1Mb/s，具有多地址识别和监控模式。

（7）其他外设：

- 42 个通用 I/O（GPIO）引脚，上拉/下拉电阻可配置。
- 一个引脚具有 20mA 的高电流驱动能力。
- 2 个 $I^2C$ 总线引脚在 Fast-mode Plus 模式下具有 20mA 的高电流汲入能力。
- 4 个通用定时器/计数器，共有 4 个捕获输入和 13 个比较输出。
- 看门狗定时器（WDT）。
- 系统节拍定时器。

（8）串行调试。

（9）集成的 PMU（Power Management Unit）在睡眠、深度睡眠和深度掉电模式下自动调节内部稳压器，将功耗降至最低。

（10）3 种节能模式：睡眠、深度睡眠和深度掉电。

（11）单个 3.3V 电源（2.0～3.6V）。

（12）10 位 ADC，在 8 个引脚之间实现输入多路复用。

（13）GPIO 引脚可以用做边沿和电平触发的中断源。

（14）带分频器的时钟输出功能可以反映主振荡器时钟、IRC 时钟、CPU 时钟或看门狗时钟。

（15）处理器通过一个高达 13 个功能引脚的专用起始逻辑从深度睡眠模式中唤醒。

（16）掉电检测有 4 个中断阈值和 1 个强制复位阈值。

（17）上电复位（POR）。

（18）晶体振荡器的工作范围为 1M～25MHz。

（19）12MHz 内部 RC 振荡器可调节到 1%的精度，可以选择用做一个系统时钟。

（20）PLL 允许 CPU 无须使用高频晶体而工作在最大 CPU 速率下。时钟可以由主振荡器、内部 RC 振荡器或看门狗振荡器提供。

（21）提供 LQFP48、PLCC44 和 HVQFN33 几种封装形式。

### 3. LPC111x 管脚配置

LPC111x 系列 ARM 可以用三种封装：LQFP48（LPC1113、LPC1114），PLCC44（LPC1114），和 HVQFN33（LPC1111、LPC1112、LPC1113、LPC1114）。本书中射频卡应用系统使用 LQFP48（LPC1113、LPC1114）封装，如图 2-24 所示。

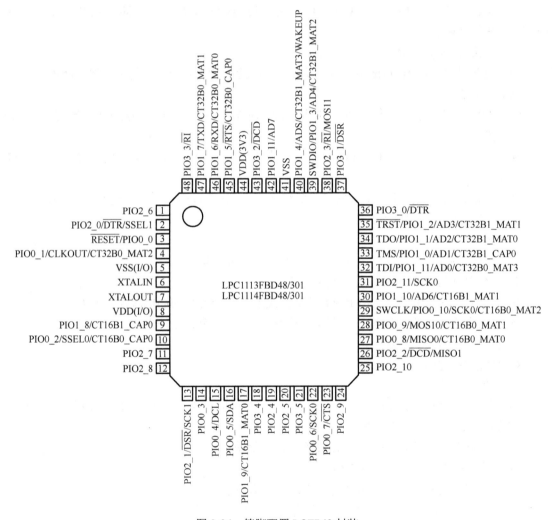

图 2-24 管脚配置 LQFP48 封装

### 4. LPC111x 管脚描述

LPC1113/14 管脚描述如表 2-5 所示。

表 2-5 LPC1113/14 管脚描述表（LQFP48 封装）

| 符 号 | 管 脚 | 类 型 | 描 述 |
|---|---|---|---|
| RESET/PIO0_0 | 3 | I | RESET：外部复位输入。该管脚为低电平时复位器件，使 I/O 端口和外设进入其默认状态，并且处理器从地址 0 开始执行 |
| | | I/O | PIO0_0：通用数字输入/输出管脚 |
| PIO0_1/CLKOUT/CT32B0_MAT2/ | 4[1] | I/O | PIO0_1：通用数字输入/输出管脚，在复位时，该管脚为低电平就启动 ISP 指令处理 |
| | | O | CLKOUT：时钟输出管脚 |
| | | O | CT32B0_MAT2：32 位定时器 0 的匹配输出 2 |
| | | | USB_FRAME_TOGGLE：<tbd>（只用于 LPC1343） |
| PIO0_2/SSEL0/CT16B0_CAP0 | 10[1] | I/O | PIO0_2：通用数字输入/输出管脚 |
| | | O | SSEL0：SSP 的从选择 |
| | | I | CT16B0_CAP0：16 位定时器 0 的捕获输入 0 |
| PIO0_3 | 14[1] | I/O | PIO0_3：通用数字输入/输出管脚 |
| PIO0_4/SCL | 15[2] | I/O | PIO0_4：通用数字输入/输出管脚 |
| | | I/O | SCL：$I^2C$ 总线时钟输入/输出。只有在 I/O 配置寄存器中选择了 $I^2C$ 快速模式 plus，才有高灌电流（High-current sink） |
| PIO0_5/SDA | 16[2] | I/O | PIO0_5：通用数字输入/输出管脚 |
| | | I/O | SDA：$I^2C$ 总线数据输入/输出。只有在 I/O 配置寄存器中选择了 $I^2C$ 快速模式 plus，才有高灌电流 |
| PIO0_6//SCK0 | 22[1] | I/O | PIO0_6：通用数字输入/输出管脚 |
| | | I/O | SCK：SSP0 的串行时钟 |
| PIO0_7/CTS | 23[1] | I/O | PIO0_7：通用数字输入/输出管脚（高电流输出驱动） |
| | | I | CTS：清除 UART 以发送到输入 |
| PIO0_8/MISO/ CT16B0_MAT0 | 27[1] | I/O | PIO0_8：通用数字输入/输出管脚 |
| | | I/O | MISO0：SSP0 的主机输入/从机输出 |
| | | O | CT16B0_MAT0：16 位定时器 0 的匹配输出 0 |
| PIO0_9/MOSI0/CT16B0_MAT1 | 28[1] | I/O | PIO0_9：通用数字输入/输出管脚 |
| | | I/O | MOSI0：SSP0 的主机输出/从机输入 |
| | | O | CT16B0_MAT1：16 位定时器 0 的匹配输出 1 |
| SWCLK/PIO0_10/ SCK0/CT16B0_MAT2 | 29[1] | I | SWCLK：JTAG 接口的串行线时钟和测试时钟 TCK |
| | | I/O | PIO0_10：通用数字输入/输出管脚 |
| | | O | SCK0：SSP0 的串行时钟 |
| | | O | CT16B0_MAT2：16 位定时器 0 的匹配输出 2 |

续表

| 符 号 | 管脚 | 类型 | 描 述 |
|---|---|---|---|
| TDI/PIO0_11/AD0/CT32B0_MAT3 | 32[3] | I | TDI：JTAG 接口的测试数据输入 |
| | | I/O | AD0：A/D 转换器，输入 0 |
| | | I | AD0：A/D 转换器，输入 0 |
| | | O | CT32B0_MAT3：32 位定时器 0 的匹配输出 3 |
| TMS/PIO1_0/ AD1/CT32B1_CAP0 | 33[3] | I | TMS：JTAG 接口的测试模式选择 |
| | | I/O | PIO1_0：通用数字输入/输出管脚 |
| | | I | AD1：A/D 转换器，输入 1 |
| | | I | CT32B1_CAP0：32 位定时器 1 的捕获输入 0 |
| TDO/PIO1_1/ AD2/CT32B1_MAT0 | 34[3] | O | TDO：JTAG 接口的测试数据输出 |
| | | I/O | PIO1_1：通用数字输入/输出管脚 |
| | | I | AD2：A/D 转换器，输入 2 |
| | | O | CT32B1_MAT0：32 位定时器 1 的匹配输出 0 |
| $\overline{TRST}$/PIO1_2/AD3/CT32B1_MAT1 | 35[3] | I | $\overline{TRST}$：JTAG 接口的测试复位 |
| | | I/O | PIO1_2：通用数字输入/输出管脚 |
| | | I | AD3：A/D 转换器，输入 3 |
| | | O | CT32B1_MAT1：32 位定时器 1 的匹配输出 1 |
| SWDIO/PIO1_3/AD4/CT32B1_MAT2 | 39[3] | I/O | SWDIO：串行线调试输入/输出 |
| | | I/O | PIO1_3：通用数字输入/输出管脚 |
| | | I | AD4：A/D 转换器，输入 4 |
| | | O | CT32B1_MAT2：32 位定时器 1 的匹配输出 2 |
| PIO1_4/AD5/CT32B1_MAT3/WAKEUP | 40[3] | I/O | PIO1_4：通用数字输入/输出管脚 |
| | | I | AD5：A/D 转换器，输入 5 |
| | | O | CT32B1_MAT3：32 位定时器 1 的匹配输出 3 |
| | | I | WAKEUP：从深度掉电模式唤醒的管脚 |
| PIO1_5/$\overline{RTS}$/CT32B0_CAP0 | 45[1] | I/O | PIO1_5：通用数字输入/输出管脚 |
| | | O | $\overline{RTS}$：UART 请求发送到输出 |
| | | I | CT32B0_CAP0：32 位定时器 0 的捕获输入 0 |
| PIO1_6/RXD/ CT32B0_MAT0 | 46[1] | I/O | PIO1_6：通用数字输入/输出管脚 |
| | | I | RXD：UART 的接收器输入 |
| | | O | CT32B0_MAT0：32 位定时器 0 的匹配输出 0 |
| PIO1_7/TXD/ CT32B0_MAT1 | 47[1] | I/O | PIO1_7：通用数字输入/输出管脚 |
| | | O | TXD：UART 的发送器输出 |
| | | O | CT32B0_MAT1：32 位定位器 0 的匹配输出 1 |
| PIO1_8/CT16B1_CAP0 | 9[1] | I/O | PIO1_8：通用数字输入/输出管脚 |
| | | I | CT16B1_CAP0：16 位定位器 1 的捕获输入 0 |
| PIO1_9/CT16B1_MAT0 | 17[1] | I/O | PIO1_9：通用数字输入/输出管脚 |
| | | O | CT16B1_MAT0：16 位定时器 1 的匹配输出 0 |

续表

| 符 号 | 管 脚 | 类 型 | 描 述 |
|---|---|---|---|
| PIO1_10/AD6/CT16B1_MAT1 | 30[3] | I/O | PIO1_10：通用数字输入/输出管脚 |
| | | I | AD6：A/D 转换器，输入 6 |
| | | O | CT16B1_MAT1：16 位定时器 1 的匹配输出 1 |
| PIO1_11/AD7 | 42[3] | I/O | PIO1_11：通用数字输入/输出管脚 |
| | | I | AD7：A/D 转换器，输入 7 |
| PIO2_0/$\overline{\text{DTR}}$/SSEL1 | 2[1] | I/O | PIO2_0：通用数字输入/输出管脚 |
| | | O | $\overline{\text{DTR}}$：UART 数据终端就绪输出 |
| | | O | SSEL1：SSP1 的从机选择 |
| PIO2_1/$\overline{\text{DSR}}$/SCK1 | 13[1] | I/O | PIO2_1：通用数字输入/输出管脚 |
| | | I | $\overline{\text{DSR}}$：UART 数据设置就绪输入 |
| | | I/O | SCK1：SSP1 的串行时钟 |
| PIO2_2/$\overline{\text{DCD}}$/MISO1-SSP1 | 26[1] | I/O | PIO2_2：通用数字输入/输出管脚 |
| | | I | $\overline{\text{DCD}}$：UART 数据载波检测输入 |
| | | I/O | MISO1：SSP1 的主机输入/从机输出 |
| PIO2_3/$\overline{\text{RI}}$/MOSI1 | 38[1] | I/O | PIO2_3：通用数字输入/输出管脚 |
| | | I | $\overline{\text{RI}}$：UART 铃响指示器输入 |
| | | I/O | MOSI1：SSP1 的主机输出/从机输入 |
| PIO2_4 | 19[1] | I/O | PIO2_4：通用数字输入/输出管脚 |
| PIO2_5 | 20[1] | I/O | PIO2_4：通用数字输入/输出管脚 |
| PIO2_6 | 1[1] | I/O | PIO2_6：通用数字输入/输出管脚 |
| PIO2_7 | 11[1] | I/O | PIO2_7：通用数字输入/输出管脚 |
| PIO2_8 | 12[1] | I/O | PIO2_8：通用数字输入/输出管脚 |
| PIO2_9 | 24[1] | I/O | PIO2_9：通用数字输入/输出管脚 |
| PIO2_10 | 25[1] | I/O | PIO2_10：通用数字输入/输出管脚 |
| PIO2_11/SCK0 | 31[1] | I/O | PIO2_11：通用数字输入/输出管脚 |
| | | I/O | SCK0：SSP0 的串行时钟 |
| PIO3_0/$\overline{\text{DTR}}$ | 36[1] | I/O | PIO3_0：通用数字输入/输出管脚 |
| | | O | $\overline{\text{DTR}}$：UART 数据终端就绪输出 |
| PIO3_1/$\overline{\text{DSR}}$ | 37[1] | I/O | PIO3_1：通用数字输入/输出管脚 |
| | | I | $\overline{\text{DSR}}$：UART 数据设置就绪输入 |
| PIO3_2/$\overline{\text{DCD}}$ | 43[1] | I/O | PIO3_2：通用数字输入/输出管脚 |
| | | I | $\overline{\text{DCD}}$：UART 数据载波检测输入 |
| PIO3_3/$\overline{\text{RI}}$ | 48[1] | I/O | PIO3_3：通用数字输入/输出管脚 |
| | | I | $\overline{\text{RI}}$：UART 铃响指示器输入 |
| PIO3_4 | 18[1] | I/O | PIO3_4：通用数字输入/输出管脚 |
| PIO3_5 | 21[1] | I/O | PIO3_5：通用数字输入/输出管脚 |
| VDD（I/.O） | 8[4] | I | 3.3V 的输入/输出供电电压 |

续表

| 符 号 | 管 脚 | 类 型 | 描 述 |
|---|---|---|---|
| VDD（3V3） | 44[4] | I | 供给内部稳压器和 ADC 的 3.3 V 电压，也用做 ADC 参考电压 |
| VSS（I/O） | 5 | I | 地 |
| XTALIN | 6[5] | I | 振荡器电路和内部时钟发生器电路的输入，输入电压必须超过 1.8V |
| XTALOUT | 7[5] | O | 振荡器放大器的输出 |
| VSS | 41 | I | 地 |

注：

[1] 5V 容差引脚，提供带可配置滞后上拉/下拉电阻的数字 I/O 功能。

[2] I²C 总线引脚符合 I²C 标准模式和 I²C 快速模式 plus 的 I²C 总线规格。

[3] 5V 容差引脚，提供带可配置滞后上拉/下拉电阻和模拟输入（当配置为 ADC 输入时）的数字 I/O 功能，引脚的数字部分被禁能并且管脚不是 5V 的容差。

[4] 外部 VDD（3V3）和 VDD（I/O）的组合。如果 VDD（3V3）和 VDD（I/O）使用不同的电源，需要保证这两个电源电压的差别小于等于 0.5V。

[5] 不使用系统振荡器时，XTALIN 和 XTALOUT 的连接方法：XTALIN 可以悬空或接地（接地更好，因为可以减少噪声干扰），XTALOUT 应该悬空。

## 2.6.2 嵌入式系统简介

根据 IEEE（国际电气和电子工程师协会）的定义，嵌入式系统是指控制、监视或者辅助装置、机器和设备运行的装置，这主要是从电子产品的应用角度加以定义的。而国内普遍认为：嵌入式系统是以计算机技术为基础，以应用为中心，软硬件可裁剪，适应应用系统对功能、可靠性、成本、体积、功耗严格要求的专用计算机系统。嵌入式系统是一种专用的计算机系统，作为装置或设备的一部分。通常嵌入式系统是一个控制程序存储在 ROM 中的嵌入式处理器控制板。事实上，所有带有数字接口的设备，如家电、工业机器、汽车等，都使用嵌入式系统，有些嵌入式系统还包含操作系统，但大多数嵌入式系统都由单个程序实现整个控制逻辑。

### 1. 嵌入式系统的组成

与通用计算机系统一样，嵌入式计算机系统也是由硬件和软件两大部分组成的。前者是整个系统的物理基础，提供软件运行平台和通信（包括人机交互）接口；后者实际控制系统的运行。嵌入式系统结构及组成如图 2-25 所示。

（1）嵌入式系统硬件组成

嵌入式系统硬件包括嵌入式微处理器、存储器（SDRAM、ROM、Flash 等）、通用设备接口和 I/O 接口（A/D、D/A、I/O 等）。在一片嵌入式处理器基础上添加电源电路、时钟电路和存储器电路，就构成了一个嵌入式核心控制模块。其中操作系统和应用程序都固化在 ROM 中，如图 2-26 所示。

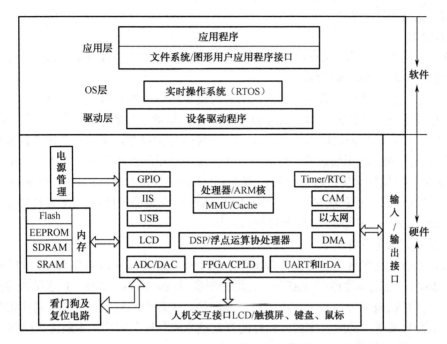

图 2-25 嵌入式系统结构及组成

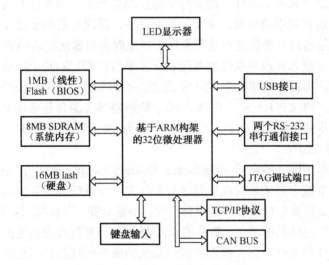

图 2-26 嵌入式硬件组成实例

① 嵌入式微处理器。

嵌入式系统硬件层的核心是嵌入式微处理器,嵌入式微处理器与通用 CPU 最大的不同在于嵌入式微处理器大多工作在为特定用户群专门设计的系统中,它将通用 CPU 许多由板卡完成的任务集成在芯片内部,从而有利于嵌入式系统在设计时趋于小型化,同时还具有很高的效率和可靠性。

嵌入式微处理器有各种不同的体系,即使在同一体系中也可能具有不同的时钟频率和数据总线宽度,或集成了不同的外设和接口。据不完全统计,目前全世界嵌入式微处理器已经超过 1000 多种,体系结构有 30 多个,其中主流的体系有 ARM、MIPS、PowerPC、X86 和 SH 等。但与全球 PC 市场不同的是,没有一种嵌入式微处理器可以主导市场,仅以 32 位的产品而言，就有 100 种以上。

② 存储器。

嵌入式系统需要存储器来存放代码。嵌入式系统的存储器包含 Cache、主存和辅助存储器。

③ 通用设备接口和 I/O 接口。

嵌入式系统和外界交互需要一定形式的通用设备接口，如 A/D、D/A、I/O 等，外设通过和片外其他设备或传感器的连接来实现微处理器的输入/输出功能。每个外设通常都只有单一的功能，它可以在芯片外也可以内置芯片中。外设的种类很多，可从一个简单的串行通信设备到非常复杂的 802.11 无线设备。目前嵌入式系统中常用的通用设备接口有 A/D（模/数转换接口）、D/A（数/模转换接口），I/O 接口有 RS-232 接口（串行通信接口）、Ethernet（以太网接口）、USB（通用串行总线接口）、音频接口、VGA 视频输出接口、$I^2C$（现场总线）、SPI（串行外围设备接口）和 IrDA（红外线接口）等。

（2）嵌入式系统软件组成

嵌入式系统软件平台由实时多任务操作系统（Real-time Operation System，RTOS）、板级支持包（BSP）、应用程序接口（API）、应用程序层组成。RTOS 是嵌入式应用软件的基础和开发平台，其特征概括为四个字：小、特、专、简。在现今硬件技术大幅度进步的情况下，软件部分反而有着极大的成长空间，软件的开发技术成为嵌入式系统中最为重要的一环。

① 嵌入式实时操作系统 RTOS。

实时操作系统是指具有实时性、能支持实时控制系统工作的操作系统。实时操作系统的首要任务是调动一切可利用的资源完成实时控制任务，其次才着眼于提高计算机系统的工作效率。其重要特点是通过任务调度对重要事件在规定时间内做出正确的响应。

实时操作系统是嵌入式应用软件的基础和开发平台。RTOS 是一段嵌入在目标代码中的软件，用户的其他应用程序都建立在 RTOS 之上。不但如此，RTOS 还是一个可靠性和可信性很高的实时内核，将 CPU 时间、中断、I/O、定时器等资源都包装起来，留给用户一个标准的 API，并根据各个任务的优先级，合理地在不同任务之间分配 CPU 时间。

② 板级支持包 BSP。

板级支持包也称为硬件抽象层（Hardware Abstract Layer，HAL），是硬件层与软件层之间的中间层，它将系统上层软件与底层硬件分离开来，使系统的底层驱动程序与硬件无关，上层软件开发人员无须关心底层硬件的具体情况，根据 BSP 层提供的接口即可进行开发。该层一般包含相关底层硬件的初始化、数据的输入/输出操作和硬件设备的配置功能。BSP 具有两个特点：一是硬件相关性，因为嵌入式实时系统的硬件环境具有应用相关性，而作为上层软件与硬件平台之间的接口，BSP 需要为操作系统提供操作和控制具体硬件的方法；二是操作系统相关性，不同的操作系统具有各自的软件层次结构，因此，不同的操作系统具有特定的硬件接口形式。

③ 应用程序接口 API。

应用程序接口 API 是一系列复杂的函数、消息和结构的集合体。在操作系统中提供标准的 API 函数，可加快用户应用程序的开发，统一应用程序的开发标准，也为操作系统版本的升级带来了方便。API 函数中提供了大量的常用模块，可大大简化用户应用程序的编写。

④ 应用程序层。

实际的嵌入式系统应用软件建立在系统的主任务基础之上。用户应用程序主要通过调用系统的 API 函数对系统进行操作，完成用户应用程序的开发。在用户的应用程序中，也可以创建用户自己的任务，任务之间的线条主要依赖于消息队列。

需要说明的是，上述是比较复杂的（需要操作系统支持的）嵌入式系统的软件结构，而在许多中、小规模的应用中，常常采用无须操作系统支持的应用软件系统，这类系统只有应用程序层，应用程序可以直接用 C 语言或者汇编语言编程，本书介绍的应用程序开发就是针对这类软件的。

### 2. 嵌入式系统的应用领域

目前嵌入式系统以其体积小、性能强、功耗低、可靠性高及面向行业具体应用等特征，已被广泛应用到国防、航空航天、工业控制、汽车电子、网络通信、家电信息等各个领域。

（1）运输市场：航空、铁路、公路运输系统，燃料服务，航空管理，信令系统，雷达系统，交通指挥系统，停车系统，售票系统，乘客信息系统，检票系统，行李处理系统，应急设备等。

（2）建筑市场：电力供应，备用电源和发电机，火警控制系统，供热和通风系统，电梯和升降系统，车库管理，安保系统，电子门锁系统，楼宇管理系统，闭路电视系统，电子保险柜，警铃等。

（3）医疗市场：心脏除颤器，心脏起搏器，患者信息和监视系统，MN 光设备，理疗控制系统，电磁成像系统等。

（4）工业控制：各种智能测量仪表、数控装置、可编程控制器、控制机、分布式控制系统、现场总线仪表及控制系统、工业机器人、机电一体化机械设备、汽车电子设备等，广泛采用微处理器/控制器芯片级、标准总线的模板级及系统嵌入式计算机。

（5）网络应用：Internet 的发展，产生了大量网络基础设施、接入设备、终端设备的市场需求，这些设备中大量使用了嵌入式系统。

（6）办公领域：电话系统、传真系统、复印机、计时系统、照相机和摄像机。

（7）其他：各类智能设备，无一不用到嵌入式系统。

### 3. 嵌入式系统的发展趋势

信息时代、数字时代使嵌入式系统产品获得了巨大的发展契机，为嵌入式市场展现了美好的前景，同时也对嵌入式生产厂商提出了新的挑战。未来嵌入式系统发展有以下趋势。

（1）支持自然的人机交互和互动的、图形化、多媒体的嵌入式人机界面。操作简便、直观，无须学习。

（2）可编程的嵌入式系统。嵌入式系统可支持二次开发，如采用嵌入式 Java 技术，可动态加载和升级软件，增强嵌入式系统功能。

（3）支持分布式计算。与其他嵌入式系统和通用计算机系统互连构成分布式计算环境。

（4）网络互连成为必然趋势。未来的嵌入式设备为了适应网络发展的要求，必然要求硬件上提供各种网络通信接口。传统的单片机对于网络支持不足，而新一代的嵌入式处理器已经开始内嵌网络接口，除了支持 TCP/IP 协议，还支持 IEEE1394、USB、CAN、Bluetooth 或 IrDA 通信接口中的一种或者几种，同时也需要提供相应的通信组网协议软件和物理层驱动软件。软件方面，系统内核支持网络模块，甚至可以在设备上嵌入 Web 浏览器，真正实现随时随地用各种设备上网。

（5）精简系统内核、算法，降低功耗和软硬件成本。未来的嵌入式产品是软硬件紧密结合的设备，为了减少功耗和成本，需要尽量精简系统内核，只保留和系统功能紧密相关的软硬件，利用最少的资源实现最适当的功能。这就要求设计者选用最佳的编程模型和不断改进算法，优化编译器性能。因此，软件人员既要有丰富的硬件知识，又需要先进的嵌入式软件技术，如 Java、Web 和 WAP 等。

### 2.6.3 韦根接口

#### 1. 韦根数据输出的基本概念

韦根数据输出由两根线组成，分别是 DATA0 和 DATA1；两根线分别将 0 或 1 输出。负脉冲宽度 $TP$=100μs；周期 $TW$=1600μs。DATA0、DATA1 在没有数据输出时都保持+5V 高电平。若输出 0 时，DATA0 拉低一段时间，DATA0 线上出现负脉冲；若输出 1 时，DATA1 拉低一段时间，DATA1 线上出现负脉冲。两个电子卡韦根输出之间的最小间隔为 0.25s，如图 2-27 所示。

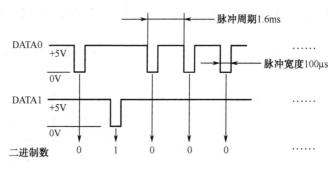

图 2-27 韦根数据输出

#### 2. 韦根-26 位输出格式

标准韦根输出由 26 位二进制数组成，韦根-26 协议结构如表 2-6 所示。

表 2-6 韦根-26 协议结构

| 1 | 2 | 3 | 4 | 5 | 6 | 7 | 8 | 9 | 10 | 11 | 12 | 13 | 14 | 15 | 16 | 17 | 18 | 19 | 20 | 21 | 22 | 23 | 24 | 25 | 26 |
|---|---|---|---|---|---|---|---|---|----|----|----|----|----|----|----|----|----|----|----|----|----|----|----|----|----|
| E | X | X | X | X | X | X | X | X | X | X | X | X | X | X | X | X | X | X | X | X | X | X | X | X | O |
| X=二进制数，Even parity（E）偶同位校验，Odd prity（O）奇同位校验 |||||||||||||||||||||||||||

第 1 位为 2～13 位的偶校验位；第 2～9 位对应电子卡 HID 码的低 8 位；第 10～25 位对应电子卡的 PID 号码；第 26 位为 14～25 位的奇校验位；以上数据从左至右顺序发送，高位在前。

例如：一只 HID 为 16385、PID 为 00004 的电子卡其 26 位韦根输出为
10000000100000000000001000
检验位 HID=16385（二进制数的低 8 位），PID=4（二进制数的 10～25 位）。
具体实例波形如图 2-28 所示。

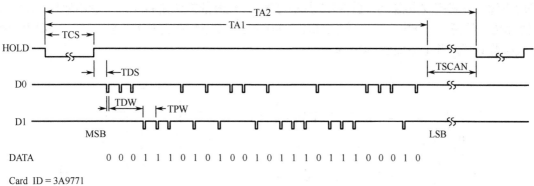

图 2-28 韦根数据实例波形图

### 3. 韦根-26 接收

韦根的接收对时间的实时性要求比较高，如果用查询的方法接收会出现丢帧的现象。假设查询到 DATA0 为 0 时主程序正在指向其他任务，等主程序执行完该任务时 DATA0 已经变为 1 了，这样就导致丢失一个 0 数据位，读出的卡号肯定通不过奇偶校验，所以表现出 CPU 接收不到阅读器模块发送的卡号。办法是在外部中断里接收每个位（仅仅在中断里获得开始接收 Wiegand 数据还不行，因为这时尽管开始接收 Wiegand 数据标志位置位了，但是主程序还在执行其他代码而没有到达查询开始接收 Wiegand 数据标志位的这条指令）。

### 4. 韦根接口定义

Wiegand 接口界面由三条导线组成：
DATA0：暂定，蓝色，P2.5（通常为绿色）。
DATA1：暂定，白色，P2.6（通常为白色）。
GND：（通常为黑色），暂定信号地。
目前所有的标准型读卡器都提供可选择的 Wiegand 接口。这三条线负责传送 Wiegand 数据，也被称为 Wiegand 信号。

### 5. 特别说明

在上述标准 26 位韦根格式中，只包含了电子卡 HID 码的低 8 位，即对应韦根输出的第 2~9 位，实际上电子卡的 HID 码为 16 位。

奇/偶校验（ECC）是数据传送时采用的校正数据错误的一种方式，分为奇校验和偶校验两种，其原理为：如果采用奇校验，在传送每一个字节的时候另外附加一位作为校验位，当实际数据中"1"的个数为偶数的时候，这个校验位就是"1"；否则，这个校验位就是"0"，这样就可以保证传送的数据满足奇校验的要求。在接收方收到数据时，将按照奇校验的要求检测数据中"1"的个数，如果为奇数，表示传送正确；反之，表示传送错误。偶校验的过程和奇校验一样，只不过检测数据中的"1"的个数为偶数。

### 6. 韦根协议的应用——Wiegand 接口硬件设计

将 Wiegand 接口的 DATA0 和 DATA1 两个输出通过 74LS573 接到 MCU 的两个 I/O 脚上，

采用查询的方式接收数据,但这样接收并不可靠。比较好的方法是将这两个输出通过 74LS573 接到 MCU 的两个 I/O 脚上后,将它们通过 74LS08 接到 MCU 的外部中断 1 上,采用中断的方式接收数据,其电路如图 2-29 所示。

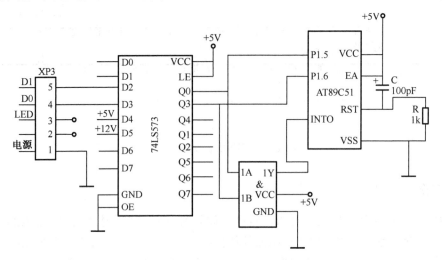

图 2-29　韦根接口中断方式电路图

### 2.6.4　其他 125kHz 射频卡介绍

本小节介绍一种与 EM4100 不同特点的 125kHz 射频卡芯片——e5551。

**1. 主要技术性能**

e5551 芯片是 Atmel 公司生产的非接触式、无源、可读写、具有防碰撞能力的 RFID 芯片,主要技术性能如下。

（1）低功耗,低工作电压,非接触能量供给和读写数据;
（2）工作频率范围为 100k~150kHz;
（3）EEPROM 存储器容量为 264 位,分 8 块,每块 33 位;
（4）具有 7 块用户数据,每块 32 位,共 224 位;
（5）具有块写保护功能;
（6）采用请求应答（Answer on Request,AOR）实现防碰撞;
（7）完成块写和检验的时间小于 50ms;
（8）可编程选择传输速率和编码调制方式;
（9）可工作于密码方式。

**2. e5551 卡的存储结构**

e5551 卡内置 264 位 EEPROM。这些 EEPROM 共分为 8 块,每块 33 位,其分布如表 2-7 所示。其中 BLOCK0 存储 e5551 卡的参数设置信息;BLOCK7 在口令加密功能启动时存放 e5551 卡的读写控制密码,当加密功能没有使用时存放用户数据;其他 6 个存储块存放各种数据。

表2-7　e5551卡内部存储

| 块　号 | 块数据内容（32位） |
|---|---|
| BLOCK0（块0） | 卡的参数设置信息 |
| BLOCK1（块1） | 用户数据 |
| BLOCK2（块2） | 用户数据 |
| BLOCK3（块3） | 用户数据 |
| BLOCK4（块4） | 用户数据 |
| BLOCK5（块5） | 用户数据 |
| BLOCK6（块6） | 用户数据 |
| BLOCK7（块7） | 读写控制密码 |

### 3. e5551芯片内部电路结构

e5551芯片的内部电路结构如图2-30所示，该图给出了e5551芯片和阅读器之间的耦合方式。阅读器向e5551芯片传送射频能量和读写命令，同时接收e5551芯片以负载调制方式送来的数据信号。

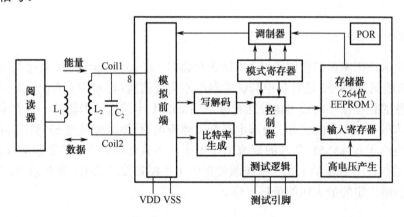

图2-30　e5551内部电路结构

e5551芯片由模拟前端、写解码、比特率产生器、调制器、模式寄存器、控制器、测试逻辑、存储器、编程用高压产生器等部分构成。e5551芯片在射频工作时，仅使用Coil1（引脚8）和Coil2（引脚1），外接电感$L_2$和电容器$C_2$，构成谐振回路。在测试模式时，VDD和VSS引脚为外加电压正端和地，通过测试引脚实现测试功能。

### 4. e5551卡工作参数的设定

BLOCK0用于设置e5551卡的各种操作特性，如同步信号、数据流格式、数据流长度、加密、口令唤醒和停止发射的启用/关闭等。

（1）位率（Bitrate）设定：位率可设置为RF/8、RF/16、RF/32、RF/40、RF/50、RF/64、RF/100、RF/128，由第12、13、14位确定。其中RF是指载波频率（Radio Frequency）。

（2）调制方式设定：调制方式由两部分组成。第一部分为二进制编码方式，有直接编码、曼彻斯特编码和双相编码三种方式，由第16、17位确定；第二部分为频率调制方式，有相位键控、频率键控和直接编码三种方式，由第 18、19、20 位确定。

（3）口令加密设定：由第 28 位决定。该位置 1 启动口令加密功能，在启动口令加密功能前应该事先在 BLOCK7 中写入密码。启动口令加密功能后，用户对 e5551 卡中数据进行修改均要求提供密码验证，密码正确时修改有效，否则修改无效。

（4）请求应答（Answer on Request）设定：由第 23 位决定。该位置 1 启动 AOR 功能，这时 e5551 卡进入射频区后不主动发射数据，由基站给 e5551 卡发射唤醒命令后再发射数据。该功能要求首先启动口令加密功能，即基站唤醒 e5551 卡必须在唤醒命令序列中向 e5551 卡发射口令密码，e5551 卡检测到合法唤醒命令时才恢复发射数据。

（5）同步信号设定：e5551 卡可以使用两种不同的同步信号——Sequence Terminator 和 Block Terminator。Sequence Terminator 在每个数据循环开始时出现；Block Terminator 在每个 BLOCK 数据开始时出现。两种同步信号分别由第 29、30 位确定，它们既可以独立使用也可以结合使用。

（6）发射最大数据块数设定（MAXBLK）：由第 25、26、27 位确定。当 MAXBLK 设置为 0 时，e5551 卡只发射 BLOCK0 的数据给基站；当设置为 1 时，e5551 卡只发射 BLOCK1 的数据给基站；当设置为 2 时，e5551 卡发射 BLOCK1 和 BLOCK 2 的数据给基站，余者以此类推。在启动口令加密功能后 MAXBLK 的值应小于 7，这样 e5551 卡将不发射 BLOCK7 的数据。

### 5．读 e5551 芯片

读 e5551 卡是指阅读器模块通过 MCU 进行读卡。在 e5551 卡内部，有个与 e5551 芯片相连的线圈，该线圈是 e5551 芯片供电与读卡器的双向通信接口。e5551 卡就是利用该线圈产生具有阻尼特性的载频信号向读卡器发送数据。当 e5551 卡接近读卡器时，由读卡器振荡电路产生的磁场感应 e5551 卡内的 LC 调谐电路产生感应电流，该电流经过 e5551 芯片内的整流器和过压保护电路得到 e5551 芯片的直流工作电压，形成上电复位；接着读取 e5551 芯片内 BLOCK0 的数据；约 2ms 后 e5551 卡按照设定的工作模式发送数据，首先从 BLOCK1 的第 1 位开始，直到所设定的最大块的最后一位。

### 6．写 e5551 芯片

写 e5551 卡是指阅读器模块通过 MCU 进行写卡。读卡器通过对 e5551 卡内流过线圈的电流间隔性中断实现写卡,用电流流过 e5551 卡内线圈的持续时间实现对 0 和 1 的编码。e5551 卡读完 BLOCK0 数据后进入默认的读卡操作。若检测到起始电流中断，则 e5551 卡触发写卡操作。电流中断持续时间一般为 50～150μs，但为了便于可靠地检测起始电流中断，起始电流中断一般大于 150μs。一般电流持续 24 个磁场脉冲周期编码为 0，持续 56 个磁场脉冲周期编码为 1。当电流持续了 64 个磁场脉冲周期后仍未检测到电流中断，e5551 卡自动退出写卡模式。如果前面写卡数据正确就开始将数据编程写入 e5551 芯片的 EEPROM，否则进行读卡操作。

### 7．e5551 芯片工作过程

e5551 芯片工作过程如图 2-31 所示。

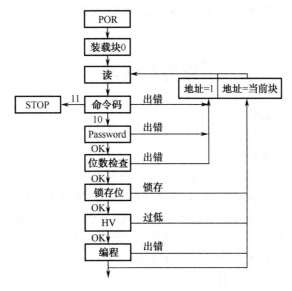

图 2-31　e5551 芯片工作过程

# 小　　结

1. 射频卡门禁系统的设计目的是通过 RFID 技术验证电子钥匙（射频门禁卡）的合法性，控制电子门锁的开启；对射频门禁卡信息进行管理；对用户信息进行管理；同时记录出入信息作为考勤管理；实现人员出入控制、考勤数据采集、数据统计和信息查询过程的自动化；方便人员进出开锁与报到，方便管理人员统计、考核人员出勤情况等。

2. EM4100 射频卡芯片内部功能模块由时钟提取器、时序器、全波整流器、数据调制器、数据编码器、记忆阵列、谐振电容组成。

3. EM4100 提供多种选项（修改集成电路内部的金属线连接）定义编码类型和数据速率。编码数据位的发送速率可以是 64、32 或者 16 个载波周期；数据编码方式可以是曼彻斯特编码、双相编码或者相移键控。

4. EM4100 包含被分成 5 组的 64 位数据信息。数据序列的前 9 位构成头信息 1。10 位行校验信息（P0～P9），4 列校验位（PC0～PC3），40 个数据位（D00～D93）以及设置成 0 的一个停止位。其中，位 D00～D03 和 D10～D13 是用户专用标识符，该 8 位为厂商自定义信息。D20～D93，32 位为可编程 ROM 数据，用来唯一标识该卡片的 ID。

5. 射频卡门禁系统包括软件和硬件两部分。硬件部分由晶体管、运放等分离元器件构成的射频解调电路（125kHz RFID 阅读器）、天线、EM4100 射频门禁卡及 NXP 公司 MCU 芯片 LPC1114 和外围组件（STN 显示、电源及本地数据备份、键盘控制、蜂鸣器、LED 指示灯）、电子锁控制器组成。软件部分在 Windows XP 操作系统下设计实现，包括阅读器端 MCU 程序和 PC 端的门禁管理系统两部分。

6. 阅读器的主要任务是控制射频模块向标签发射读取信号，并接收标签的应答信息，对标签的标识信息进行解码，将标识信息连带标签上其他相关信息传输到主机以供处理。

7. 典型的阅读器包含射频模块（发送器和接收器）、控制单元及与射频卡进行通信的耦合元件（天线），还有附加的接口（RS-232、RS-485、USB 等）。

8. Wiegand（韦根）协议是由摩托罗拉公司制定的一种通信协议，它适用于涉及门禁控制系统的读卡器和卡片的许多特性；其协议并没有定义通信的波特率，也没有定义数据长度。韦根格式主要定义数据传输方式：DATA0 和 DATA1。两根数据线分别传输 0 和 1。现在应用最多的是 26 位、34 位、36 位、44 位等，本系统应用 34 位韦根接口。

## 思考与练习

1. 门禁系统有哪些功能要求？
2. 门禁系统由哪些部分组成？分别起什么作用？
3. 125kHz 物联网射频卡有哪些特点？
4. 125kHz 物联网射频卡内部有哪些电路？简述其工作原理。
5. 125kHz 物联网射频卡与阅读器之间以何种方式进行通信？简述通信过程。
6. 125kHz 物联网射频阅读器与 MCU 间以何种方式进行通信？简述通信协议。
7. 画出 125kHz 物联网射频卡门禁系统电路结构图，简述各部分作用及工作情况。
8. 简述物联网射频卡门禁系统工作原理和工作流程。
9. 125kHz 物联网射频卡可以应用在哪些场合？
10. 还有哪些射频卡工作于 125kHz？简述其特点。
11. 125kHz 物联网射频卡门禁系统还可进行哪些功能拓展？如何实现？

# 项目三 13.56MHz 物联网 RFID 应用系统设计
## ——公交收费系统

### 学习目标

本项目的工作任务是掌握 13.56MHz 的物联网 RFID 系统特点，了解其应用，以设计射频卡公交收费应用系统为例掌握 13.56MHz 的物联网 RFID 应用系统的设计方法。

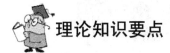

- 13.56MHz 物联网可读写射频卡的特点
- 13.56MHz 物联网 RFID 应用系统组成结构及工作原理
- 13.56MHz 物联网 RFID 应用系统软硬件设计方法

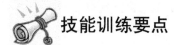

- 能进行 13.56MHz 物联网 RFID 应用系统硬件设计
- 能进行 13.56MHz 物联网 RFID 应用系统软件设计
- 能正确设计和操作射频卡公交收费系统

## 3.1 任务导入：什么是公交收费系统

城市公共交通是城市居民日常出行的主要手段。随着我国城市化发展进程的加快，城市规模的不断扩大，公共交通在国民经济建设和市民日常生活中的作用更为突出，传统的运营和管理模式已不适应现代城市管理，尤其是国际化大都市建设的需要，必须寻求迅速提升其服务和管理效率及水准的途径和办法。以非接触式射频卡为基础的城市公共交通自动收费（Automation Fare Collection，AFC）系统正是用先进的电子支付取代原始的人工售票或投币，提高运营效率，改善服务质量的一种有效手段，如图 3-1 所示。

公共汽车 AFC 是公共交通 AFC 的最主要表现形式和发源地，经过从 20 世纪 90 年代初至今的二十余年的探索实践，已在世界广泛应用，并形成适宜不同国家、不同地区特点的应用模式和丰富经验。此外，我国多数城市的"公交一卡通"都是以公共汽车 AFC 为起点，形成规模，取得经验，继而延伸拓展至其他公交行业或非交通领域的，如图 3-2 所示。

图 3-1 公交收费系统

图 3-2 射频公交卡

## 3.1.1 公交收费系统组成

公交收费系统的总体结构包括公交卡管理中心、发卡充值点、数据回收点及给每辆公交车配备的车载机和各种公交卡。公交收费系统结构如图 3-3 所示。

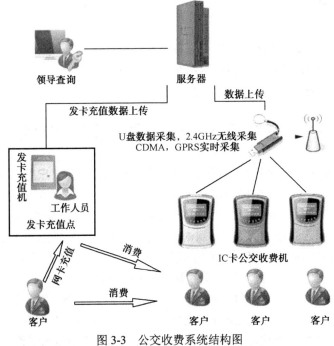

图 3-3 公交收费系统结构图

乘客在发卡充值点购买乘客卡并充值一定金额后即可在公交车上进行乘车消费。当卡内的金额不足时，可以到发卡充值点充值。发卡充值点和数据回收点将发卡充值数据和公交车消费交易数据传送至公交卡管理中心，公交卡管理中心将各个发卡充值点发来的售卡充值数据和每天车辆运营的交易数据在中心服务器统一保存。公交卡管理中心存储系统内所有数据，并进行相应的处理、统计、分析，同时进行系统数据清算。

射频卡公交收费系统业务流程如图3-4所示。

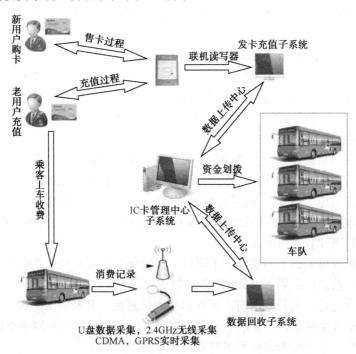

图 3-4　射频卡公交收费系统业务流程

对乘客而言，使用公交卡的流程非常简单。乘客只需要到指定的公交发卡充值点购买一张公交卡，并在卡内存入一定的金额后，就可以持卡乘坐公交车。当卡内金额不足时，车载机语音提示需要充值，乘客根据提示到公交指定的发卡充值点进行充值。

对公交公司而言，发卡充值点和数据回收点将发卡充值数据和消费数据上传到公交卡管理中心，管理中心根据这些数据进行统计、清算和资金划拨。

公交卡收费管理系统的公交卡管理中心包括两个系统：发卡充值管理系统、数据采集系统。

发卡充值管理系统负责将出厂的原始空白卡初始化成公交公司可以使用的公交卡；管理系统内所有的发卡充值信息、消费信息，对每张消费卡进行充值金额、当日消费和余额的清算，并完成系统的运行与维护；根据消费信息，得出相应的车辆（车牌号）、线路、分公司的公交卡消费数据，并生成公交卡消费数据报表。

数据采集系统主要通过数据采集机或 GPRS 无线传送模块对车载收费机的交易记录进行采集，并把交易数据上传到公交卡管理中心，也可以将黑名单下载到车载收费机中。

## 3.1.2　公交收费系统设计目标

公交收费系统通过 RFID 技术验证公交卡（射频卡）的合法性，进行公共交通售票、收费；对公交卡信息进行管理；同时记录公交卡余额，实现自动、安全、高效率的射频卡自动收费目标。

### 3.1.3 公交收费系统功能需求

市场应用公交收费系统具体的功能需求如下：

（1）卡片使用模式：可采用非接触式射频卡。

（2）刷卡扣除交通费用功能：用户乘坐交通工具时需刷卡，阅读器读取信息后，判断该卡是否合法，余额是否足够，如合法且余额足够则发出收费指令，不合法则发出报警，同时记录刷卡事件。

（3）充值功能：当公交卡余额不足时可进行充值。

（4）挂失功能：当公交卡丢失时，可进行公交卡补卡、挂失、解挂等。

（5）查询功能：实现 IC 卡消费记录及余额查询。

（6）报警功能：如发生控制器异常、非法卡、余额不足、阅读器或者控制器被破坏等事件时则发出报警信号，并记录事件。

（7）局域网互连功能：公交收费阅读器可通过局域网与管理系统互连，共同完成对公交卡的监控和管理。上位机管理系统可对阅读器进行参数的设置和初始化，并对阅读器的记录进行收集管理，可增加、删除、更新用户信息，进行充值、余额管理等。

（8）记录存储功能：系统可将公交收费运行产生的所有用户刷卡事件、报警时间等记录、备份，便于数据的统计和费用结算。

依据专业特点及对知识点的要求，本项目公交收费系统项目设计完成的功能如下：

（1）卡片使用模式：采用 13.56MHz 非接触式射频卡。

（2）刷卡收费功能：用户刷卡时，阅读器读取信息后，判断该卡是否合法，余额是否足够，如合法则发出收费指令，不合法则发出报警信号，同时记录用户刷卡事件。

（3）充值功能：当公交卡余额不足时可进行充值。

（4）查询功能：实现 IC 卡消费记录及余额查询。

（5）报警功能：如发生控制器异常、非法卡、余额不足、阅读器或者控制器被破坏等事件时则发出报警信号，并记录事件。

（6）记录存储功能：系统可将公交收费运行产生的所有用户刷卡事件、报警时间等记录、备份，便于数据的统计和费用结算。

## 3.2 13.56MHz 物联网射频卡

13.56MHz 射频卡主要有美国 ST 微电 SR176 卡、Philips Mifare 1 S50 卡、Mifare 1 S70 卡、Mifare UtraLight 卡、复旦微电子 FM11RF32 卡等。它们都是可读写型射频卡，均采用 13.56MHz 的典型工作频率。本书使用 Mifare 1 S50 卡作为公交收费系统公交卡，故只详细介绍该卡的相关内容。

### 3.2.1 Mifare 1 射频卡简介

Mifare 1 射频卡的核心是 Philips 公司的 Mifare 1 IC S50 系列微晶片。Mifare 1 射频卡采用先进的芯片制造工艺，内有高速的 CMOS EEPROM、MCU 等。卡片上除 IC 微晶片及一副高效率天线外，无任何其他元件。卡片上没有电源，工作时的电源能量由卡片阅读器天线发送无线电载波信号耦合到卡片天线上而产生，一般可达 2V 以上，供卡片上 IC 工作。工作频率为 13.56MHz。Mifare 1 射频卡所具有的独特的 Mifare RF 非接触式接口标准已被制定为国际 ISO/IEC 14443 TypeA 标准。该芯片的通信层 Mifare RF 接口遵从 ISO/IEC 14443A 标准的第 2 部分和第 3 部分（详细介绍见 3.6.2 节），保密层（security layer）使用经区域验证的 CRYPTO1 流密码（field-proven CRYPTO1 stream cipher），使典型 Mifare 系列芯片的数据交换得到保密。

Mifare 1 卡主要指标如下：

（1）容量为 8Kb（位）=1KB（字节）EEPROM。
（2）分为 16 个扇区，每个扇区为 4 块，每块 16 个字节，以块为存取单位。
（3）每个扇区有独立的一组密码及访问控制。
（4）每张卡有唯一的序列号，为 32 位。
（5）具有防冲突机制，支持多卡操作。
（6）无电源，自带天线，内含加密控制逻辑和通信逻辑电路。
（7）数据保存期为 10 年，可改写 10 万次，读无限次。
（8）工作温度：-20～50℃（湿度为 90%）。
（9）工作频率：13.56MHz。
（10）通信速率：106Kbps。
（11）读写距离：10cm 以内（与阅读器有关）。

### 3.2.2 Mifare 1 射频卡的功能组成

如图 3-5 所示为 Mifare 1 S50 非接触式射频卡的内部结构图，Mifare 1 卡内部包含 RF 射频接口电路和数字电路两部分。

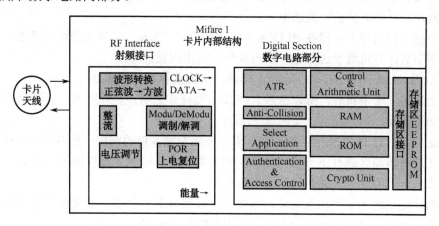

图 3-5 Mifare 1 S50 非接触式射频卡的内部结构图

#### 1. RF 射频接口电路

在卡的 RF 射频接口电路中，波形转换模块接收阅读器所发送的 13.56MHz 的无线电调制信号。一方面送调制/解调模块，经解调得到相应的数字信息送往数字电路模块；另一方面进行波形转换，将正弦波转换为方波，然后对其整流滤波，由电压调节模块对电压进行进一步的处理，包括稳压等，最终输出提供卡片上各电路的工作电压。

POR 模块主要是对卡片上的各个电路进行 POWER-ON-RESET（上电复位），使各电路同步启动工作。

而数字电路模块送出的数字信息则经由调制/解调模块调制为 13.56 MHz 的无线电调制信号，再送往波形转换模块发送给阅读器。

**2. 数字电路部分模块**

（1）ATR 模块：Answer To Request（请求应答）

当一张 Mifare 1 卡处在阅读器的天线工作范围之内时，程序员控制阅读器向卡发出 Request all（或 Request std）命令后，卡的 ATR 将启动，将卡片 BLOCK 0 中 2 个字节的卡类型号（TagType）传送给阅读器，建立卡与阅读器的第一步通信联络。

如果不进行第一步的 ATR 工作，阅读器对卡的其他操作（读/写操作等）将不会进行。

（2）Anti-Collision 模块：防（卡片）冲突功能

如果有多张 Mifare 1 卡处在阅读器的天线工作范围之内，则 Anti-Collision 模块的防冲突功能将被启动工作。阅读器将首先与每一张卡进行通信，读取每一张卡的序列号（Serial Number）。由于每一张 Mifare 1 卡都具有唯一的序列号，因此程序将启动阅读器中的 Anti-Collision 防冲突功能配合卡上的防冲突功能模块，根据卡序列号来选定其中一张卡。被选中的卡将被激活，可以与阅读器进行数据交换；而未被选中的卡处于等待状态，随时准备与阅读器进行通信。

Anti-Collision 模块（防冲突功能）启动工作时，阅读器将得到卡片的序列号。序列号存储在卡的 BLOCK 0 中，共有 5 个字节，实际有用的为 4 个字节，另一个字节为序列号的校验字节。

（3）Select Application 模块：卡片的选择

当卡与阅读器完成了上述两个步骤后，阅读器要想对卡进行读/写操作时，必须对卡进行"Select"操作，以使卡真正地被选中。

被选中的卡将卡片上存储在 BLOCK 0 中的卡容量"Size"字节传送给阅读器。当阅读器收到这一字节后，方可对卡进行进一步的操作，如密码验证等。

（4）Authentication & Access Control 模块：认证及存取控制模块

完成上述的三个步骤后，阅读器对卡进行读/写操作之前，必须对卡上已经设置的密码进行认证，如果匹配，则允许进一步的读/写操作。

Mifare 1 卡上有 16 个扇区，每个扇区都可分别设置各自的密码，互不干涉，必须分别加以认证，才能对该扇区进行下一步的操作。因此每个扇区可独立地应用于一个场合，整个卡可以设计成一卡多用（一卡通）的形式来应用。

密码的认证采用了三次相互认证的方法，具有很高的安全性。如果事先不知道卡上的密码，试图靠猜测密码而打开卡上一个扇区的可能性几乎为零。

需要特别注意的是，无论是程序还是卡的使用者，都必须牢记卡中的 16 个扇区的每一个密码，否则，遗忘某一扇区的密码将使该扇区中的数据不能读/写。没有任何办法可以挽救这种低级错误。但是，卡上的其他扇区可以照样使用。

（5）Control & Arithmetic Unit：控制及算术运算单元

这一单元是整个卡的控制中心，是卡的"头脑"。它主要对卡的各个单元进行操作控制，协调卡的各个步骤；同时它还对各种收/发的数据进行算术运算处理、递增/递减处理和 CRC 运算处理等，是卡中内建的中央微处理器单元。

（6）RAM/ROM 单元

RAM 主要配合控制及算术运算单元，将运算的结果进行暂时存储，如将需存储的数据由控制及算术运算单元取出送到 EEPROM 存储器中；将需要传送给阅读器的数据由控制及算术运算单元取出，经过 RF 射频接口电路的处理，通过卡片上的天线传送给阅读器。RAM 中的数据在卡失掉电源后（卡片离开阅读器天线的有效工作范围）将会丢失。

同时，ROM 中则固化了卡运行所需要的必要的程序指令，由控制及算术运算单元取出，对每个单元进行指令控制，使卡能有条不紊地与阅读器进行数据通信。

（7）Crypto Unit：数据加密单元

该单元完成对数据的加密处理及密码保护，加密的算法可以为 DES 标准算法或其他。

（8）EEPROM 存储器及其接口电路：EEPROM Interface/EEPROM Memory

该单元主要用于存储用户数据，在卡失掉电源后数据仍将被保持。

Mifare 1 卡片中的这一单元容量为 8192b（1KB），分为 16 个扇区。

### 3.2.3　Mifare 1 射频卡的存储结构

（1）Mifare 1 卡分为 16 个扇区，每个扇区由 4 块（块 0、块 1、块 2、块 3）组成，将 16 个扇区的 64 个块按绝对地址编号为 0～63，存储结构如表 3-1 所示。

表 3-1　Mifare 1 卡存储结构

| | | | | |
|---|---|---|---|---|
| 扇区 0 | 块 0 | | 数据块 | 0 |
| | 块 1 | | 数据块 | 1 |
| | 块 2 | | 数据块 | 2 |
| | 块 3 | 密码 A　存取控制　密码 B | 控制块 | 3 |
| 扇区 1 | 块 0 | | 数据块 | 4 |
| | 块 1 | | 数据块 | 5 |
| | 块 2 | | 数据块 | 6 |
| | 块 3 | 密码 A　存取控制　密码 B | 控制块 | 7 |
| ⋮ | ⋮ | ⋮ | ⋮ | ⋮ |
| 扇区 15 | 0 | | 数据块 | 60 |
| | 1 | | 数据块 | 61 |
| | 2 | | 数据块 | 62 |
| | 3 | 密码 A　存取控制　密码 B | 控制块 | 63 |

（2）第 0 扇区的块 0（即绝对地址 0 块），用于存放厂商代码，已经固化，不可更改。其中，第 0～3 字节是卡的序列号即卡的 ID，第 4 字节是序列号的校验字节，第 5 字节表示卡片容量大小，第 6、7 字节表示卡片类型。

（3）每个扇区的块 0、块 1、块 2 为数据块，可用于存储数据。除扇区 0 的块 0 外，数据块可做两种应用：

● 用做一般的数据保存，可以进行读、写操作。

● 用做数据值，可以进行初始化值、加值、减值、读值操作。

（4）每个扇区的块 3 为控制块，包括了密码 A、存取控制、密码 B。具体结构如下：

| A0 A1 A2 A3 A4 A5 | FF 07 80 69 | B0 B1 B2 B3 B4 B5 |
|---|---|---|
| 密码 A（6 字节） | 存取控制（4 字节） | 密码 B（6 字节） |

（5）每个扇区的密码和存取控制都是独立的，可以根据实际需要设定各自的密码及存取控制。存取控制为 4 个字节，共 32 位，扇区中的每个块（包括数据块和控制块）的存取条件是由密码和存取控制共同决定的，在存取控制中每个块都有相应的三个控制位，定义如下：

块 0： C10　C20　C30

块 1： C11　C21　C31

块 2： C12　C22　C32

块 3： C13　C23　C33

三个控制位以正和反两种形式存在于存取控制字节中，决定了该块的访问权限（如进行减值操作必须验证 KeyA，进行加值操作必须验证 KeyB 等）。三个控制位在存取控制字节中的位置如下，以块 0 为例：

| bit | 7 | 6 | 5 | 4 | 3 | 2 | 1 | 0 |
|---|---|---|---|---|---|---|---|---|
| 字节 6 | | | | C20_b | | | | C10_b |
| 字节 7 | | | | C10 | | | | C30_b |
| 字节 8 | | | | C30 | | | | C20 |
| 字节 9 | | | | | | | | |

（注：_b 表示取反）

存取控制（4 字节，其中字节 9 为备用字节）结构如下：

| bit | 7 | 6 | 5 | 4 | 3 | 2 | 1 | 0 |
|---|---|---|---|---|---|---|---|---|
| 字节 6 | C23_b | C22_b | C21_b | C20_b | C13_b | C12_b | C11_b | C10_b |
| 字节 7 | C13 | C12 | C11 | C10 | C33_b | C32_b | C31_b | C30_b |
| 字节 8 | C33 | C32 | C31 | C30 | C23 | C22 | C21 | C20 |
| 字节 9 | | | | | | | | |

（注：_b 表示取反）

（6）数据块（块 0、块 1、块 2）的存取控制如下：

| 控制位（X=0~2） | | | 访问条件（对数据块 0、1、2） | | | |
|---|---|---|---|---|---|---|
| C1X | C2X | C3X | Read | Write | Increment | Decrement, Transfer, Restore |
| 0 | 0 | 0 | KeyA\|B | KeyA\|B | KeyA\|B | KeyA\|B |
| 0 | 1 | 0 | KeyA\|B | Never | Never | Never |
| 1 | 0 | 0 | KeyA\|B | KeyB | Never | Never |
| 1 | 1 | 0 | KeyA\|B | KeyB | KeyB | KeyA\|B |
| 0 | 0 | 1 | KeyA\|B | Never | Never | KeyA\|B |
| 0 | 1 | 1 | KeyB | KeyB | Never | Never |
| 1 | 0 | 1 | KeyB | Never | Never | Never |
| 1 | 1 | 1 | Never | Never | Never | Never |

（KeyA|B 表示密码 A 或密码 B，Never 表示任何条件下都不能实现）

例如：当块 0 的存取控制位 C10 C20 C30=1 0 0 时，验证密码 A 或密码 B 正确后可读；验证密码 B 正确后可写；不能进行加值、减值操作。

（7）控制块 3 的存取控制与数据块（块 0、1、2）不同，它的存取控制如下：

| C13 | C23 | C33 | 密码 A | | 存取控制 | | 密码 B | |
|---|---|---|---|---|---|---|---|---|
| | | | Read | Write | Read | Write | Read | Write |
| 0 | 0 | 0 | Never | KeyA\|B | KeyA\|B | Never | KeyA\|B | KeyA\|B |
| 0 | 1 | 0 | Never | Never | KeyA\|B | Never | KeyA\|B | Never |
| 1 | 0 | 0 | Never | KeyB | KeyA\|B | Never | Never | KeyB |
| 1 | 1 | 0 | Never | Never | KeyA\|B | Never | Never | Never |
| 0 | 0 | 1 | Never | KeyA\|B | KeyA\|B | KeyA\|B | KeyA\|B | KeyA\|B |
| 0 | 1 | 1 | Never | KeyB | KeyA\|B | KeyB | Never | KeyB |
| 1 | 0 | 1 | Never | Never | KeyA\|B | KeyB | Never | Never |
| 1 | 1 | 1 | Never | Never | KeyA\|B | Never | Never | Never |

例如：当块 3 的存取控制位 C13 C23 C33=0 0 1 时，则
- 密码 A：不可读，验证 KeyA 或 KeyB 正确后，可写（更改）。
- 存取控制：验证 KeyA 或 KeyB 正确后，可读、可写。
- 密码 B：验证 KeyA 或 KeyB 正确后，可读、可写。

### 3.2.4 Mifare 1 射频卡与阅读器的通信

Mifare 1 射频卡的通信遵从 ISO/IEC 14443 TypeA 标准（详细介绍见 3.6.2 小节）。阅读器与 Mifare 1 卡通信的数据传输速率是 13.56MHz/128=106kb/s（9.4μs/b），从阅读器到卡的信号采用 100%ASK 调制方式和 Miller 编码方式，从卡到阅读器的信号采用副载波调制方式和 Manchester-ASK 编码方式。

Mifare 1 卡与阅读器通信流程如图 3-6 所示。

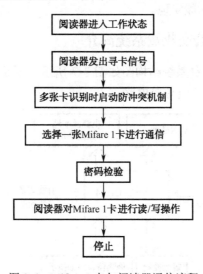

图 3-6　Mifare 1 卡与阅读器通信流程

（1）阅读器发出寻卡信号

MCU 通过对阅读器芯片内寄存器的读/写来控制阅读器芯片，阅读器芯片收到微控制器 MCU 发来的命令后，按照非接触式射频卡协议格式（ISO/IEC 14443 TypeA），通过天线及其匹配电路向附近发出一组固定频率的调制信号（13.56MHz）进行寻卡。

（2）Mifare 1 卡获取工作能量

若在阅读器工作范围内有 Mifare 卡存在，卡片内部的 LC 谐振电路（谐振频率与阅读器发送的电磁波频率相同）在电磁波的激励下，产生共振，在卡片内部电压泵的作用下不断为其另一端的电容充电，获得能量，当该电容电压达到 2V 时，即可作为电源为卡片的其他电路提供工作电压。

（3）单张 Mifare 1 卡识别时回复卡片数据信息

当只有一张 Mifare 1 卡片处在阅读器的有效工作范围内时，MCU 向卡片发出寻卡命令，卡片将回复卡片类型及 ID 信息，建立卡片与阅读器的第一步联系。

（4）多张 Mifare 1 卡识别时阅读器启动防冲突机制

若同时有多张卡片在阅读器天线的工作范围内，读卡器启动防冲突机制，根据卡片序列号来选定一张卡片。

（5）密码双向检验

被选中的卡片再与阅读器进行密码校验，确保阅读器对卡片有操作权限及卡片的合法性，而未被选中的卡片则仍然处在闲置状态，等待下一次寻卡命令。

（6）阅读器读写操作

阅读器与 Mifare 1 卡之间双向密码验证通过之后，阅读器就可以根据应用需要对卡片进行读写等应用操作。

## 3.3　13.56MHz 射频卡公交收费系统原理

如 3.1 节所述，射频卡公交收费系统包括软件和硬件两部分。本节具体介绍公交收费系统各组件、工作原理和系统功能实现。

### 3.3.1　13.56MHz 射频卡公交收费系统简介

13.56MHz 射频卡公交收费系统结构图如图 3-7 所示，系统包括射频公交卡、RFID 阅读器、MCU 及外围显示、键盘、电源等电路。

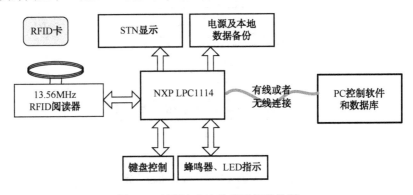

图 3-7　射频卡公交收费系统结构图

13.56MHz 射频卡公交收费系统硬件部分由以 MFRC522 芯片为核心的阅读器、天线、Mifare 1 S50 射频公交卡及 MCU 和外围组件（接口及各组件详细介绍参见项目五）组成。硬件部分设计强调阅读器的设计及阅读器与射频卡、阅读器与 MCU 之间通信接口设计，完成公交收费系统公交卡的识别、卡号显示、响铃及 LED 指示等功能。

13.56MHz 射频卡公交收费系统软件部分在 Windows XP 操作系统下设计实现，包括阅读器端 MCU 程序和 PC 端的管理系统两部分。阅读器端 MCU 程序包括射频 Mifare 1 S50 卡的编码识别与分析程序及与 PC 通信的串口程序，是基于 Keil uVision4 环境开发的 MCU 程序。PC 端的公交收费系统管理软件包括管理界面与数据库设计两部分。管理界面部分基于 Visual C++ 6.0，应用 MFC 进行界面设计以提供串口通信 API 软件开发组件，完成读卡和写卡等功能操作。数据库设计部分用 MySQL 数据库设计完成，其中 Visual C++ 6.0 利用 ODBC API 实现 MySQL 数据库功能调用。软件部分强调阅读器与射频卡、阅读器与 MCU、MCU 与 PC 间通信，完成公交收费系统的开卡、发卡、充值、余额查询、消费及建立用户数据库、关联用户和卡号、记录消费刷卡时间、导入导出记录、数据查询和分析等功能。

### 3.3.2　13.56MHz 公交射频卡阅读器工作基本原理

13.56MHz RFID 阅读器工作过程如图 3-8 所示。

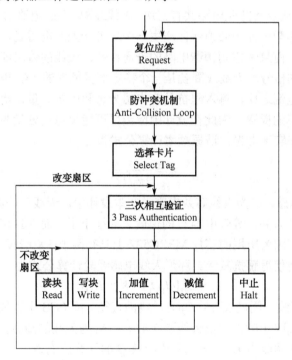

图 3-8　13.56MHz RFID 阅读器工作过程

（1）复位应答（Request）

射频卡的通信协议和通信波特率是定义好的，当有卡片进入阅读器的操作范围时，阅读器以特定的协议与它通信，从而确定该卡是否为 Mifare 1 射频卡，即验证卡片的卡型。

（2）防冲突机制（Anti-Collision Loop）

当有多张卡进入阅读器操作范围时，防冲突机制会从其中选择一张进行操作，未选中的则处于空闲模式等待下一次选卡，该过程会返回被选卡的序列号。

(3) 选择卡片 (Select Tag)

选择被选中的卡的序列号,并同时返回卡的容量代码。

(4) 三次互相确认 (3 Pass Authentication)

选定要处理的卡片之后,阅读器确定要访问的扇区号,并对该扇区密码进行密码校验,在三次相互认证之后就可以通过加密流进行通信(在选择另一扇区时,则必须进行另一扇区的密码校验)。

(5) 对数据块的操作

- 读 (Read):读一个块。
- 写 (Write):写一个块。
- 加 (Increment):对数值块进行加值。
- 减 (Decrement):对数值块进行减值。
- 存储 (Restore):将块中的内容存到数据寄存器中。
- 传输 (Transfer):将数据寄存器中的内容写入块中。
- 中止 (Halt):将卡置于暂停工作状态。

### 3.3.3 13.56MHz 射频系统天线设计

13.56MHz 射频天线及其匹配电路共有三块:天线线圈、匹配电路(LC 谐振电路)和 EMC 滤波电路。在天线的匹配设计中必须保证产生一个尽可能强的电磁场,以使卡片能够获得足够的能量给自己供电,而且考虑到调谐电路的带通特性,天线的输出能量必须保证足够的通带范围来传送调制后的信号。天线线圈就是一个特定谐振频率的 LC 电路,其输入阻抗是输入端信号电压与信号电流之比,输入阻抗具有电感分量和电抗分量,电抗分量的存在会减少天线从馈线对信号功率的提取,因此在设计中应当尽可能使电抗分量为零,即让天线表现出纯电阻特性,这时电路实现谐振,谐振频率计算公式为

$$f_0 = \frac{1}{2\pi\sqrt{LC}} \quad (3-1)$$

式中,$L$ 为天线等效电感,$C$ 为天线等效电容,在本设计中,天线工作频率 $f_0$ 为 13.56MHz,如果天线的等效电感 $L$ 太高,等效电容 $C$ 的值就只能很小了,而一旦超出 5μH,电容匹配的问题就变得更难了。但因为所用的芯片 MFRC522 上具有两个 TX 引脚,可以在 TX1 和 TX2 上并联两个天线,从而使得感抗减半。环形天线电感经验计算公式为

$$L_a = 2I_1[(I_1D_1) - K] \times N_1 p \quad (3-2)$$

其中,$I_1$ 为环形天线一圈的长度;$D_1$ 为导线的直径,或 PCB 上天线导线的宽度;$K$ 为天线形状因素(圆形天线取 1.07,矩形天线取 1.47);$N_1$ 为天线的圈数;$p$ 为与线圈结构相关的系数,印制电路板线圈取为 1.8。天线品质因数 $Q$ 的计算公式为

$$Q = \omega LR = 2\pi f LR \quad (3-3)$$

天线的 $Q$ 值用来评价回路输出效率,$Q$ 值越高,其能量输出效率越高,但当 $Q$ 值过高时,其特性会导致通带变窄,副载波频率处的能量幅度太小甚至在天线的边带之外,从而影响调制信号的发送,得不偿失。因此采用 10~30 的低 $Q$ 值设计,若经式(3-3)计算的 $Q$ 值大于 30,可在天线的两边分别串联一个电阻 $R_q$ 以降低 $Q$ 值,相当于天线增加电阻,$R$ 变成 $R_a+2R_q$,由式(3-3)可推出每边电阻的计算公式为

$$R_q = 12[(\omega L_a Q) - R_a] \quad (3-4)$$

式中，$\omega=2\pi f$；$L_a$ 为天线电感；$Q$ 为拟调整值（此处为 30）；$R_a$ 为天线电阻。

一般天线的设计要求达到天线线圈的电流最大、功率匹配和足够的带宽，以最大限度地利用产生磁通的可能用量，并无失真地传送用数据调制的载波信号。天线是有一定负载阻抗的谐振回路，阅读器又具有一定的源阻抗，为了获得最佳性能，必须通过无源的匹配回路将线圈阻抗转换为源阻抗，这样通过同轴线缆即可无损失地将功率从阅读器传送出去。

## 3.4  13.56MHz 射频卡公交收费系统硬件设计

### 3.4.1  13.56MHz 公交射频卡阅读器模块硬件结构简介

本项目设计的公交收费系统模块为天线、阅读器一体化配置。外部引脚只需要引出 Pin15～20，其余不需连接。13.56MHz 公交射频卡阅读器板级硬件结构如图 3-9 所示。

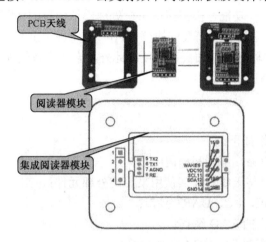

图 3-9  13.56MHz 公交射频卡阅读器板级硬件结构

图 3-10 是 13.56MHz 公交射频卡阅读器模块系统结构图。该阅读器系统模块包括 MCU、阅读器芯片、天线及其滤波匹配电路。MCU 选用 NXP 公司的 LPC1114（详细介绍参见 2.6.2 小节），阅读器芯片采用 MFRC522 芯片。该阅读器模块提供了板载天线和供电控制电路，并有电源供电指示 LED 等外围支持电路。用户可以通过 IF1 接口把此模块接入自己的系统，从而为自己的系统实现 RFID 阅读器功能。

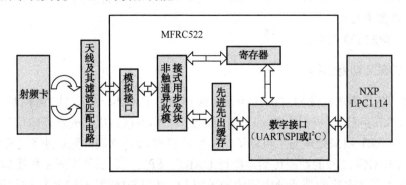

图 3-10  13.56MHz 公交射频卡阅读器模块系统结构图

### 3.4.2 MFRC522 简介

MFRC522 是应用于 13.56MHz 非接触式通信中高集成度读写卡系列芯片中的一员。是 NXP 公司针对"三表"应用推出的一款低电压、低成本、体积小的非接触式读写卡芯片，是智能仪表和便携式手持设备研发的较好选择。

MFRC522 采用 3.3V 统一供电，工作频率为 13.56MHz，兼容 ISO/IEC 14443A 及 Mifare 模式，完全集成了在 13.56MHz 下所有类型的被动非接触式通信方式和协议。MFRC522 的内部发送器无须外部有源电路即可驱动读写天线，实现与符合 ISO/IEC 14443A 或 Mifare 标准的卡片的通信。

MFRC522 主要包括两部分，其中数字部分由状态机、编码解码逻辑等组成；模拟部分由调制器、天线驱动器、接收器和放大器组成。接收器模块提供了一个高效的解调和解码电路，用于接收兼容 ISO/IEC 14443A 和 Mifare 的卡片信号。数字模块控制全部 ISO/IEC 14443A 帧和错误检测（奇偶和 CRC）功能。模拟接口负责处理模拟信号的调制和解调。非接触式异步收发模块配合主机处理通信协议所需要的协议。FIFO（先进先出）缓存使主机与非接触式串行收发模块之间的数据传输变得更加快速方便。此外，它还支持快速 CRYPTO1 加密算法，用于验证 Mifare 系列产品。

**1. MFRC522 特性**

MFRC522 的具体特性如下：
- 高度集成的模拟电路，解调和译码响应；
- 缓冲的输出驱动器与天线的连接使用最少的外部元件；
- MFRC522 支持 SPI、$I^2C$、UART 接口；
- 64 字节发送和接收的 FIFO 缓存；
- 4 页，每页 16 个寄存器，共 64 个寄存器；
- 具有硬件掉电、软件掉电、发送掉电三种节电模式；
- 支持 ISO/IEC 14443 TypeA 和 Mifare 通信协议；
- 阅读器模式中与 ISO 14443 TypeA/Mifare 的通信距离高达 50mm，取决于天线的长度和调谐；
- 阅读器模式下支持 Mifare Classic 加密；
- 支持 ISO 14443 212Kb/s 和 424Kb/s 的更高传输速率的通信；
- 3.3V 电源电压；
- 自由编程的 I/O 引脚。

**2. MFRC522 功能结构**

MFRC522 芯片内部框图如图 3-11 所示，包括串行 UART、SPI、$I^2C$ 微控制器双向接口、FIFO 缓冲区、寄存器组、模拟电路接口及天线接口。模拟接口用来处理模拟信号的调制和解调。非接触式 UART 用来处理与主机通信时的协议要求。FIFO 缓冲区快速而方便地实现了主机和非接触式 UART 之间的数据传输。串行 UART、SPI、$I^2C$ 三种不同主机接口功能可满足不同用户的要求。本公交收费系统中阅读器采用 $I^2C$ 接口与微控制器 MCU 进行通信。

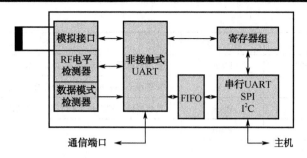

图 3-11　MFRC522 芯片内部框图

## 3. MFRC522 芯片引脚设置

MFRC522 芯片引脚设置如图 3-12 所示，各引脚符号及功能如表 3-2 所示。

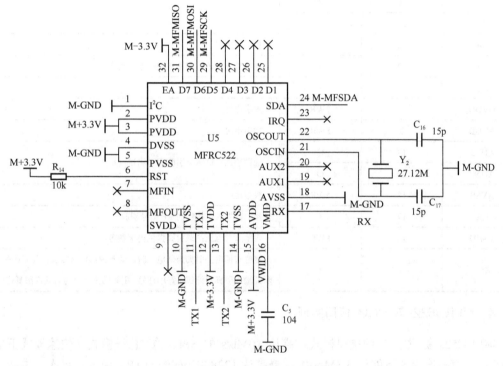

图 3-12　MFRC522 芯片引脚设置

表 3-2　MFRC522 芯片引脚符号及功能

| 符　号 | 引　脚 | 类　型 | 描　　述 |
| --- | --- | --- | --- |
| OSCIN | 21 | I | 晶振输入：振荡器的反向放大器的输入。它也是外部产生的时钟脉冲的输入（$f_{osc}$=27.12MHz） |
| IRQ | 23 | O | 中断请求：输出，用来指示一个中断事件 |
| MFIN | 7 | I | 信号输入 |
| MFOUT | 8 | O | 信号输出 |
| TX1 | 11 | O | 发送器 1：传递调制的 13.56MHz 的能量载波信号 |

续表

| 符号 | 引脚 | 类型 | 描述 |
|---|---|---|---|
| TVDD | 12 | PWR | 发送器电源：给 TX1 和 TX2 的输出级供电 |
| TX2 | 13 | O | 发送器 2：传递调制的 13.56MHz 的能量载波信号 |
| TVSS | 10，14 | PWR | 发送器地：TX1 和 TX2 的输出级的地 |
| DVSS | 4 | PWR | 数字地 |
| D1 | 25 | I/O | |
| D2 | 26 | I/O | |
| D3 | 27 | I/O | |
| D4 | 28 | I/O | 不同接口地数据引脚（测试端口，$I^2C$，SPI，UART） |
| D5 | 29 | I/O | |
| D6 | 30 | I/O | |
| D7 | 31 | I/O | |
| SDA | 24 | I | 串行数据线 |
| EA | 32 | I | 外部地址：该引脚用来编码 $I^2C$ 地址 |
| $I^2C$ | 1 | I | IC 使能 |
| DVDD | 3 | PWR | 数字电源 |
| AVDD | 3 | PWR | 模拟电源 |
| AUX1 | 19 | O | 辅助输出：这两个引脚用于测试 |
| AUX2 | 20 | O | |
| AVSS | 18 | PWR | 模拟地 |
| RX | 17 | I | 接入器输入：接收的 RF 信号引脚 |
| VMID | 16 | PWR | 内部参考电压：该引脚提供内部参考电压 |
| RST | 6 | I | 复位与掉电：引脚为低电平时，切断内部电流吸收，关闭振荡器，断开输入引脚与外部电路的连接。引脚的上升沿为启动内部复位阶段 |

### 4. MFRC522 与 MCU 接口实现

MFRC522 提供了 3 种接口模式：高达 10Mb/s 的 SPI、$I^2C$ 总线模式（快速模式下能达 400Kb/s，而高速模式下能达 3.4Mb/s）、最高达 1228.8Kb/s 的 UART 模式。每次上电或硬件重启之后 MFRC522 复位其接口，并通过检测控制引脚上的电平信号来判别当前与主机的接口模式，这样给读写设备的开发带来了极大的可选择性。与判别接口模式有关的两个引脚为 $I^2C$ 和 EA：当 $I^2C$ 引脚拉高时，表示当前模式为 $I^2C$ 方式；若 $I^2C$ 引脚为低电平时，再通过 EA 引脚电平来区分，EA 为高表示 SPI 模式，为低则表示 UART 方式。本项目设计中采用 $I^2C$ 总线模式。

## 3.4.3 13.56MHz 公交射频卡阅读器模块接口引脚

13.56MHz 公交射频卡阅读器模块外部接口引脚及功能如表 3-3 所示。

表 3-2  13.56MHz 公交射频卡阅读器模块外部接口引脚及功能

| IF1 |||||
|---|---|---|---|---|
| 引 脚 号 | 信号名称 | 功 能 说 明 | 备  注 ||
| 1、5 | TX2 | 天线 2 | 天线一体,已经连接好 ||
| 2、6 | TX1 | 天线 1 | 天线一体,已经连接好 ||
| 3、7 | AGND | 天线地 |  ||
| 4、8 | RE | 天线接收 |  ||
| 14、20 | GND | 电源地 |  ||
| 10、16 | VDD | 3.3V 供电输入 |  ||
| 11、17 | SCL_13M56 | 阅读器 $I^2C$ 接口信号及唤醒控制信号 |  ||
| 12、18 | SDA_13M56 | ^ |  ||
| 9、15 | WAKE_13M56 | ^ | 睡眠模式下,下降沿可以触发唤醒<br>正常工作模式下用做有卡指示。1 表示天线识别区内无卡;0 表示识别区内有卡 ||
| 其他 | NC | 未连接 |  ||

### 1. 13.56MHz 公交射频卡阅读器外围接口电路

13.56MHz 公交射频卡阅读器外围接口电路如图 3-13 所示,包括供电控制和工作状态指示,13.56MHz 公交射频卡阅读器与 MCU 间通过 $I^2C$ 总线接口进行数据传输。

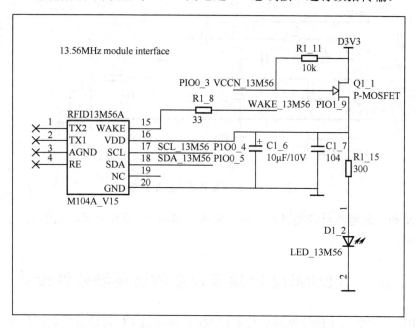

图 3-13  13.56MHz 公交射频卡阅读器外围接口电路

### 2. 13.56MHz 公交射频卡阅读器模块功能配置

本模块采用 13.56MHz 非接触射频技术,内嵌低功耗射频基站芯片 MFRC522 和单片机控制，用户只需通过简单的 I²C 接口发送读写命令就可以实现对卡片的完全操作。该模块支持 Mifare 1 S50、S70、FM11RF08 及其兼容卡片。

功能特点：
- 支持 Mifare 1 S50、S70，FM11RF08 及其兼容卡片；
- 小体积模块，天线一体；
- 读卡平均电流在 35mA 左右；
- 简单读写命令集。

### 3.4.4　13.56MHz 公交射频卡阅读器模块天线设计实现

为了驱动天线，MFRC522 通过 TX1 和 TX2 提供 13.56MHz 的载波。根据寄存器的设定，MFRC522 对发送数据进行调制来得到发送的信号。天线接收的信号经过天线匹配电路送到 MFRC522 的 RX 引脚。MFRC522 的内部接收器对信号进行检测和解调，并根据寄存器的设定进行处理，然后将数据发送到串行接口，由微控制器进行读取。

如图 3-14 所示，在发送部分，引脚 TX1 和 TX2 上发送的信号是由包络信号调制的 13.56MHz 载波能量，经过 $L_0$ 和 $C_0$ 组成的 EMC 滤波电路以及 $C_1$、$C_2$、$R_q$（其中 $R_q$ 只在 $Q$ 值太高的情况下需要）组成的匹配电路，就可直接用来驱动天线。TX1 和 TX2 上的信号可通过寄存器 TxSelReg 来设置，系统默认为内部米勒脉冲编码后的调制信号。调制系数可以通过调整驱动器的阻抗（通过设置寄存器 CWGsPReg、ModGsPReg、GsNReg 来实现）来设置，同样采用默认值即可。在接收部分，使用 $R_2$ 和 $C_4$ 以保证 RX 引脚的直流输入电压保持在 VMID，$R_1$ 和 $C_3$ 的作用是调整 RX 引脚的交流输入电压。

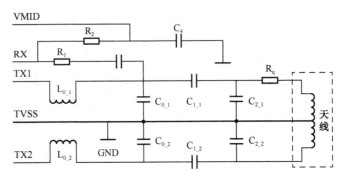

图 3-14　天线及其滤波匹配电路

天线驱动和匹配电路已经实现在一体化阅读器模块中，设计系统时无须关心其实现方式，可以直接使用。

## 3.5　13.56MHz 射频卡公交收费系统软件设计

13.56MHz 公交射频卡阅读器模块与主控 MCU 间通过 I²C 接口进行数据传输，模块通信速率为 400Kb/s。

### 3.5.1　I²C 通信协议

I²C 通信协议具体规定如下。

## 1. 发送格式

| 模块地址+W/R | 长度字 | 命令字 | 数据域 | 校验字 |
|---|---|---|---|---|

- 模块地址：0xB0。
- 读操作：W/R = 1；写操作：W/R = 0。
- 长度字：从长度字到数据域最后一个字节的总字节数。
- 命令字：本条命令的命令码。
- 数据域：此项可能为空。
- 校验字：从长度字到数据域最后一个字节的逐字异或值。

## 2. 返回数据格式

- 成功：

| 长度字 | 接收到的命令字 | 数据域 | 校验字 |
|---|---|---|---|

- 失败：

| 长度字 | 接收到的命令字取反 | | 校验字 |
|---|---|---|---|

## 3. 命令列表（用十六进制格式表示）

命令列表如表3-4所示。

表3-4 命令列表

| 序号 | 命令功能 | | 长度字 | 命令字 | 解析说明 |
|---|---|---|---|---|---|
| | | | 卡片及操作命令 | | |
| 1 | 寻卡 | 发送 | 03 | 20 | 单字节寻卡模式：<br>0：寻天线区内所有卡<br>1：寻未休眠状态的卡 |
| | | 正确返回 | 06 | 20 | 4字节序列号 |
| | | 错误返回 | 02 | DF | |
| 2 | 读块数据 | 发送 | 0A | 21 | 1字节密钥标识+1字节块号+6字节密钥<br>密钥标识 bit0 =0：A 密钥<br>　　　　　bit0 =1：B 密钥<br>密钥标识 bit1 =0：使用指令中6字节密钥<br>　　　　　bit1 =1：使用已经下载的密钥<br>密钥标识 bit[6:2]：已经下载的密钥编号<br>块号 = 0~63：S50 卡使用<br>　　　= 0~255：S70 卡使用 |
| | | 正确返回 | 12 | 21 | 16字节数据 |
| | | 错误返回 | 02 | DE | |

续表

| 序号 | 命令功能 | | 长度字 | 命令字 | 解析说明 |
|---|---|---|---|---|---|
| 卡片及操作命令 | | | | | |
| 3 | 写块数据 | 发送 | 1A | 23 | 1字节密钥标识+1字节块号+6字节密钥+16字节写入数据 |
| | | 正确返回 | 02 | 23 | |
| | | 错误返回 | 02 | DC | |
| 4 | 初始化钱包 | 发送 | 0E | 24 | 1字节密钥标识+1字节块号+6字节密钥+4字节钱包初始值（地字节在前） |
| | | 正确返回 | 02 | 24 | |
| | | 错误返回 | 02 | DB | |
| 5 | 读钱包 | 发送 | 0A | 25 | 1字节密钥标识+1字节块号+6字节密钥 |
| | | 正确返回 | 06 | 25 | 4字节钱包值（地字节在前） |
| | | 错误返回 | 02 | DA | |
| 6 | 充值 | 发送 | 0E | 26 | 1字节密钥标识+1字节块号+6字节密钥+4字节增加值（地字节在前） |
| | | 正确返回 | 02 | 26 | |
| | | 错误返回 | 02 | D9 | |
| 7 | 扣款 | 发送 | 0E | 27 | 1字节密钥标识+1字节块号+6字节密钥+4字节扣款值（地字节在前） |
| | | 正确返回 | 02 | 27 | |
| | | 错误返回 | 02 | D8 | |
| 8 | 备份钱包值 | 发送 | 0B | 28 | 1字节密钥标识+1字节当前钱包块号+1字节备份钱包块号+6字节密钥 |
| | | 正确返回 | 02 | 28 | |
| | | 错误返回 | 02 | D7 | |
| 9 | 卡休眠 | 发送 | 02 | 29 | |
| | | 正确返回 | 02 | 29 | |
| | | 错误返回 | 02 | D6 | |
| 模块命令集 | | | | | |
| 1 | 设置低功耗掉电状态 | 发送 | 02 | 04 | |
| | | 正确返回 | 02 | 04 | |
| | | 错误返回 | 02 | FB | |
| 2 | 模块控制 | 发送 | 03 | 05 | 1字节工作控制字<br>天线状态 bit0=0：OFF<br>　　　　　bit0=1：ON<br>自动寻卡 bit1=0：OFF<br>　　　　　bit1=1：ON |
| | | 正确返回 | 02 | 05 | |
| | | 错误返回 | 02 | FA | |

续表

| 序号 | 命令功能 | | 长度字 | 命令字 | 解析说明 |
|---|---|---|---|---|---|
| 模块命令集 | | | | | |
| 3 | 设置设备标识 | 发送 | 03 | 13 | 1字节设备标识符 |
| | | 正确返回 | 02 | 13 | |
| | | 错误返回 | 02 | DC | |

## 3.5.2 读写13.56MHz射频卡

由于用户只需使用简单的I²C接口命令（见前述I²C通信协议），即可完成对射频卡的控制。本项目公交收费系统只需要使用LPC1114的I²C功能连接该模块的4个引脚，然后按照其I²C通信协议，根据用户下发的操作命令，转换成对应包，下发给该模块即可读写13.56MHz的卡。

系统读写射频卡的基本流程如图3-15所示。

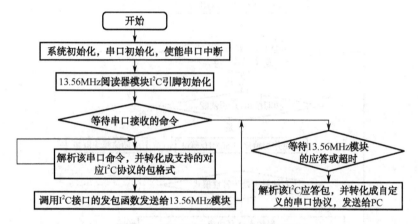

图3-15 系统读写射频卡的基本流程

参考代码如下（以下未定义的参数请参考本书配套的源代码）：

```
int main (void)
{
    uint8_t command_data;
    SystemInit();      /* 系统初始化，切勿删除         */

    /*打开模块电源*/
    VCCN_13M56_IOCON &= ~IOCON_PIO0_3_FUNC_MASK;
    VCCN_13M56_IOCON |= IOCON_PIO0_3_FUNC_GPIO;
    gpioSetDir ( VCCN_13M56_PORT, VCCN_13M56_PIN, gpioDirection_Output );
    gpioSetValue ( VCCN_13M56_PORT, VCCN_13M56_PIN, 0 );

    /*模块I²C接口初始化*/
    IIcInit ( IICMASTER );

    /*循环串口接收命令*/
    while ( uartRxBufferDataPending() )
```

```
            {
    uint8_t c = uartRxBufferRead();

            MscCmdRx ( c );
        }
    }
```

### 3.5.3  13.56MHz 公交收费系统功能流程

系统初始化完成后，就进入阅读器与卡片的应用操作准备阶段，此期间要进行寻卡、防冲突、选卡及密码校验。密码校验通过后再根据应用操作代码进行相应的操作：读卡片块数据、向卡片的某块写数据、充值扣款、数据备份、使卡进入停机状态。全部操作都可以在 PC 端的软件的管理与控制下进行，流程图如图 3-16 所示。

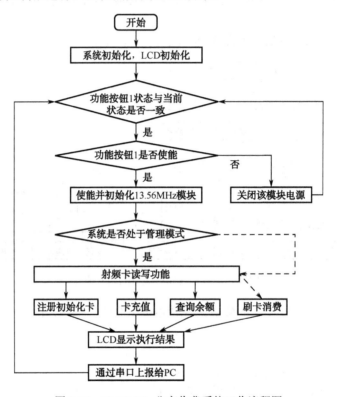

图 3-16　13.56MHz 公交收费系统工作流程图

程序参考代码如下：

```
/*初始化钱包操作*/
int InitPurse ( uint8_t block, uint8_t keyFlg, uint8_t* key, uint8_t purseData[4] )
{
int ret = 0;

ComInitPurse[3] = keyFlg;
ComInitPurse[4] = block;
    lpc_memcpy ( &ComInitPurse[5], key, 6 );
    //lpc_memcpy ( &ComInitPurse[11], purseData, 4 );
```

```c
        ComInitPurse[11] = purseData[0];
        ComInitPurse[12] = purseData[1];
        ComInitPurse[13] = purseData[2];
        ComInitPurse[14] = purseData[3];
    ret = Send_IIC_Command ( ComInitPurse, sizeof ( ComInitPurse ), 0, NULL );
    if ( ret < 0 )
        {
            lpc_debug ( "InitPurse (%d) Failed\n", block );
    return -1;
        }

    return 0;
}

/*显示余额*/
int ReadPurse ( uint8_t block, uint8_t keyFlg, uint8_t* key, uint8_t purseData[4] )
{
    int ret = 0;
    uint8_t resp[4 + 3];

    ComReadPurse[3] = keyFlg;
    ComReadPurse[4] = block;
        lpc_memcpy ( &ComReadPurse[5], key, 6 );

        lpc_memset ( resp, 0, sizeof ( resp ) );

    ret = Send_IIC_Command ( cReadBlock, sizeof ( cReadBlock ), sizeof ( resp ), resp );
    if ( ret < 0 )
        {
            lpc_debug ( "read purse(%d) Failed\n", block );
    return -1;
        }

        lpc_memcpy ( purseData, &resp[2], 4 );
    return 0;
}
/*消费*/
int DecPurse ( uint8_t block, uint8_t keyFlg, uint8_t* key, uint32_t data )
{
    int ret = 0;
    uint8_t temp[4] = {0};
    temp[3] = ( uint8_t ) ( data & 0xFF );
    temp[2] = ( uint8_t ) ( data >> 8 ) & 0xFF;
    temp[1] = ( uint8_t ) ( data >> 16 ) & 0xFF;
    temp[0] = ( uint8_t ) ( data >> 24 ) & 0xFF;

    ComDecrPurse[3] = keyFlg;
```

```
ComDecrPurse[4] = block;
    lpc_memcpy ( &ComDecrPurse[5], key, 6 );
    lpc_memcpy ( &ComDecrPurse[11], temp, 4 );

ret = Send_IIC_Command ( ComDecrPurse, sizeof ( ComDecrPurse ), 0, NULL );
if ( ret < 0 )
    {
        lpc_debug ( "Dec purse(%d) Failed\n", block );
return -1;
    }

return 0;
}

/*充值功能*/
int IncrPurse ( uint8_t block, uint8_t keyFlg, uint8_t* key, uint32_t data )
{
int ret = 0;
uint8_t temp[4] = {0};
temp[3] = ( uint8_t ) ( data & 0xFF );
temp[2] = ( uint8_t ) ( data >> 8 ) & 0xFF;
temp[1] = ( uint8_t ) ( data >> 16 ) & 0xFF;
    temp[0] = ( uint8_t ) ( data >> 24 ) & 0xFF;

ComIncrPurse[3] = keyFlg;
ComIncrPurse[4] = block;
    lpc_memcpy ( &ComIncrPurse[5], key, 6 );
    lpc_memcpy ( &ComIncrPurse[11], temp, 4 );

ret = Send_IIC_Command ( ComIncrPurse, sizeof ( ComIncrPurse ), 0, NULL );
if ( ret < 0 )
    {
        lpc_debug ( "Incr purse(%d) Failed\n", block );
return -1;
    }

return 0;
}
```

## 3.6 知识拓展

### 3.6.1 I²C 总线协议

**1. I²C 总线概述**

I²C 总线是 Philips 公司推出的一种串行总线,是具备多主机系统所需的包括总线裁决和高低速器件同步功能的高性能串行总线。

$I^2C$ 总线只有两根双向信号线。一根是数据线 SDA，另一根是时钟线 SCL，如图 3-17 所示。

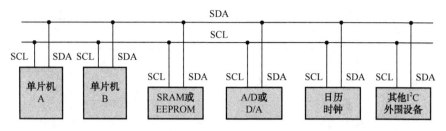

图 3-17　$I^2C$ 总线拓扑图

$I^2C$ 总线通过上拉电阻接正电源。当总线空闲时，两根线均为高电平。连到总线上的任一器件输出的低电平，都将使总线的信号变低，即各器件的 SDA 及 SCL 都是线"与"关系，如图 3-18 所示。

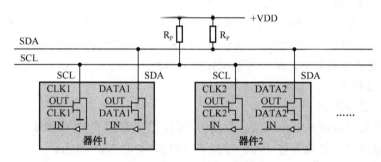

图 3-18　$I^2C$ 总线接口图

每个接到 $I^2C$ 总线上的器件都有唯一的地址。主机与其他器件间的数据传送可以由主机发送数据到其他器件，这时主机为发送器；总线上接收数据的器件则为接收器。在多主机系统中，可能同时有几个主机企图启动总线传送数据。为了避免混乱，$I^2C$ 总线要通过总线仲裁，以决定由哪一台主机控制总线。

## 2. $I^2C$ 总线数据传送

1）数据位的有效性规定

$I^2C$ 总线进行数据传送时，时钟信号为高电平期间，数据线上的数据必须保持稳定，只有在时钟线上的信号为低电平期间，数据线上的高电平或低电平状态才允许变化，如图 3-19 所示。

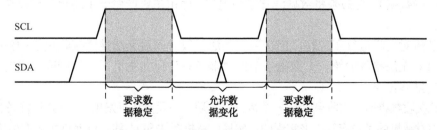

图 3-19　$I^2C$ 总线数据位的规定

2) 起始信号和终止信号

SCL 线为高电平期间，SDA 线由高电平向低电平的变化表示起始信号；SCL 线为高电平期间，SDA 线由低电平向高电平的变化表示终止信号，如图 3-20 所示。

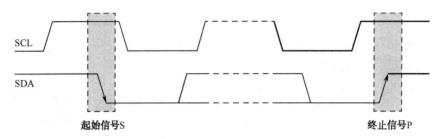

图 3-20　$I^2C$ 总线起始和终止信号

起始和终止信号都是由主机发出的，在起始信号产生后，总线就处于被占用的状态；在终止信号产生后，总线就处于空闲状态。连接到 $I^2C$ 总线上的器件，若具有 $I^2C$ 总线的硬件接口，则很容易检测到起始和终止信号。接收器件收到一个完整的数据字节后，有可能需要完成一些其他工作，如处理内部中断服务等，可能无法立刻接收下一个字节，这时接收器件可以将 SCL 线拉成低电平，从而使主机处于等待状态。直到接收器件准备好接收下一个字节时，再释放 SCL 线使之为高电平，从而使数据传送可以继续进行。

3) 数据传送格式

(1) 字节传送与应答

每一个字节必须保证是 8 位长度。数据传送时，先传送最高位（MSB），每一个被传送的字节后面都必须跟随一位应答位（即一帧共有 9 位），如图 3-21 所示。

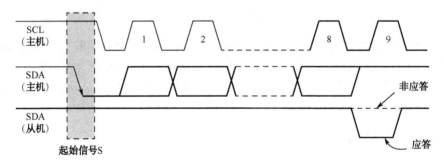

图 3-21　$I^2C$ 总线字节传送

由于某种原因从机不对主机寻址信号应答时（如从机正在进行实时性的处理工作而无法接收总线上的数据），它必须将数据线置于高电平，而由主机产生一个终止信号以结束总线的数据传送。

如果从机对主机进行了应答，但在数据传送一段时间后无法继续接收更多的数据时，从机可以通过对无法接收的第一个数据字节的"非应答"通知主机，主机则应发出终止信号以结束数据的继续传送。

当主机接收数据时，它收到最后一个数据字节后，必须向从机发出一个结束传送的信号。这个信号是由对从机的"非应答"来实现的。然后，从机释放 SDA 线，以允许主机产生终止信号。

(2) 数据帧率格式

$I^2C$ 总线上传送的数据信号是广义的，既包括地址信号，又包括真正的数据信号。在起始信号后必须传送一个从机的地址（7位），第8位是数据的传送方向位（R/T），用"0"表示主机发送数据（T），"1"表示主机接收数据（R）。每次数据传送总是由主机产生的终止信号结束。但是，若主机希望继续占用总线进行新的数据传送，则可以不产生终止信号，马上再次发出起始信号对另一从机进行寻址。

在总线的一次数据传送过程中，可以有以下几种组合方式：

① 主机向从机发送数据，数据的传送方向在整个传送过程中不变。

| S | 从机地址 | 0 | A | 数据 | A | 数据 | A/$\overline{A}$ | P |

阴影部分表示数据由主机向从机传送，无阴影部分则表示数据由从机向主机传送。
A表示应答，$\overline{A}$表示非应答（高电平）。S表示起始信号，P表示终止信号。

② 主机在第一个字节后，立即从从机读数据。

| S | 从机地址 | 1 | A | 数据 | A | 数据 | $\overline{A}$ | P |

③ 在传送过程中，当需要改变传送方向时，起始信号和从机地址都被重复产生一次，但两次读/写方向位正好反相。

| S | 从机地址 | 0 | A | 数据 | A/$\overline{A}$ | S | 从机地址 | 1 | A | 数据 | A | P |

4）总线的寻址

$I^2C$总线有明确规定：采用7位寻址字节（寻址字节是起始信号后的第一个字节）。

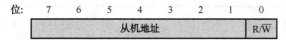

D7～D1位组成从机的地址。D0位是数据传送方向位，为"0"时表示主机向从机写数据，为"1"时表示主机由从机读数据。

主机发送地址时，总线上的每个从机都将这7位地址码和自己的地址比较，如果相同，则认为自己被主机寻址，根据R/T位将自己确认为发送器或者接收器。

从机的地址由固定部分和可编程部分组成。在一个系统中，可能希望接入多个相同的从机，从机地址中可以编程的部分决定了可接入总线该类器件的最大数目。如一个从机的7位寻址位有4位是固定位，3位是可编程位，这时仅能寻址8个同样的器件，即可以有8个同样的器件接入到该$I^2C$总线系统中。

3. 单片机$I^2C$串行总线数据传送模拟

单片机$I^2C$串行总线数据传送模拟如图3-22所示。

## 3.6.2 ISO/IEC 14443标准

国际标准ISO/IEC 14443以"识别卡无触点集成电路卡——邻近卡"为标题说明非接触的近耦合射频卡的作用原理和工作参数。

ISO/IEC 14443标准由4个部分组成。第1部分：物理特性；第2部分：射频功率和信号接口；第3部分：初始化和防冲突；第4部分：传输协议定义。

### 第1部分：物理特性

ISO/IEC 14443的这一部分规定了邻近卡（PICC）的物理特性。它应用于在耦合设备附近操作的ID-1型识别卡。

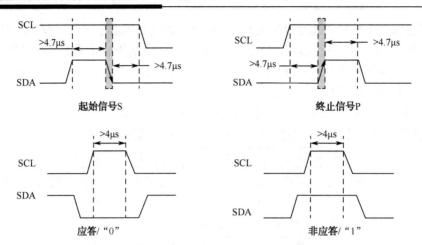

图 3-22　单片机 I²C 串行总线数据传送模拟

邻近卡的额定尺寸应是 ISO/IEC 7810 中规定的 ID-1 型卡的尺寸，如表 3-5 所示。

表 3-5　邻近卡的额定尺寸

| 卡的类型 | 宽度 | 高度 | 厚度 |
| --- | --- | --- | --- |
| ID-1 型 | 85.60mm | 53.98mm | 0.76mm |

此外，标准的第 1 部分还对附加特性进行了说明，如紫外线、X 射线、动态弯曲应力、动态扭曲应力、可变磁场、静态电流、静态磁场、工作温度等。

## 第 2 部分：射频功率和信号接口

ISO/IEC 14443 的这一部分规定了需要供给能量的场的性质与特征，以及邻近耦合设备（PCDs）和邻近卡（PICCs）之间的双向通信。

### 1. PICC 的初始对话

PCD 和 PICC 之间的初始对话通过下列连续操作进行：
- PCD 的 RF 工作场激活 PICC；
- PICC 静待来自 PCD 的命令；
- PCD 传输命令；
- PICC 传输响应。

这些操作使用下列条款中规定的射频功率和信号接口。

### 2. 功率传送

PCD 应产生给予能量的 RF 场，为传送功率，该 RF 场与 PICC 进行耦合，为了通信，该 RF 场应被调制。

（1）频率

RF 工作场频率（$f_c$）应为 13.56MHz±7kHz。

（2）工作场

最小未调制工作场为 $H_{min}$，其值为 1.5A/m（rms）。

最大未调制工作场为 $H_{max}$，其值为 7.5A/m（rms）。

PICC 应按预期在 $H_{min}$ 和 $H_{max}$ 之间持续工作。

PCD 应在制造商规定的位置（工作空间）处产生一个最小为 $H_{min}$ 但不超过 $H_{max}$ 的场。

另外，在制造商规定的位置（工作空间），PCD 应能将功率提供给任意的 PICC。

### 3. 信号接口

耦合 IC 卡的能量通过发送频率为 13.56MHz 的阅读器的交变磁场来提供。由阅读器产生的磁场必须在 1.5～7.5A/m 之间。国际标准 ISO 14443 规定了两种阅读器和近耦合 IC 卡之间的数据传输方式：A 型和 B 型，一张 IC 卡只需选择两种方法之一。符合标准的阅读器必须同时支持这两种传输方式，以便支持所有的 IC 卡。阅读器在"闲置"的状态时能在两种通信方法之间周期地转换。

两种通信信号接口 A 类和 B 类在下列各条中予以描述。

在检测到 A 类或 B 类的 PICC 存在之前，PCD 应选择两种调制方法之一。

在通信期间，直到 PCD 停止通信或 PICC 移走，只有一个通信信号接口可以是有效的。然后，后续序列可以使用任一调制方法。

A 类、B 类接口的通信信号举例如图 3-23 所示。

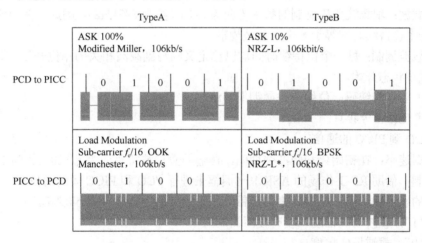

图 3-23 A 类、B 类接口的通信信号举例

阅读器（PCD）到卡（PICC）的数据传输和卡（PICC）到阅读器（PCD）的数据传输如表 3-6、表 3-7 所示。

表 3-6 阅读器（PCD）到卡（PICC）的数据传输

| PCD→PICC | A 型 | B 型 |
| --- | --- | --- |
| 调制 | ASK 100% | ASK 10%（键控度为 8%～12%） |
| 位编码 | 改进的 Miller 编码 | NRZ 编码 |
| 同步 | 位级同步（帧起始、帧结束标记） | 每个字节有一个起始位和一个结束位 |
| 波特率 | 106kdB | 106kdB |

表 3-7　卡（PICC）到阅读器（PCD）的数据传输

| PICC→PCD | A 型 | B 型 |
|---|---|---|
| 调制 | 用振幅键控调制 847kHz 的负载调制的负载波 | 用相位键控调制 847kHz 的负载调制的负载波 |
| 位编码 | Manchester 编码 | NRZ 编码 |
| 同步 | 1 位"帧同步"（帧起始、帧结束标记） | 每个字节有 1 个起始位和 1 个结束位 |
| 波特率 | 106kdB | 106kdB |

1）A 类通信信号接口

（1）从 PCD 到 PICC 的通信

① 数据速率：在初始化和防冲突期间，传输的数据波特率应为 $f_c/128$（约为 106kbps）。

② 调制：使用 RF 工作场的 ASK 100%调制原理来进行 PCD 和 PICC 间的通信。

③ 位的表示和编码：采用改进的 Miller 编码。

（2）从 PICC 到 PCD 的通信

① 数据速率：在初始化和防冲突期间，传输的数据波特率应为 $f_c/128$（约为 106kbps）。

② 负载调制：PICC 应能经由电感耦合区域与 PCD 通信，在该区域中，所加载的载波频率能产生频率为 $f_s$ 的副载波。该副载波应能通过切换 PICC 中的负载来产生。

③ 副载波：副载波负载调制的频率 $f_c$ 应为 $f_c/16$（约为 847kHz），因此，在初始化和防冲突期间，一个位持续时间等于 8 个副载波周期。

④ 副载波调制：每一个位持续时间均以已定义的与副载波相关的相位开始。位周期以已加载的副载波状态开始。

⑤ 位的表示和编码：位编码是曼彻斯特编码。

2）B 类通信信号接口

（1）PCD 到 PICC 的通信

① 数据速率：在初始化和防冲突期间，传输的数据波特率应为 $f_c/128$（约为 106kbps）。

② 调制：借助 RF 工作场的 ASK 10%调幅来进行 PCD 和 PICC 间的通信。

③ 位的表示和编码：位编码格式是带有如下定义的逻辑电平的 NRZ-L。

逻辑"1"：载波场高幅度（没有使用调制）。

逻辑"0"：载波场低幅度。

（2）PICC 到 PCD 的通信

① 数据速率：在初始化和防冲突期间，传输的数据波特率应为 $f_c/128$（约为 106kbps）。

② 负载调制：PICC 应能经由电感耦合区域与 PCD 通信，在该区域中，所加载的载波频率能产生频率为 $f_s$ 的副载波。该副载波应能通过切换 PICC 中的负载来产生。

③ 副载波：副载波负载调制的频率 $f_c$ 应为 $f_c/16$（约为 847kHz），因此，在初始化和防冲突期间，一个位持续时间等于 8 个副载波周期。PICC 仅当数据被发送时才产生一个副载波。

④ 副载波调制：副载波应按 BPSK 调制。移相应仅在副载波的上升或下降沿的标称位置发生。

⑤ 位的表示和编码：位编码应是 NRZ-L，其中，逻辑状态的改变应通过副载波的移相（180°）来表示。

3）PICC 最小耦合区

PICC 耦合天线可以有任何形状和位置，但应如图 3-24 所示围绕区域。

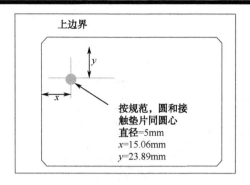

图 3-24　PICC 最小耦合区

## 第 3 部分：初始化和防冲突

ISO/IEC 14443 的这一部分规定了邻近卡（PICCs）进入邻近耦合设备（PCDs）时的轮询，通信初始化阶段的字符格式、帧结构、时序信息、REQ 和 ATQ 命令内容，从多卡中选取其中的一张的方法，初始化阶段的其他必需的参数。

这部分规定同时适用于 A 型 PICCs 和 B 型 PICCs。

### 1. 轮询

为了检测是否有 PICCs 进入到 PCD 的有效作用区域，PCD 重复发出请求信号，并判断是否有响应。请求信号必须是 REQA 和 REQB，A 型卡和 B 型卡的命令和响应不能够相互干扰。这个过程被称为轮询。

### 2. A 型卡的初始化和防冲突

当一个 A 型卡到达了阅读器的作用范围内，并且有足够的供应电能，开始执行一些预置的程序后，卡进入闲置状态。处于闲置状态的卡不能对阅读器传输给其他卡的数据起响应。卡在闲置状态接收到有效的 REQA 命令，则回送请求的应答字 ATQA。当卡对 REQA 命令做了应答后，卡处于 READY 状态。阅读器识别出在作用范围内至少有一张卡存在，通过发送 SELECT 命令启动"二进制检索树"防冲突算法，选出一张卡，对其进行操作。

1）PICC 的状态集

类型 A 的 PICC 状态图如图 3-25 所示。

（1）POWER-OFF 掉电状态

由于没有足够的载波能量，PICC 没有工作，也不能发送反射波。

（2）IDLE 闲置状态

在这个状态时，PICC 已经上电，能够解调信号，并能够识别有效的 REQA 和 WAKE-UP 命令。

（3）READY 准备状态

一旦收到有效 REQA 或 WAKE-UP 报文则立即进入该状态，用其 UID 选择了 PICC 时则退出该状态。本状态下，实现位帧的防冲突算法或其他可行的防冲突算法。

（4）ACTIVE 激活状态

PCD 通过防碰撞已经选出了单一的卡，通过使用其完整 UID 选择 PICC 来进入该状态。

（5）HALT 结束状态

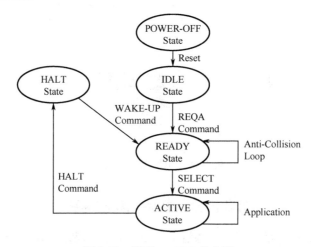

图 3-25 类型 A PICC 状态图

2）命令集

PCD 用于管理与 PICC 之间通信的命令如下：

（1）REQA——对 A 型卡的请求，REQA 命令由 PCD 发出，以探测用于类型 A PICC 的工作场。

（2）WAKE-UP——唤醒，WAKE-UP 命令由 PCD 发出，使已经进入 HALT 状态的 PICC 回到 READY 状态。它们应当参与进一步的防冲突和选择规程。

（3）Anti-Collision——防冲突。

（4）SELECT——选择。

（5）HALT——结束，HALT 命令由四个字节组成并应使用标准帧来发送。

3）字节、帧、命令格式和定时

（1）帧延迟时间

帧延迟时间（FDT）定义为在相反方向上所发送的两个帧之间的时间。

（2）帧保护时间

帧保护时间（FGT）定义为最小帧延迟时间。

（3）PCD 到 PICC 的帧延迟时间

PCD 所发送的最后一个暂停的结束与 PICC 所发送的起始位范围内的第一个调制边沿之间的时间，应遵守图 3-26 中定义的定时，此处 $n$ 为一整数值。

表3-8 定义了 $n$ 和依赖于命令类型的 FDT 的值以及这一命令中最后发送的数据位的逻辑状态。

表 3-8 PICC 到 PCD 的帧延迟时间

| 命令类型 | $n$（整数值） | FDT | |
| --- | --- | --- | --- |
| | | 最后一位=（1）b | 最后一位=（0）b |
| REQA 命令<br>WAKE-UP 命令<br>Anti-Collision 命令<br>SELECT 命令 | 9 | $1236/f_c$ | $1172/f_c$ |
| 所有其他命令 | ≥9 | $(n\times128+84)/f_c$ | $(n\times128+20)/f_c$ |

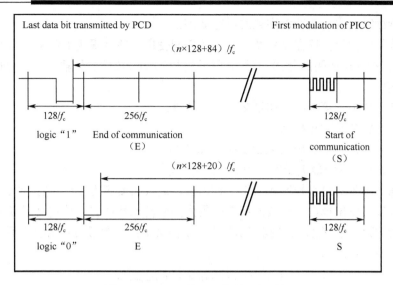

图 3-26　PICC 到 PCD 的帧延迟时间

对于所有的其他命令，PICC 应确保起始位范围内的第一个调制边沿与图 3-26 中定义的位格对齐。

（4）PICC 到 PCD 的帧延迟时间

PICC 所发送的最后一个调制与 PCD 所发送的第一个暂停之间的时间，它应至少为 $1172/f_c$。

（5）请求保护时间

请求保护时间定义为两个连续请求命令的起始位间的最小时间，它的值为 $7000/f_c$。

（6）帧格式

对于比特冲突检测协议，定义下列帧类型：

① REQA（图 3-27）和 WAKE-UP 帧。

请求和唤醒帧用来初始化通信并按以下次序组成：

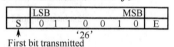

图 3-27　REQA 帧

通信开始：7 个数据位发送，LSB 首先发送（标准 REQA 的数据内容是"26"，WAKE-UP 请求的数据内容是"52"）。

通信结束：不加奇偶校验位。

② 标准帧。

标准帧（图 3-28）用于数据交换并按以下次序组成。

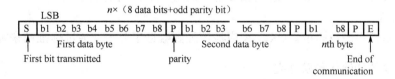

图 3-28　标准帧

$n\times$（8 个数据位+奇数奇偶校验位），$n\geq 1$。每个数据字节的 LSB 首先被发送。每个数据字节后面跟随一个奇数奇偶校验位。

③ 面向比特的防冲突帧。

当至少两个 PICC 发送不同比特模式到 PCD 时可检测到冲突。这种情况下，至少一个比特的整个位持续时间内,载波以副载波进行调制。

面向比特的防冲突帧仅在比特帧防冲突环期间使用,并且事实上该帧是带有 7 个数据字节的标准帧,它被分离成两部分:第 1 部分用于从 PCD 到 PICC 的传输,第 2 部分用于从 PICC 到 PCD 的传输。

下列规则应适用于第 1 部分和第 2 部分的长度。

规则 1:数据位之和应为 56。

规则 2:第 1 部分的最小长度应为 16 个数据位。

规则 3:第 1 部分的最大长度应为 55 个数据位。

从而,第 2 部分的最小长度应为 1 个数据位,最大长度应为 40 个数据位。

由于该分离可以出现在一个数据字节范围内的任何比特位置,故定义了以下两种情况。

FULL BYTE 情况:在完整数据字节后分离。在第 1 部分的最后数据位之后加上一个奇偶校验位(图 3-29)。

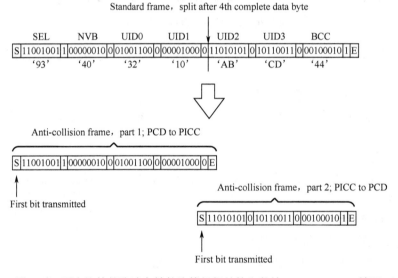

图 3-29 面向比特的防冲突帧的比特组织结构和传输,FULL BYTE 情况

SPLIT BYTE 情况:在数据字节范围内分离。在第 1 部分的最后数据位之后不加奇偶校验位(图 3-30)。

下面以全字节情况和分离字节情况的例子说明定义了位的组织结构和位传输的次序。

对于 SPLIT BYTE,PCD 应忽略第 2 部分的第一个奇偶校验位。

④ CRC_A。

CRC_A 用来生成校验位。CRC_A 应被添加到数据字节中并通过标准帧来发送。

### 3. B 型卡的初始化和防冲突

当一个 B 型卡被置入阅读器的作用范围内,卡执行一些预置程序后进入闲置状态,等待接收有效的 REQB 命令。对于 B 型卡,通过发送 REQB 命令,可以直接启动 Slotted ALOHA 防冲突算法,选出一张卡,对其进行操作。

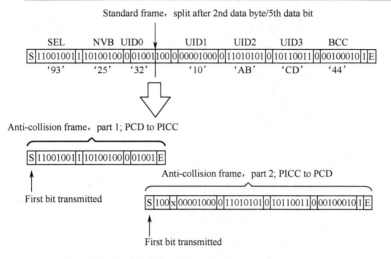

图 3-30 面向比特的防冲突帧的比特组织结构和传输，SPLIT BYTE 情况

1）PICC 状态集

（1）POWER-OFF 掉电状态

由于载波能量低，PICC 没有工作。

（2）IDLE 闲置状态

在这个状态，PICC 已经上电，监听数据帧，并且能够识别 REQB 信息。

当接收到有效的 REQB 帧的命令，PICC 定义了单一的时间槽用来发送 ATQB。

如果是 PICC 定义的第一个时间槽，PICC 必须发送 ATQB 的响应信号，然后进入准备—已声明子状态。

如果不是 PICC 定义的第一个时间槽，PICC 进入准备—已请求子状态。

（3）READY-REQUESTED 准备—已请求子状态

在本状态下，PICC 已经上电，并且已经定义了单一的时间槽用来发送 ATQB。

它监听 REQB 和 Slot-MARKER 数据帧。

（4）READY-DECLARED 准备—已声明子状态

在本状态下，PICC 已经上电，并且已经发送了对 REQB 的 ATQB 响应。它监听 REQB 和 ATTRIB 的数据帧。

（5）ACTIVE 激活状态

PICC 已经上电，并且通过 ATTRIB 命令的前缀分配到了通道号，进入到应用模式。它监听应用信息。

（6）HALT 停止状态

PICC 工作完毕，将不发送调制信号，不参加防冲突循环。PICC 仅响应使它回到 IDLE 状态的 WAKE-UP 命令。如果 RF 场消失，则 PICC 返回到 POWER-OFF 状态。

PICC 状态转换流程举例如图 3-31 所示。

2）命令集

管理多极点的通信通道的 4 个基本命令：

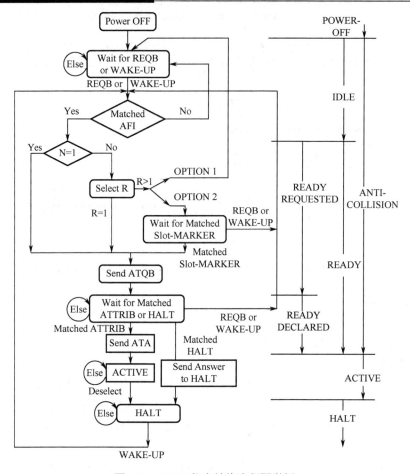

图 3-31　PICC 状态转换流程图举例

（1）REQB——对 B 型卡的请求，由 PCD 所发出的 REQB 命令用来探测类型 B PICC 的场。

（2）Slot-MARKER——时间槽标记，在 REQB 命令之后，PCD 可发送至多（$N-1$）个时间槽标记来定义每个时间槽的开始。

（3）ATTRIB PICC——选择命令的前缀，PCD 发送的 ATTRIB 命令应包括选择单个 PICC 所要求的信息。收到一个带有其标识符的 ATTRIB 命令的 PICC 就成为选中的，并分配到一个专用信道。

（4）DESELECT——去选择。

## 第 4 部分：传输协议定义

ISO/IEC 14443 的这一部分规定了非接触的半双工的块传输协议并定义了激活和停止协议的步骤。这部分传输协议同时适用于 A 型卡和 B 型卡。

### 1. 类型 A PICC 的协议激活

如图 3-32 所示列出了从 PCD 角度来看的类型 A PICC 激活序列。

1）选择应答请求

本部分定义了带有所有字段的 RATS，如图 3-33 所示。

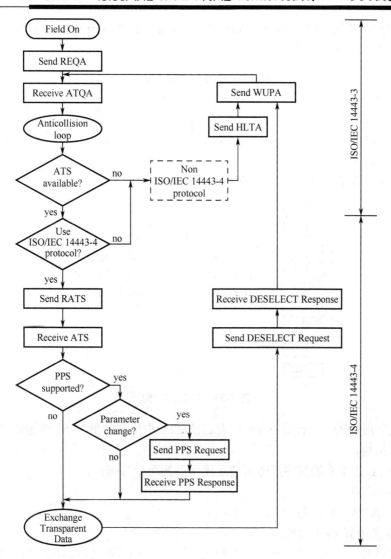

图 3-32 从 PCD 角度来看的类型 A PICC 激活

参数字节由两部分组成（见图 3-34）：

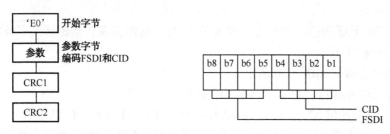

图 3-33 选择应答请求　　　图 3-34 RATS 参数字节的编码

最高有效半字节 b8～b5 称为 FSDI，它用于编码 FSD。FSD 定义了 PCD 能收到的帧的最大长度。FSD 的编码在表 3-9 中给出。

最低有效半字节 b4～b1 命名为 CID，它定义编址了的 PICC 的逻辑号在 0～14 范围内。值 15 为 RFU。CID 由 PCD 规定，并且对同一时刻处在 ACTIVE 状态中的所有 PICC，它应是唯一的。CID 在 PICC 被激活期间是固定的，并且 PICC 应使用 CID 作为其逻辑标识符，它包含在接收到的第一个无差错的 RATS。

表 3-9 FSD 到 FSDI 的转换

| FSDI | 0 | 1 | 2 | 3 | 4 | 5 | 6 | 7 | 8 | 9～F |
|---|---|---|---|---|---|---|---|---|---|---|
| FSD（字节） | 16 | 24 | 32 | 40 | 48 | 64 | 96 | 128 | 256 | RFU>256 |

2）选择应答

本部分定义了带有其所有可用字段的 ATS，如图 3-35 所示。

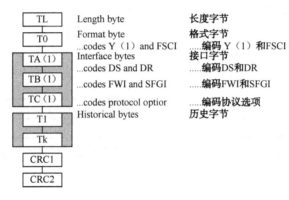

图 3-35 ATS 的结构

在已定义字段中的一个没有在 PICC 发送的 ATS 中出现的情况下，应用该字段的默认值。

(1) 字节结构

长度字节 TL 以下面的顺序跟随可选后续字节的可变号码：

- 格式字节 T0；
- 接口字节 TA（1）、TB（1）、TC（1）；
- 应用信息字节 T1 到 TK。

(2) 长度字节

长度字节 TL 是强制的，它规定了传送的 ATS（包括其本身）的长度。两个 CRC 字节并不包括在 TL 中。ATS 的最大长度应不超出指示的 FSD，因此 TL 的最大值应不超过 FSD-2。

(3) 格式字节

格式字节 T0 是强制的，并且当长度大于 1 时，它便出现。当该格式字节出现时，ATS 能仅包含下列可选字节。

T0 由三部分组成，如图 3-36 所示。

- 最高有效位 b8 应置为 0，其他值为 RFU。
- 包含 Y（1）的位 b7～b5 指示接口字节 TC（1）、TB（1）和 TA（1）的出现。
- 最低有效半字节 b4～b1 称为 FSCI，它用于编码 FSC。FSC 定义了 PICC 能接收的帧的最大长度。FSCI 的默认值为 2，这导致了一个 32 字节的 FSC。FSC 的编码等于 FSD 的编码。

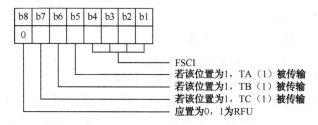

图 3-36 格式字节的编码

(4) 接口字节 TA (1)

接口字节 TA (1) 由四部分组成 (见图 3-37):
- 最高有效位 b8 编码了为每个方向处理不同除数的可能性。当该位被置为 1 时,PICC 不能为每个方向处理不同除数。
- 位 b7~b5 为 PICC 到 PCD 方向编码了 PICC 的位速率能力,称为 DS。其默认值应为 (000) b。
- 位 b4 被置为 (0) b,其他值为 RFU。
- 位 b3~b1 为 PCD 到 PICC 方向编码了 PICC 的位速率能力,称为 DR。其默认值应为 (000) b。

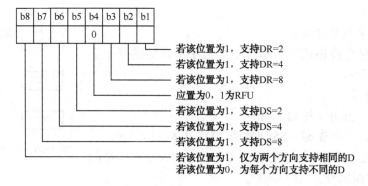

图 3-37 接口字节 TA (1) 的编码

为每个方向选择特定除数可以使用 PPS 由 PCD 来完成。

(5) 接口字节 TB (1)

接口字节 TB (1) 运送信息以定义帧等待时间和启动帧保护时间。

接口字节 TB (1) 由两部分组成:
- 最高有效半字节 b8~b5 称为 FWI,它编码 FWT。
- 最低有效半字节 b4~b1 称为 SFGI,它编码了一个乘数值用于定义 SFGT。SFGT 定义了在发送了 ATS 之后,准备接收下一个帧之前 PICC 所需的特定保护时间。SFGI 在 0~14 范围内编码,值 15 为 RFU。值 0 指示无须 SFGT,在 1~14 范围内的值用下面给出的公式计算 SFGT。SFGI 的默认值为 0。

接口字节 TB (1) 的编码如图 3-38 所示。

SFGT 用下面的公式计算:

$$SFGT = (256 \times 16/f_c) \times 2^{SFGI}$$

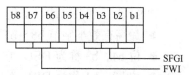

图 3-38 接口字节 TB (1) 的编码

(6) 接口字节 TC（1）

接口字节 TC（1）规定了协议的参数。

特定接口字节 TC（1）由两部分组成（见图 3-39）：

- 最高有效位 b8～b3 为 000000b，所有其他值为 RFU。
- 位 b2 和 b1 定义了在 PICC 支持的开端字段中的可选字段。允许 PCD 跳过已被指出被 PICC 支持的字段，但 PICC 不支持的字段应不被 PCD 传输，默认值应为（10）b，它指出支持 CID 和不支持 NAD。

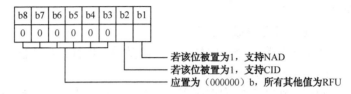

图 3-39　接口字节 TC（1）

(7) 历史字节

历史字节 T1～Tk 是可选的并包含了通用信息。ATS 的最大长度给出了历史字节的最大可能数目。ISO/IEC 7816-4 规定了历史字节的内容。

3）协议和参数选择请求

PPS 请求包含被格式字节和一个参数字节跟随的开始字节，如图 3-40 所示。

(1) 开始字节

PPSS 包含两部分（见图 3-41）：

- 最高有效半字节 b8～b5 应置为"D"并标识了 PPS。
- 最低有效半字节 b4～b1 称为 CID，它定义了已编址的 PICC 的逻辑号。

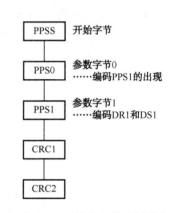

图 3-40　协议和参数选择请求

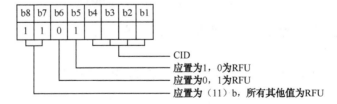

图 3-41　PPSS 的编码

(2) 参数字节 0

PPS0 指示可选字节 PPS1 的出现（见图 3-42）。

(3) 参数字节 1

PPS1 由三部分组成（见图 3-43）：

- 最高有效半字节 b8～b5 为（0000）b，所有其他值为 RFU。
- 位 b4、b3 称为 DSI，它编码了已选择的从 PICC 到 PCD 的除数整数。
- 位 b2、b1 称为 DRI，它编码了已选择的从 PCD 到 PICC 的除数整数。

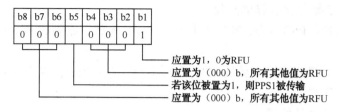

图 3-42 PPS0 的编码

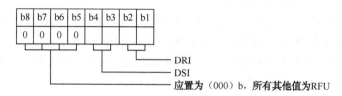

图 3-43 PPS1 的编码

对于可能的 DS 和 DR 的定义，D 的编码在表 3-10 中给出。

表 3-10 DRI、DSI 到 D 的转换

| DRI,DSI | (00) b | (01) b | (10) b | (11) b |
| --- | --- | --- | --- | --- |
| D | 1 | 2 | 4 | 8 |

4）协议和参数选择响应

PPS 响应确认接收到的 PPS 请求（见图 3-44），并仅包含开始字节。

5）激活帧等待时间

激活帧等待时间为 PICC 在接收到的来自 PCD 的帧的结尾之后开始发送其响应帧，定义了最大时间，其值为 $65536/f_c$（约为 $4833\mu s$）。

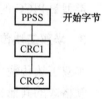

图 3-44 协议和参数选择响应

6）差错检测和恢复

（1）RATS 和 ATS 的处理

① PCD 规则。

当 PCD 发送了 RATS 并接收到有效 ATS，PCD 应继续工作。

在任何其他情况下，PCD 可以重新传输 RATS。在停活序列失败的情况下，它可以使用命令集中定义的 HLTA 命令。

② PICC 规则。

当 PICC 被最后一条命令选择，并且收到有效 RATS，PICC 应发送回其 ATS，并且使 RATS 失效（停止响应接收到的 RATS）。

收到除了 HALT 命令的任何块（有效或无效），PICC 应忽略该块，并且保持在接收模式。

（2）PPS 请求和 PPS 响应的处理

① PCD 规则。

当 PCD 发送了 PPS 并接收到有效 PPS 响应，PCD 应激活选择的参数并继续工作。

在任何其他情况下，PCD 可以重新传输 PPS 请求并继续工作。

② PICC 规则。

当 PICC 接收到 RATS，发送了其 ATS，并且：

● 接收到有效 PPS 请求，PICC 应发送 PPS 响应，使 PPS 请求失效（停止响应接收到的

PPS 请求）并激活接收到的参数。
- 接收到无效块，PICC 应使 PPS 请求失效（停止响应接收到的 PPS 请求）并保持在接收模式。
- 接收到除了 PPS 请求的有效块，PICC 应使 PPS 请求失效（停止响应接收到的 PPS 请求）并继续工作。

（3）激活期间 CID 的处理

当 PCD 发送了包含 CID=n 不等于 0 的 RATS，并且：
- 接收到指示 CID 被支持的 ATS，PCD 应发送包含 CID =n 的块给该 PICC，并当该 PICC 处于 ACTIVE 状态时，对于进一步的 RATS，不使用 CID=n。
- 接收到指示 CID 不被支持的 ATS，PCD 应发送不包含 CID 的块给该 PICC，并当该 PICC 处于 ACTIVE 状态时，不激活任何其他 PICC。
- 当 PCD 发送了包含 CID 等于 0 的 RATS，并且接收到指示 CID 被支持的 ATS，PCD 应发送包含 CID 等于 0 的块给该 PICC，并当该 PICC 处于 ACTIVE 状态时，不激活任何其他 PICC。
- 接收到指示 CID 不被支持的 ATS，PCD 应发送不包含 CID 的块给该 PICC，并当该 PICC 处于 ACTIVE 状态时，不激活任何其他 PICC。

### 2. 类型 B PICC 的协议激活

类型 B PICC 的激活序列类似，此处省略。

### 3. 半双工块传输协议

半双工块传输协议符合无触点卡环境的特殊需要。

帧格式的其他相关元素有：
- 块格式；
- 最大帧等待时间；
- 功率指示；
- 协议操作。

本协议根据 OSI 参考模型的原理压条法设计，需特别注意穿越边界的交互作用的最小限度。四层定义如下：
- 交换字节的物理层。
- 进行交换块的数据链路层。
- 为使系统开销最小而与数据链路层结合的会话层。
- 处理命令的应用层，它涉及在两个方向上至少一个块或块链的交换。

1）块格式

块格式由一个开端域（强制）、一个信息域（可选）和一个结束域（强制）组成。

（1）开端域

开端域是强制的，最多由三个字节构成：
- 协议控制字节（强制）；
- 卡标识符（可选）；
- 结点地址（可选）。

① 协议控制字节域。

PCB 用于传送控制数据传输所需要的信息。

协议定义了块的三种基本类型：

- 用于为应用层的使用传送信息的 I-块。
- 用于传送确认或不确认的 R-块。R-块不包含 INF 域。确认涉及最后接收到的块。
- 用于在 PCD 和 PICC 间交换控制信息的 S-块。两种不同类型的 S-块定义为包含 1 字节长 INF 域的等待时间延迟，以及不包含 INF 域的 DESELECT。

PCB 的编码依赖于它的类型，如图 3-45、图 3-46、图 3-47 所定义。

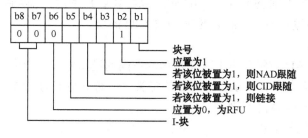

图 3-45 I-块 PCB 的编码

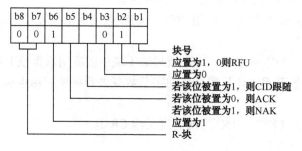

图 3-46 R-块 PCB 的编码

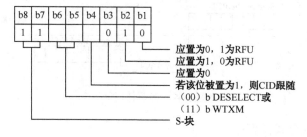

图 3-47 S-块 PCB 的编码

② 卡标识符域。

CID 域用于识别特定的 PICC，它由三部分组成，如图 3-48 所示。

- 最高有效位 b8、b7 用于从 PICC 到 PCD 的功率水平指示。对于 PCD 到 PICC 的通信，这两位应被置为 0。
- 位 b6 和 b5 用于传送附加信息，它没有被定义并应置为（00）b，所有其他值为 RFU。
- 位 b4～b1 编码 CID。

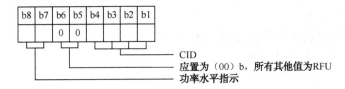

图 3-48 卡标识符的编码

PICC 对 CID 的处理描述如下：

不支持 CID 的 PICC 应忽略任何包含 CID 的块。

支持 CID 的 PICC 应通过使用其 CID 响应包含其 CID 的块，忽略包含其他 CID 的块。假若其 CID 为 0，亦通过不使用 CID 响应不包含 CID 的块。

③ 结点地址域。

在开端域里的 NAD 被保存用于建立和编址不同的逻辑连接。当位 b8 和 b4 被置为 0 时，NAD 的用途应为适应来自 ISO/IEC 7816-3 的定义。所有其他值为 RFU。

下列定义应适用 NAD 的用途：

- NAD 域应仅用于 I-块。
- 当 PCD 使用 NAD 时，PICC 也应使用 NAD。
- 在链接期间，NAD 仅在链的第一个块内传输。
- PCD 应不使用 NAD 编址不同的 PICC（CID 应被用于编址不同的 PICC）。

（2）信息域（INF）

INF 域是可选的。当它存在时，INF 域传送 I-块中的应用数据或非应用数据和 S-块中的状态信息。信息域的长度通过计算整个块的字节数减去开端域和结束域得出。

（3）结束域

该域包含传输块的 EDC。EDC 为前面定义的 CRC。

2）帧等待时间（FWT）

FWT 给 PICC 定义了在 PCD 帧结束后开始其响应帧的最大时间（见图 3-49）。

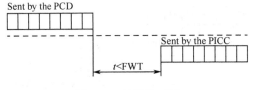

图 3-49 帧等待时间

FWT 通过下面的公式计算：

$$FWT=(256\times 16/fc)\times 2^{FWI}$$

其中 FWI 的值在 0 到 14 之间，15 为 RFU。对于类型 A，若 TB（1）被省略，则 FWI 的缺省值为 4，给出的 FWT 值约为 4.8ms。

对于 FWI=0，FWT= $FWT_{MIN}$（约为 302μs）

对于 FWI=14，FWT= $FWT_{MAX}$（约为 4949μs）

FWT 应用于检测传输差错或无响应的 PICC。如果来自 PICC 的响应的开始没有在 FWT 内被接收到，则 PCD 收回发送的权利。

3）帧等待时间扩展

当 PICC 需要比定义的 FWT 更多的时间用于处理接收到的块时,应使用 S(WTX) 请求等待时间扩展。S(WTX) 请求包含 1 个字节长 INF 域,它由两部分组成(见图 3-50):
- 最高有效位 b8、b7 编码功率水平指示。
- 最低有效位 b6~b1 编码 WTXM。WTXM 在 1~59 范围内编码。值 0 和 60~63 为 RFU。

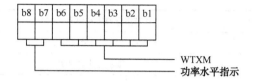

图 3-50　S(WTX) 请求的 INF 域编码

PCD 应通过发送包含 1 个字节长 INF 域的 S(WTX) 来确认,该 INF 域由两部分组成(见图 3-51)并包含了与在请求中接收到的相同的 WTXM:
- 最高有效位 b8、b7 为 (00)b,所有其他值为 RFU。
- 最低有效位 b6~b1 编码了用于定义临时 FWT 的确认的 WTXM 值。

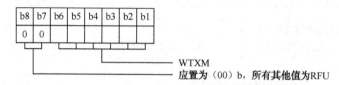

图 3-51　S(WTX) 响应的 INF 域编码

FWT 的响应的临时值通过下面的公式计算:

$$FWT_{TEMP}=FWT \times WTXM$$

PICC 需要的时间 $FWT_{TEMP}$ 在 PCD 发送了 S(WTX) 响应之后开始。

当公式得出的结果大于 $FWT_{MAX}$ 时,应该使用 $FWT_{MAX}$。

临时 FWT 仅在下一个块被 PCD 接收到时才应用。

4）功率水平指示

功率水平指示通过使用插入在 CID(当存在时)中的两位来编码,并在 S-块中被 PICC 发送。

5）协议操作

在激活序列后,PICC 应等待一个仅 PCD 才有权力发送的命令。在发送了块之后,PCD 应转换到接收模式并在转换回传输模式之前等待块。PICC 可以传输块仅响应接收到的块(对时间延迟是察觉不到的)。在响应后,PICC 应返回到接收模式。

在当前命令/响应对没有完成或帧等待时间超出而没有响应时,PCD 不应初始化一个新的命令/响应对。

(1) 多激活

多激活特征允许 PCD 保持几个 PICC 同时在 ACTIVE 状态。对于停活 PICC 和激活另一张 PICC,这允许几个 PICC 间直接转换而无须另外的时间。

(2) 链接

链接过程允许 PCD 或 PICC 通过把信息划分成若干块来传输不符合分别由 FSC 或 FSD

定义的单块的信息。每一块的长度应分别小于或等于 FSC 或 FSD。

块的链接通过链接 I-块中 PCB 的位（M）来控制。每一个带链接位集的 I-块应被 R-块确认，如表 3-11 所示。

链接的特性在图 3-52 中给出，16 字节长字符串分成三块来传输。

表 3-11　记号

| I（1）x | 带链接位设置和块号 x 的 I-块 |
| --- | --- |
| I（0）x | 链接位未设置的带块号 x 的 I-块 |
| R（ACK）x | 指示确认的 R-块 |

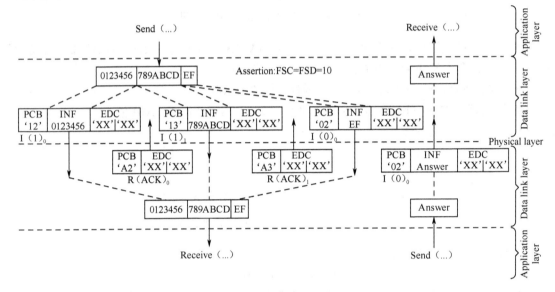

图 3-52　链接的特性

（3）块编号规则

① PCD 规则。

规则 A：对每一张激活的 PICC，PCD 块号应被初始化为 0。

规则 B：当带有的块号等于当前块号的 I-块或 R（ACK）块被接收到时，PCD 在可选地发送块前为该 PICC 锁定当前块号。

② PICC 规则。

规则 C：在激活时，PICC 块号应被初始化为 1。

规则 D：当 I-块被接收到（独立于其块号），PICC 在发送块前锁定其块号。

规则 E：当带有块号不等于当前 PICC 的块号的 R（ACK）块被接收到时，PICC 在发送块前锁定其块号。

（4）块处理规则

① 一般规则。

规则 1：首块应由 PCD 来发送。

规则 2：当 I-块指示链接已被接收到时，块应由 R（ACK）块来确认。

规则 3：S-块仅成对使用。S（…）请求块总是跟随着 S（…）响应块。

② PCD 规则。

规则 4：当接收到无效块或 FWT 超时，则 R（NAK）块被发送（PCD 链接或 S（DESELECT）情况除外）。

规则 5：在 PICC 链接的情况下，当接收到无效块或 FWT 超时，R（ACK）块被发送。

规则 6：当接收到 R（ACK）块，如果其块号不等于 PICC 的当前块号，则最后的 I-块被重新传送。

规则 7：当接收到 R（ACK）块，如果其块号等于 PCD 的当前块号，则继续链接。

规则 8：如果 S（DESELECT）请求没有被无差错 S（DESELECT）响应进行回答，则 S（DESELECT）请求可以被重新传送或 PICC 可以被忽视。

③ PICC 规则。

规则 9：允许 PICC 发送 S（WTX）块而不发送 I-块或 R（ACK）块。

规则 10：当 I-块没有指示链接已被接收到时，块应由 I-块来确认。

规则 11：当接收到 R（ACK）块或 R（NAK）块，如果其块号等于 PICC 的当前块号，则最后的块被重新传送。

规则 12：当接收到 R（NAK）块，如果其块号不等于 PICC 的当前块号，则 R（ACK）块被发送。

规则 13：当接收到 R（ACK）块，如果其块号不等于 PICC 的当前块号，则继续链接。

（5）差错检测和恢复

当检测到差错时，应试图使用下列恢复规则。

下列差错应被 PCD 检测到：

① 传输差错（帧差错或 EDC 差错）或 FWT 超时，PCD 应试图通过以下顺序技术进行差错恢复：

- 块的重新传输（可选）；
- S（DESELECT）请求的使用；
- 忽视 PICC。

② 协议差错（违反了 PCB 编码或违反了协议规则），PCD 应试图通过以下顺序技术进行差错恢复：

- S（DESELECT）请求的使用；
- 忽视 PICC。

下列差错应被 PICC 检测到：

① 传输差错（帧差错或 EDC 差错）。

② 协议差错（违反了协议规则）。

PICC 应尽量没有差错恢复。当传输差错或协议差错发生时，PICC 始终应返回接收模式，在任何时候它都应接收 S（DESELECT）请求。

### 4. 类型 A 和类型 B PICC 的协议停活

PCD 和 PICC 间的交易完成之后，PICC 应被置为 HALT 状态。

PICC 的停活通过使用 DESELECT 命令来完成。

DESELECT 命令像协议的 S-块那样编码，并由 PCD 发送的 S（DESELECT）请求块和 PICC 作为确认发送的 S（DESELECT）响应组成。

(1) 停活帧等待时间

停活帧等待时间给 PICC 定义了接收到来自 PCD 的 S（DESELECT）请求帧的末端后开始发送其 S（DESELECT）响应的最短时间，其值为 $65536/f_c$（约为 4833μs）。

(2) 差错检测和恢复

当 PCD 发送了 S（DESELECT）请求并接收到了 S（DESELECT）响应，则 PICC 已被成功地置为了 HALT 状态并且分配给它的 CID 也被释放。

当 PCD 没有接收到 S（DESELECT）响应，则 PCD 可以重新进行停活序列。

### 3.6.3 ISO/IEC 15693 标准简介

国际标准 ISO/IEC 15693 以"识别卡 非接触式集成电路卡 疏祸合卡"为标题说明非接触疏祸合 IC 卡的作用原理和工作参数。这种 IC 卡的最大工作距离为 1 米，主要使用价格便宜的简单"状态机"式存储器组件作为数据载体。ISO/IEC 15693 标准由三部分组成：第 1 部分——物理特性；第 2 部分——空气接口与初始化；第 3 部分——防冲突和传输协议。

电子标签和标准非接触式 IC 卡只在封装、外形等物理特性上有一定差别，而与 ISO/IEC 15693 标准所规定的第 2、3 部分基本一致，所以只对协议的 2、3 部分做出简单介绍。

#### 1. 符合 ISO/IEC 15693 标准的信号接口部分的性能

(1) 工作频率：工作频率为 13.56MHz ± 7kHz。

(2) 工作场强：工作场的最小值为 0.15A/m，最大值为 5A/m。

(3) 调制：用 2 种幅值调制方式，即 10％和 100％调制方式。阅读器应能确定用哪种方式。

① 100％幅值调制。

② 10％的幅值调制。

(4) 数据编码：数据编码采用脉冲位置调制。两种数据编码模式：256 选 1 模式和 4 选 1 模式。

(5) 数率：有高和低两种数率。

#### 2. 符合 ISO/IEC 15693 标准的防冲突和传输协议

(1) 数据元数

① UID 唯一标识符：64 位的唯一标识符，在防冲突环和阅读器与应答器之间一对一的交换过程中用来标识唯一的应答器。

② 应用标识：AFI 表示由阅读器锁定的应用类型，仅选取符合应用类型的应答器。

③ DSFID 数据存储格式标识：DSFID 指明了应答器存储的数据结构。

④ CRC 循环冗余校验码：初始信息为"FFFF"。

(2) 存储组织

最多有 256 个块，最大块的尺寸为 256b；最大的存储容量为 64Kb。

(3) 应答器的状态

① Power off 状态：没有被阅读器激活的情况下处于 Power off 状态。

② Ready 状态：被激活后，选择标识符没设立时，处理任何的请求。

③ Quit 状态：寻卡标识设置，但选择标识设置时，在这种状态下处理任何请求。

④ Select 状态：仅处理选择标识符设置的请求。

（4）防冲突

防冲突序列的目的是使用唯一标识 UID 来确定工作场中的唯一的应答器。阅读器通过设置槽数目标识来确定防冲突。掩码的长度是掩码值的信号位的长度，当使用 16 槽时，为 0～60 之间的值；当使用 1 槽时，为 0～64 之间的任何值。

（5）指令

① 指令类型。共有四种指令类型：强制性的、可选的、自定义的和专用的。

② 指令代码。具体指令代码请参阅完整协议资料。

### 3.6.4 其他 13.56MHz 射频卡简介

本小节主要介绍一种与 Mifare 1 不同特点的 13.56MHz 射频卡芯片 SR176。SR176 是美国 ST 微电子公司（ST Microelectronics）近期开发的 RFID 芯片，该芯片使用外部的读写设备产生的无线电波来传输功率和信息，是一个以非接触方式传送数据的内存芯片。该芯片有 176 位的 EEPROM 用户空间，使用 ST 微电子公司的 CMOS 半导体技术制造。内存结构被分为 16 个区块，每块 16 位，其中 11 个区块允许用户自由使用。该芯片采用 13.56MHz 的载波频率对 SR176 进行访问。

#### 1. SR176 主要特点

（1）遵从 ISO 14443-2 类型的识别格式。

（2）遵从 ISO 14443-3 类型制定的版本。

（3）13.56MHz 载波频率。

（4）847kHz 的副载波频率。

（5）106b/s 的数据传送率。

（6）数据传送：①从阅读器到标签以 ASK（幅度）调制；②从标签到阅读器以 BPSK（相位）译码。

（7）176 位的 EEPROM 存储空间，并具有写保护特色。

（8）64 位唯一的 ID 标识符。

（9）读块/写块（16 位）。

（10）内部具有调谐电容。

（11）自同步程序周期。

（12）编程时间 5ms（典型值）。

（13）超过 100000 次的擦/写循环。

（14）超过 10 年的数据保持能力。

SR176 虽然不包括任何反冲突机制，但是包括一种简单的标签卡选择机制，以应对在阅读器的场强范围内，超过一个以上的标签能被顺序检测到。

#### 2. SR176 存储器结构

SR176 非接触式 EEPROM 存储器由 16 个地址块组成，每个块有 16 位。SR176 主要分为两个区域：即唯一的标识符（UID）区和用户可擦/写的 EEPROM 存储器。SR176 存储器结构如图 3-53 所示。

| 块地址 | 高位（16位/块）低位 b1…b8　　　b7…b0 | | 描述 |
|---|---|---|---|
| | SR176 存储器结构 | | |
| 0 | 唯一序列标识符 0 | | 64 位 UID ROM |
| 1 | 唯一序列标识符 1 | | |
| 2 | 唯一序列标识符 2 | | |
| 3 | 唯一序列标识符 3 | | |
| 4 | 用户空间 | | 可锁定的 EEPROM |
| 5 | 用户空间 | | |
| 6 | 用户空间 | | 可锁定的 EEPROM |
| 7 | 用户空间 | | |
| 8 | 用户空间 | | 可锁定的 EEPROM |
| 9 | 用户空间 | | |
| 10 | 用户空间 | | 可锁定的 EEPROM |
| 11 | 用户空间 | | |
| 12 | 用户空间 | | 可锁定的 EEPROM |
| 13 | 用户空间 | | |
| 14 | 用户空间 | | 可锁定的 EEPROM |
| 15 | OTP | 保留　　　　芯片 ID | 可锁定的 EEPROM |

图 3-53　SR176 存储器结构

UID 区域（块 0～块 3）是由 ST 公司在产品制造的时候按制程写入的 64 位的唯一的标识符。用户可擦/写的 EEPROM 存储器（块 4～块 14）可以设置成写保护的只读存储器，以便 SR176 可以阻止非法改写，它们使用一个 OTP 锁位记录来启动写保护。块 15 是编程设定用户使用区的某些数据块是否启用"锁定保护"，它的默认值由 ST 制造商在生产时初始化在数值 0（0000b），即未锁定状态。这些块以块模式进行读/写，每块中的数据提供随机访问。

### 3. EEPROM 操作指令

SR176 有一组七个命令的指令设定：读_块、写_块、开始、选择、完成、块_保护、获得_保护。阅读器设置相应程序指令来操作。

# 小　　结

1. 公交收费系统通过 RFID 技术验证公交卡（射频卡）的合法性，进行公共交通售票、收费；对公交卡信息进行管理；同时记录公交卡余额，实现自动、安全、高效率的射频卡自动收费目标。

2. Mifare 1 射频卡的核心是 Philips 公司的 Mifare 1 IC S50 系列微晶片。卡片上没有电源，工作频率是 13.56MHz。容量为 8Kb（位）=1KB（字节）EEPROM。分为 16 个扇区，每个扇区为 4 块，每块 16 个字节，以块为存取单位。每个扇区有独立的一组密码及访问控制。每张卡有唯一序列号，为 32 位。具有防冲突机制，支持多卡操作。

3．Mifare 1 卡内部包含 RF 射频接口电路和数字电路两部分。

4．Mifare 1 射频卡的通信遵从 ISO/IEC 14443 TypeA 标准。阅读器与 Mifare 1 卡通信的数据传输速率是 106kb/s，从阅读器到卡的信号采用 100% ASK 调制方式和 Miller 编码方式，从卡到阅读器的信号采用副载波调制方式和 Manchester-ASK 编码方式。

5．射频卡公交收费系统包括软件和硬件两部分。

6．13.56MHz 射频卡公交收费系统硬件部分由以 MFRC522 芯片为核心的阅读器、天线、Mifare 1 S50 射频公交卡及 MCU 和外围组件组成。

7．13.56MHz 射频卡公交收费系统软件部分在 Windows XP 操作系统下设计实现，其包括阅读器端 MCU 程序和 PC 端的管理系统两部分。

8．MFRC522 采用 3.3V 统一供电，工作频率为 13.56MHz，兼容 ISO/IEC 14443A 及 Mifare 模式，完全集成了在 13.56MHz 下所有类型的被动非接触式通信方式和协议。

9．MFRC522 提供了 3 种接口模式：SPI、I$^2$C 总线模式和 UART 模式。本项目设计中采用 I$^2$C 总线模式。

# 思考与练习

1．公交系统有哪些功能要求？
2．公交系统由哪些部分组成？分别起什么作用？
3．13.56MHz 物联网射频卡有哪些特点？
4．13.56MHz 物联网射频卡内部有哪些电路？简述工作原理。
5．13.56MHz 物联网射频卡与阅读器之间以何种方式进行通信？遵循哪种协议？
6．13.56MHz 物联网射频阅读器与 MCU 间以何种方式进行通信？简述通信协议。
7．画出 13.56MHz 物联网射频卡公交收费系统电路结构图，简述各部分作用及工作情况。
8．简述物联网射频卡公交收费系统工作原理和工作流程。
9．13.56MHz 物联网射频卡还可以应用在哪些场合？
10．还有哪些射频卡工作于 13.56MHz，简述其特点。
11．13.56MHz 物联网射频卡公交收费系统还可进行哪些功能拓展？如何实现？

# 项目四　2.4GHz 物联网 RFID 应用系统设计
## ——ETC 系统

 学习目标

本项目的工作任务是掌握 2.4GHz 物联网 RFID 系统的特点，了解其应用，以设计一个简化的 ETC 收费应用系统为例掌握 2.4GHz 物联网 RFID 应用系统的设计方法。

 理论知识要点

- 2.4GHz 物联网有源射频标签的特点
- 2.4GHz 物联网 RFID 应用系统组成结构及工作原理
- 2.4GHz 远距离 RFID 应用系统软硬件设计方法

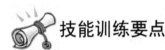 技能训练要点

- 能进行 2.4GHz 物联网有源射频应用系统硬件设计
- 能进行 2.4GHz 物联网有源射频应用系统软件设计
- 能正确设计和操作射频 ETC 收费系统

## 4.1　任务导入：什么是 ETC 系统

电子不停车收费（Electronic Toll Collection，ETC），是指车辆在通过收费站时，通过车载设备实现车辆识别、信息写入（入口）并自动从预先绑定的 IC 卡或银行账号上扣除相应资金（出口），是国际上正在努力开发并推广普及的一种用于道路、大桥和隧道的电子收费系统。

电子不停车收费系统（ETC）是目前世界上最先进的收费系统，是射频交通系统的服务功能之一，过往车辆通过道口时无须停车，即能实现自动收费。它特别适于在高速公路或交通繁忙的桥隧环境下使用。近几年来中国的电子不停车收费系统的研究和实施取得了很大进展，如图 4-1 所示。

项目四 2.4GHz 物联网 RFID 应用系统设计——ETC 系统

图 4-1 高速公路不停车自动收费 ETC 系统应用

使用该系统，车主只要在车上安装 ETC 射频标签感应卡（见图 4-2）作为数据载体，通过无线数据交换方式实现收费计算机与 IC 卡的远程数据存取功能。计算机可以读取 IC 卡中存放的有关车辆的固有信息（如车辆类别、车主、车牌号等）、道路运行信息、征费状态信息，按照既定的收费标准，通过计算，从 IC 卡中扣除本次道路使用通行费。当然，ETC 也需要对车辆进行自动检测和自动车辆分类。车主只要预存费用，通过收费站时便不用人工缴费，也无须停车，高速费将从卡中自动扣除。这种收费系统每车收费耗时不到两秒，其收费通道的通行能力是人工收费通道的 5~10 倍。

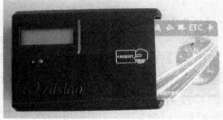

图 4-2 车载 ETC 射频标签感应卡

## 4.1.1 ETC 系统组成及工作原理

ETC 系统主要由车辆自动识别系统、中心管理系统和其他辅助设施组成。

如图 4-3 所示，车辆自动识别系统包含车载系统设备（又称电子标签、Tag）——ETC 标签、路侧系统设备 ETC 阅读器——Reader、地感线圈。ETC 标签（ETC 射频卡）存有车辆的识别信息，一般安装于车辆前面的挡风玻璃上。路侧系统设备 ETC 阅读器安装于收费站旁。地感线圈安装于车道地面上。ETC 系统通过安装于车辆上的车载 ETC 标签和安装在收费站车道侧的 ETC 阅读器的天线之间进行无线通信和信息交换。

中心管理系统有大型的数据库，存储大量注册车辆和用户的信息。

其他辅助设施如违章车辆摄像系统、自动控制栏杆或其他障碍、交通显示设备（红、黄、绿灯等设备）指示车辆行驶。

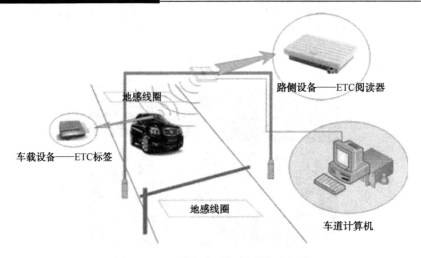

图 4-3  ETC 车辆自动识别系统示意图

当车辆通过 ETC 收费站时,地感线圈检测到车辆进入车道,触发安装在 ETC 天线架的射频阅读器,射频阅读器开始与安装在汽车挡风玻璃上的车载系统 ETC 标签进行双向通信和信息交换,将数据传送给 ETC 收费站 PC 中心管理系统,中心管理系统获取车辆识别信息,如汽车 ID 号、车型等和数据库中相应信息进行比较判断,根据不同情况来控制管理系统产生不同的动作,如计算机收费管理系统从该车的预付款账号中扣除此次应交的过路费,或送出指令给其他辅助设施工作,如交易成功,挡车器自动升起,放行车辆;车辆通过后,挡车器自动放下。整个收费过程无须人工干预,用户可不停车地快速通过 ETC 收费站。

### 4.1.2  ETC 技术发展

ETC 技术在 20 世纪 80 年代开始兴起,20 世纪 90 年代在世界各地使用,受到各国政府和企业的广泛重视,世界许多著名公司,如 Amtech、TI、Boash、Hitachi、Toyota 等均竞相研制。因此 ETC 技术发展很快,其主要经历以下 3 个发展阶段:

(1)磁卡收费

磁卡收费主要在 ETC 发展初期使用。但由于其投资大,存储容量小,寿命短,保密性差,对环境要求苛刻,防潮、防污、防振、抗静电能力差,而没有得到广泛应用。

(2)接触式 IC 卡收费

IC 卡因其存储容量大,保密性好,抗电磁干扰强,投资和维护费用少,易实现射频功能而取代磁卡收费。但由于需要接触操作、易磨损、易受污、安全可靠性欠佳,使用受到限制,主要应用于公共交通收费等半人工收费系统。

(3)非接触式 IC 卡收费

非接触式 IC 卡收费是在 IC 卡基础上,利用现代射频识别技术而发展起来的新一代收费系统。最大特点是免接触,使保密、安全性进一步提高,而且没有接触磨损,寿命长,抗恶劣环境性能好,适合于 ETC 系统的野外、全天候工作。一般工作在微波波段,识别距离长,阅读数据率高,适合于对高速运动的物体进行识别,真正实现不停车收费,是 ETC 系统发展的方向。目前各大公司正致力于微波非接触式 IC 卡收费系统的开发研制。

## 4.1.3 ETC 系统工作流程

（1）启动通信

车辆进入通信范围时，首先触发地感线圈，启动龙门架上的阅读天线。

（2）鉴权

阅读器与射频标签（车载标签）进行通信，通过车道计算机查表判别车载射频标签是否有效，无效则发出警告并保持车道封闭，引导到人工收费口。

（3）采集信息

如车载标签有效，不在黑名单之列，采集车辆信息并保存，监控设备进行图像抓拍，保存图像信息作为检查备案。

（4）放行

计算机控制栏杆抬升，通行信号灯变绿，费额显示牌上显示交易信息，车辆通过落杆线圈后，栏杆自动回落，通行信号灯变红，等待下一辆车进入。

（5）信息处理

车道计算机保存的车辆信息包括车辆识别信息、过站时间、收费站代码等记录，并将其上传至本地中心及区域中心。

（6）收费

区域收费中心进行查表、收费等操作，并配以短信等形式通知用户交易的具体信息。

## 4.1.4 ETC 系统特点

ETC 系统特点如下：

（1）不接触操作，允许汽车不用停车以正常速度（120～160km/h）行驶通过收费站，加快了收费速度，避免了车辆堵塞。

（2）无磨损、防水、防潮、防尘、防污能力强，延长了系统使用寿命，降低了系统维护费用。

（3）能防伪、防毁，并通过对数据编码、加密进一步提高了系统的安全性和可靠性。

（4）无纸交易，统一收费，避免了乱收费和其他现象，为今后射频公路车辆管理系统打下了良好的基础。

（5）微波透入性强，适合全天候工作。

## 4.1.5 ETC 系统设计目标

ETC 系统功能需求如下：

（1）ETC 标签

实现功能：存储车辆相关信息、发送车辆相关信息，有些 ETC 标签还可与银行卡关联，实现储值、消费等。

（2）阅读器

实现功能：标签合法性验证、接收并识别 ETC 标签信息、记录车辆通过时间，有些阅读器还可以在线修改标签内存储信息，如自动收费等。

（3）后台管理维护系统

实现功能：数据库管理（远程网络访问）、车辆注册、检索、注销、日志、收费管理等。

本项目介绍以无线射频收发芯片 nRF24L01 为核心器件的数传模块设计的 ETC 系统，包括 ETC 管理系统和缴费系统。ETC 管理系统主要由收费方使用，用来登记注册车主信息、车牌号、客车类型等信息到数据库，进行车辆注册、检索、注销、日志、收费管理等。ETC 管理系统运行过程中，当接收到机动车自动发送的 ID 信息后，检索数据库，找到对应的机动车信息并显示。ETC 缴费系统主要当机动车经过收费站时，能自动与收费站系统连接（本系统中，为设定不同机动车信息演示方便，需手动连接发送信息），发送该机动车的 ID 信息。ETC 标签存储、发送车辆相关信息。阅读器验证 ETC 标签合法性、接收并识别 ETC 标签信息、记录车辆通过时间信息等并上传到后台管理系统。阅读器和 ETC 标签这两个部分需要由两个数传模块分别充当。

## 4.2　2.4GHz 物联网射频标签

目前 2.4GHz 射频标签主要由一些 2.4GHz 射频模块组成，2.4GHz 射频芯片使用较多的有德州仪器（TI）ZigBee 射频芯片 CC2420，Nordic 公司 2.4GHz 射频系列芯片 nRF24L01、nRF24LE1、nRF24Z1、nRF24LE1 OTP 、nRF24LU1 等。

本章介绍以 2.4GHz 无线射频收发芯片 nRF24L01 为核心的 2.4GHz 射频标签模块，而且 2.4GHz 射频标签为 CPU 有源标签。

### 4.2.1　nRF24L01 射频芯片

**1. nRF24L01 射频芯片特点**

nRF24L01 射频芯片主要特点：
- 2.4GHz 全球开放 ISM 频段免许可证使用；
- 最高工作速率为 2Mbps，高效 GFSK 调制，抗干扰能力强，特别适合工业控制场合；
- 126 个频道，满足多点通信和跳频通信需要；
- 内置硬件 CRC 检错和点对多点通信地址控制；
- 低功耗 1.9～3.6V 下工作，待机模式下状态为 22μA，掉电模式下为 900nA；
- 内置 2.4GHz 天线，体积小巧，15mm×29mm；
- 模块可软件设地址，只有收到本机地址时才会输出数据（提供中断指示），可直接接各种单片机使用，软件编程非常方便；
- 内置专门稳压电路，使用各种电源包括 DC/DC 开关电源均有很好的通信效果；
- 1.27mm 间距接口，贴片封装；
- 工作于 Enhanced ShockBurst 具有 Automatic packethandling，Auto packet transaction handling，具有可选的内置包应答机制，极大降低了丢包率；
- 与 51 系列单片机 P0 口连接时候，需要加 10kΩ 的上拉电阻，与其余口连接不需要。

**2. nRF24L01 射频芯片结构和引脚说明**

nRF24L01 射频芯片内部结构框图如图 4-4 所示，包括射频发送、射频接收、基带控制及串行接口电路模块。

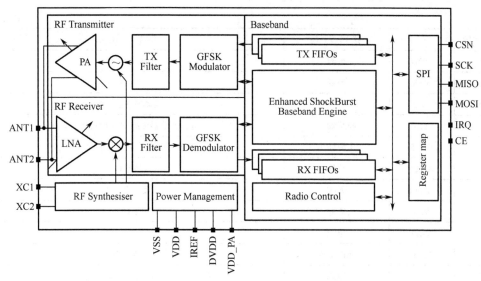

图 4-4 nRF24L01 射频芯片内部结构方框图

nRF24L01 射频芯片采用 QFN20 封装形式，共有 20 个引脚，引脚封装如图 4-5 所示。nRF24L01 射频芯片各引脚及其功能如表 4-1 所示。

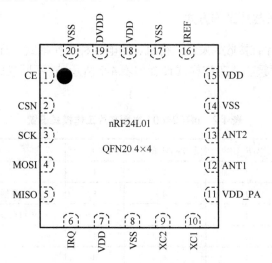

图 4-5 nRF24L01 射频芯片引脚封装

表 4-1 nRF24L01 射频芯片引脚及其功能

| 引 脚 | 名 称 | 引脚功能 | 描 述 |
| --- | --- | --- | --- |
| 1 | CE | 数字输入 | RX 或 TX 模式选择 |
| 2 | CSN | 数字输入 | SPI 片选信号 |
| 3 | SCK | 数字输入 | SPI 时钟 |
| 4 | MOSI | 数字输入 | 从 SPI 数据输入脚 |
| 5 | MISO | 数字输出 | 从 SPI 数据输出脚 |
| 6 | IRQ | 数字输出 | 可屏蔽中断脚 |

续表

| 引脚 | 名称 | 引脚功能 | 描述 |
|---|---|---|---|
| 7 | VDD | 电源 | 电源（+3V） |
| 8 | VSS | 电源 | 接地（0V） |
| 9 | XC2 | 出 | 晶体振荡器2脚 |
| 10 | XC1 | 模拟输入 | 晶体振荡器1脚/外部时钟输入脚 |
| 11 | VDD_PA | 电源输出 | 给RF的功率放大器提供的+1.8V电源 |
| 12 | ANT1 | 天线 | 天线接口1 |
| 13 | ANT2 | 天线 | 天线接口2 |
| 14 | VSS | 电源 | 接地（0V） |
| 15 | VDD | 电源 | 电源（+3V） |
| 16 | IREF | 模拟输入 | 参考电流 |
| 17 | VSS | 电源 | 接地（0V） |
| 18 | VDD | 电源 | 电源（+3V） |
| 19 | DVDD | 电源输出 | 去耦电路电源正极端 |
| 20 | VSS | 电源 | 接地（0V） |

### 3. nRF24L01射频芯片工作方式

nRF24L01射频芯片有接收、发送、待机、掉电4种工作模式，具体工作模式由寄存器的状态决定，nRF24L01射频芯片工作模式设置如表4-2所示，在不同模式下的引脚功能如表4-3所示。

表4-2 nRF24L01射频芯片工作模式设置

| 模式 | PWR_UP | PRIM_RX | CE | FIFO寄存器状态 |
|---|---|---|---|---|
| 接收模式 | 1 | 1 | 1 | — |
| 发送模式 | 1 | 0 | 1 | 数据在TX FIFO寄存器中 |
| 发送模式 | 1 | 0 | 1→0 | 停留在发送模式，直至数据发送完 |
| 待机模式Ⅱ | 1 | 0 | 1 | TX FIFO为空 |
| 待机模式Ⅰ | 1 | — | 0 | 无数据传输 |
| 掉电模式 | 0 | — | — | — |

表4-3 nRF24L01在不同模式下引脚功能

| 引脚名称 | 方向 | 发送模式 | 接收模式 | 待机模式 | 掉电模式 |
|---|---|---|---|---|---|
| CE | 输入 | 高电平>10μs | 高电平 | 低电平 | — |
| CSN | 输入 | SPI片选功能，低电平使能 | | | |
| SCK | 输入 | SPI时钟 | | | |
| MOSI | 输入 | SPI串行输入 | | | |
| MISO | 三态输出 | SPI串行输出 | | | |
| IRQ | 输出 | 中断，低电平使能 | | | |

## 4.2.2 2.4GHz 射频标签模块

### 1. 2.4GHz 射频标签模块组成

2.4GHz 有源射频卡模块主要由 4 个部分组成，如图 4-6 所示。其包括数据存储单元、收发器及天线单元、电池及电源管理单元及主控 MCU 单元。

### 2. 2.4GHz 射频收发器

nRF24L01 射频芯片与适当参数的天线匹配网络连接形成 2.4GHz 无线射频收发模块，电路如图 4-7 所示。天线匹配网络各元器件参数如表 4-4 所示。

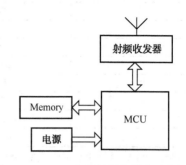

图 4-6 2.4GHz 有源射频卡模块功能结构

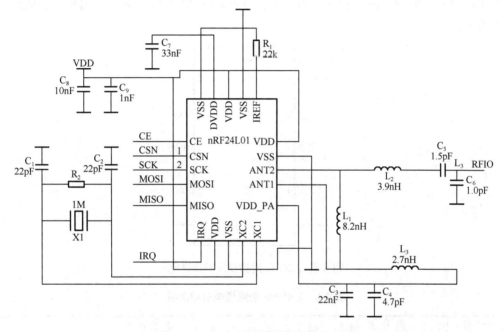

图 4-7 2.4GHz 无线射频收发模块电路

表 4-4 2.4GHz 无线射频收发模块天线匹配网络元器件参数

| 元器件 | 大小 | 引脚 | 描述 |
| --- | --- | --- | --- |
| $C_1$ | 22pF | 0402 | NPO，+/-2% |
| $C_2$ | 22pF | 0402 | NPO，+/-2% |
| $C_3$ | 2.2nF | 0402 | X7R，+/-10% |
| $C_4$ | 4.7pF | 0402 | NPO，+/-0.25pF |
| $C_5$ | 1.5 pF | 0402 | NPO，+/-0.1pF |
| $C_6$ | 1.0 pF | 0402 | NPO，+/-0.1pF |
| $C_7$ | 33nF | 0402 | X7R，+/-10% |
| $C_8$ | 1nF | 0402 | X7R，+/-10% |

续表

| 元器件 | 大小 | 引脚 | 描述 |
|---|---|---|---|
| $C_9$ | 10nF | 0402 | X7R, +/-10% |
| $L_1$ | 8.2nH | 0402 | chip inductor +/-5% |
| $L_2$ | 3.9nH | 0402 | chip inductor +/-5% |
| $L_3$ | 2.7nH | 0402 | chip inductor +/-5% |
| $R_1$ | 1MΩ | 0402 | +/-10% |
| $R_2$ | 22kΩ | 0402 | +/-1% |
| $U_1$ | nRF24L01 | QFN20 4×4 | |
| $X_1$ | 16MHz | | +/-60ppm, $C_L$=12pF |

说明：NPO 是一种最常用的具有温度补偿特性的单片陶瓷电容器，NPO 电容器是电容量和介质损耗最稳定的电容器之一。X7R 电容器是温度稳定型的陶瓷电容器，chip inductor 是片式电感。

2.4GHz 射频模块有 10 个引出引脚，引脚设置如图 4-8 所示，各引脚名称、功能说明如表 4-5 所示。

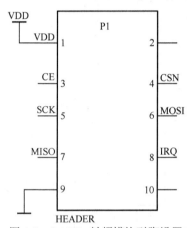

图 4-8　2.4GHz 射频模块引脚设置

表 4-5　2.4GHz 射频模块引脚说明

| 引脚号 | 信号名称 | 功能说明 |
|---|---|---|
| 1 | VDD | 3.3V 供电输入 |
| 2 | NC | 未连接 |
| 3 | CE_2G4 | 芯片的模式控制线（"0" TX 模式或 "1" RX 模式） |
| 4 | CSN_2G4 | 芯片 SPI 片选线，CSN 为低电平芯片工作 |
| 5 | SCK_2G4 | 芯片控制的时钟线（SPI 时钟） |
| 6 | MOSI_2G4 | 芯片 SPI 数据输入 |
| 7 | MISO_2G4 | 芯片 SPI 数据输出 |
| 8 | IRQ_2G4 | 中断控制 |
| 9 | GND | 电源地 |
| 10 | NC | 未连接 |

说明：（1）VDD 脚接电压范围为 1.9～3.6V，不能在这个区间之外，超过 3.6V 将会烧毁模块。推荐电压 3.3V 左右。

（2）除电源 VDD 和接地端，其余脚都可以直接和普通的 5V 单片机 I/O 口直接相连，无须电平转换。当然对 3V 左右的单片机更加适用了。

（3）硬件上面没有 SPI 的单片机也可以控制本模块，用普通单片机 I/O 模拟 SPI 不需要单片机真正的串口介入，只需要普通的单片机 I/O 就可以，用串口也可以。

## 3. 2.4GHz 射频模块工作模式

2.4GHz 射频模块工作模式有四种：收发模式、配置模式、空闲模式、关机模式。

（1）收发模式

收发模式有 Enhanced ShockBurstTM 收发模式、ShockBurstTM 收发模式和直接收发模式三种，收发模式由器件配置字决定。

推荐 RF24L01 工作于 Enhanced Shocked BurstTM 收发模式，这种工作模式下，系统的程序编制会更加简单，并且稳定性也会更高。Enhanced ShockBurstTM 收发模式下，使用片内的先入先出堆栈区，数据低速从微控制器送入，但高速（1Mbps）发射，这样可以尽量节能。因此，使用低速的微控制器也能得到很高的射频数据发射速率。与射频协议相关的所有高速信号处理都在片内进行，这种做法有三大好处：尽量节能；低的系统费用（低速微处理器也能进行高速射频发射）；数据在空中停留时间短，抗干扰性高。Enhanced ShockBurstTM 技术同时也减小了整个系统的平均工作电流。

在 Enhanced ShockBurstTM 收发模式下，nRF24L01 自动处理字头和 CRC 校验码。在接收数据时，自动把字头和 CRC 校验码移去。在发送数据时，自动加上字头和 CRC 校验码，在发送模式下，置 CE 为高，至少 10μs。

Enhanced ShockBurstTM 发射流程如下。

① 把接收机的地址和要发送的数据按时序送入 nRF24L01。
② 配置 CONFIG 寄存器，使之进入发送模式。
③ 微控制器把 CE 置高（至少 10μs），激发 nRF24L01 进行 Enhanced ShockBurstTM 发射。
④ nRF24L01 的 Enhanced ShockBurstTM 发射。
⑤ 给射频前端供电。
⑥ 射频数据打包（加字头、CRC 校验码）。
⑦ 高速发射数据包。
⑧ 发射完成，nRF24L01 进入空闲状态。

Enhanced ShockBurstTM 接收流程如下。

① 配置本机地址和要接收的数据包大小。
② 配置 CONFIG 寄存器，使之进入接收模式，把 CE 置高。
③ 130μs 后，nRF24L01 进入监视状态，等待数据包的到来。
④ 当接收到正确的数据包（正确的地址和 CRC 校验码），nRF24L01 自动把字头、地址和 CRC 校验位移去。
⑤ nRF24L01 通过把 STATUS 寄存器的 RX_DR 置位（STATUS 一般引起微控制器中断）通知微控制器。
⑥ 微控制器把数据从 NewMsg_RF24L01 读出。
⑦ 所有数据读取完毕，可以清除 STATUS 寄存器。nRF24L01 可以进入四种主要的模式之一。

（2）空闲模式

nRF24L01 的空闲模式是为了减小平均工作电流而设计的，其最大的优点是实现节能的同时，缩短芯片的启动时间。在空闲模式下，部分片内晶振仍在工作，此时的工作电流跟外部晶振的频率有关。

（3）关机模式

在关机模式下，为了得到最小的工作电流，一般此时的工作电流为 900nA 左右。关机模式下，配置字的内容也会被保持在 nRF24L01 片内，这是该模式与断电状态最大的区别。

（4）配置模式

配置模式是指 nRF24L01 通过配置寄存器控制几种模式转换时的中间状态，包括收发模式中的发送模式与接收模式的切换。

## 4.3　2.4GHz 射频 ETC 系统原理

ETC 系统中自动车辆识别系统主要由射频阅读器、上位 PC 及 ETC 射频标签三部分组成，ETC 整体系统结构如图 4-9 所示。

高速公路出口和入口分别有上位 PC 及 ETC 标签阅读器，阅读器利用无线收发模块与 ETC 标签进行通信，阅读器包含 RS-232 通信接口与上位机进行通信，传送车辆信息。

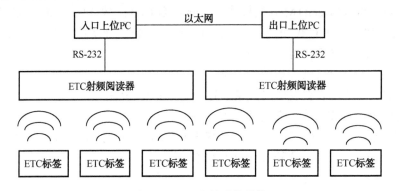

图 4-9　ETC 整体系统结构

ETC 系统各部分组成结构框图如图 4-10 所示。本项目设计中系统中的阅读器和 ETC 标签这两个部分由两个 2.4GHz 射频数传模块分别充当。

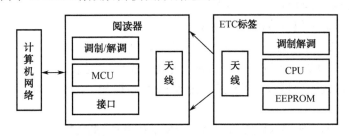

图 4-10　ETC 系统各部分组成结构框图

## 4.4　2.4GHz 射频 ETC 系统硬件设计

本 ETC 系统中阅读器和 ETC 标签均为以 nRF24L01 为核心的 2.4GHz 射频模块，硬件电路与前述 2.4GHz 射频模块相同；控制器部分采用 NXP LPC1114（参见 2.6 节知识拓展）。阅读器包含 RS-232 和 USB 通信接口与上位机进行通信，传送车辆信息。当上位机与阅读器无法通信时，车辆信息会临时储存在阅读器中。电源包括 220V 交流和锂电池，220V 整流稳压后为电路提供电能，当 220V 电源不可用时，由锂电池继续供电维持阅读器工作。

2.4GHz 射频模块外围接口电路如图 4-11 所示。

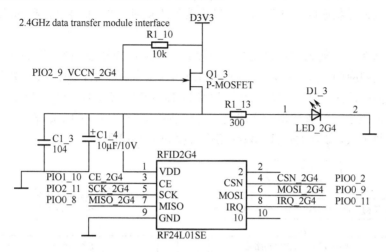

图 4-11　2.4GHz 射频模块外围接口电路

2.4GHz 模块通过 SPI 串行接口与 NXP LPC1114 的 6 个管脚相连，包括 6 个控制和数据信号，分别为 CSN、SCK、MISO、MOSI、IRQ、CE。其中：

CSN：芯片的片选线，CSN 为低电平时芯片工作。

SCK：芯片控制的时钟线（SPI 时钟）。

MISO：芯片控制数据线（Master input slave output）。

MOSI：芯片控制数据线（Master output slave input）。

IRQ：中断信号。无线通信过程中 MCU 主要通过 IRQ 与 nRF24L01 进行通信。

CE：芯片的模式控制线。在 CSN 为低的情况下，CE 协同 nRF24L01 的 CONFIG 寄存器共同决定 nRF24L01 模块的工作模式。

## 4.5　2.4GHz 射频 ETC 系统软件设计

2.4GHz 射频模块中存在大约 30 多个寄存器，用来控制该模块的工作模式、工作频率、收发地址、收发缓冲区及收发性能。用户只需要根据 SPI 接口时序，修改访问对应的寄存器地址，即可完成 2.4GHz 数据的收发。

发送数据时，首先将 nRF24L01 配置为发射模式，接着把地址 TX_ADDR 和数据 TX_PLD 按照时序由 SPI 口写入 nRF24L01 缓存区，TX_PLD 必须在 CSN 为低时连续写入，而 TX_ADDR 在发射时写入一次即可，然后 CE 置为高电平并保持至少 10μs，延迟 130μs 后发射数据；若自动应答开启，那么 nRF24L01 在发射数据后立即进入接收模式，接收应答信号。如果收到应答，则认为此次通信成功，TX_DS 置高，同时 TX_PLD 从发送堆栈中清除；若未收到应答，则自动重新发射该数据（自动重发已开启），若重发次数（ARC_CNT）达到上限，MAX_RT 置高，TX_PLD 不会被清除；MAX_RT 或 TX_DS 置高时，使 IRQ 变低，以便通知 MCU。最后发射成功时，若 CE 为低，则 nRF24L01 进入待机模式 1；若发送堆栈中有数据且 CE 为高，则进入下一次发射；若发送堆栈中无数据且 CE 为高，则进入待机模式 2。

接收数据时，首先将 nRF24L01 配置为接收模式，接着延迟 130μs 进入接收状态等待数据的到来。当接收方检测到有效的地址和 CRC 时，就将数据包存储在接收堆栈中，同时中断标志位 RX_DR 置高，IRQ 变低，以便通知 MCU 去取数据。若此时自动应答开启，接收方则同时进入发射状态回传应答信号。最后接收成功时，若 CE 变低，则 nRF24L01 进入空闲模式 1。

初始运行状态时，初始化该模块为接收模式，当从串口接收到外部发送数据请求时，通过 SPI 接口控制相应的管脚 CE 为低，以及 CONFIG 配置寄存器，切换该模块为发送模式后，将发送数据，同样通过 SPI 接口写入到该模块的 Tx_FIFO 寄存器，最后通过控制管脚 CE 为高，将数据发送出去；待该数据发送成功，并接收到其发送成功的中断信号后，将该模块切换回默认的接收模式。2.4GHz ETC 系统工作流程如图 4-12 所示。

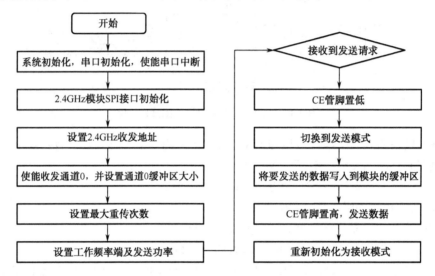

图 4-12  2.4GHz ETC 系统工作流程

参考源代码（以下未定义的函数请参考本书配套的源代码）：

```
int main （void）
{
    int channel = 2; /*默认工作频率段*/
    unsigned char broadcast_mac[5] ={1， 2， 3， 2， 1};/*2.4GHz 模块默认收发地址*/

    SystemInit（）；    /* 系统初始化，切勿删除           */

    /*打开电源*/
    VCCN_2G4_IOCON &= ~IOCON_PIO2_9_FUNC_MASK;
    VCCN_2G4_IOCON |= IOCON_PIO2_9_FUNC_GPIO;
    gpioSetDir （ VCCN_2G4_PORT， VCCN_2G4_PIN， gpioDirection_Output ）；
    gpioSetValue （ VCCN_2G4_PORT， VCCN_2G4_PIN， 0 ）；

    /*SPI 接口管脚功能初始化*/
    spi_init（）；

    /*设置各个管脚的初始状态*/
    gpioSetPullup （ &SCK_2G4_IOCON， gpioPullupMode_PullUp ）；
```

```
        gpioSetPullup （ &MISO_2G4_IOCON， gpioPullupMode_PullDown ）;//Need pulldown when enable
the ssp function
        gpioSetPullup （ &MOSI_2G4_IOCON， gpioPullupMode_PullUp ）;
        gpioSetPullup （ &CSN_2G4_IOCON， gpioPullupMode_PullUp ）;
        gpioSetValue （ CSN_2G4_PORT， CSN_2G4_PIN， 1 ）;
        gpioSetPullup （ &CE_2G4_IOCON， gpioPullupMode_PullUp ）;
        gpioSetValue （ CE_2G4_PORT， CE_2G4_PIN， 0 ）;
            gpioSetPullup （ &IRQ_2G4_IOCON， gpioPullupMode_PullUp ）;

        nRFAPI_Init （ channel， broadcast_mac， sizeof （ broadcast_mac ）， 0 ）;

        /*循环串口接收命令，如果需要发送数据*/
        while （ uartRxBufferDataPending () ） {
            nRFCMD_CE （ 0 ）;               /*置 CE 管脚为低*/
            nRFAPI_SetRxMode （ 0 ）;        /*切换到发送模式*/
            nRFAPI_TX （ data， len ）;      /*将数据写入该模块 buffer*/
            nRFCMD_CE （ 1 ）;               /*置 CE 管脚为高，发送数据*/
            dclayms （ 100 ）;
            SetRxMode ();                    /*切换到接收模式*/
        }
}
```

## 4.6 知 识 拓 展

### 4.6.1 ETC 相关介绍

**1. 系统关键技术**

ETC 系统的关键技术主要集中在以下几个方面：车辆自动识别（Automatic Vehicle Identification，AVI）、自动车型分类（Automatic Vehicle Classification，AVC）、短程通信（Dedicated Short Range Communication，DSRC）、逃费抓拍系统（Video Enforcement System，VES）。

车辆自动识别技术：主要由车载设备（OBU）和路边设备（RSE）完成，两者通过短程通信 DSRC 完成路边设备对车载设备信息的一次读写，即完成收（付）费交易所必需的信息交换手续。目前用于 ETC 的短程通信主要是微波和红外两种方式，由于历史原因，微波方式的 ETC 已成为各国 DSRC 的主流。

自动车型分类技术：在 ETC 车道安装车型传感器来判断车辆的车型，以便按照车型实施收费。也有简单的方式，即读取车载器中车型的信息。

违章车辆抓拍技术：主要由数码照相机、图像传输设备、车辆牌照自动识别系统等完成。对不安装车载设备 OBU 的车辆用数码相机实施抓拍措施，并传输到收费中心，通过车牌自动识别系统识别违章车辆的车主，实施通行费的补收手续。

**2. ETC 系统优点**

和以往的人工收费系统相比较，现行的 ETC 系统运营具有以下优点：

（1）交通更流畅。车主可以不用停车直接用 ETC 系统就能进行缴费，因此这样就避免了收费造成的交通堵塞。

（2）缴费更方便。车主不需要把车停下来进行缴费，这就意味着单位时间内通过的车辆数量会更多。

（3）更加节能环保。ETC 减少了车辆在收费口的等待时间，也就减少了汽车损耗油料的尾气排放，达到节约能源、保护环境的效果。

（4）提高了收费的工作效率。利用 ETC 电子收费系统，目前已经实现了收费工作的完全自动化，使收费操作可以与机器之间通过电子信号以极快的速度进行。

3. 国内外 ETC 系统的应用

（1）ETC 在国外的应用

ETC 目前在世界主流的工作频段为 5.8GHz。美国使用 915MHz 频率，通行速率就非常低。1988 年美国 Lincon 隧道首开不停车收费系统，截至 2004 年，已安装了 3211 条 ETC 车道，日交易量已超过了 300 万笔。最著名的联网运行电子不停车收费系统是 E-Zpass 系统，有 23 条专用 ETC 车道的电子不停车收费网络承担了整个月平均交易量的 43%。日本和欧洲均规定 5.8GHz 作为 ETC 的频段。日本从 2003 年开始，大约有 40 万辆汽车配备了 ETC 终端。在 2001 年 12 月的使用率还不足 1%，而 2003 年 7 月已达到 6.8%，即每 15 辆汽车中就有一辆使用 ETC 终端。到 2007 年 ETC 的利用率达到 70%。现在日本已经在全国范围内的所有高速公路收费站点开通了 ETC 系统，收费站点总数超过 2000 个，用户数量达到 4000 万辆。预计到 2015 年日本的 ETC 产业贸易额将累计达数千亿日元。

（2）ETC 在国内的应用

我国交通部在 1998 年 6 月组织开展了"网络环境下 ETC 系统研究与应用推广"行业联合攻关项目研究。到 2003 年底，我国 ETC 系统的实施取得了一定进展，有多个示范点的工程已经开始了试运行。目前全国已有 15 个省市开通 ETC 系统，不停车收费车道达到 1300 多条。除京津冀地区外，不停车联网收费的另一大试点区域是长三角地区。目前，上海、江苏、江西、安徽四省市已实现电子标签一卡通，2010 年年底浙江也加入了这一联网系统。目前国内使用的 ETC 系统频段多为 900MHz 和 2.4GHz 频段。对于 5.8GHz 系统，国内还没有开发出相应系统。我国 ISO / TC204 技术委员会已提出将 5.8GHz 频段分配给 ITS 领域的短程通信，包括 ETC 系统，并批准在 5.8GHz 频段上进行 ETC 系统的实验，通信距离为 10m。采用 5.8GHz 微波波段与我国 ISID 工业用波段一致，不受移动通信影响。

## 4.6.2 SPI 总线协议

1. SPI 总线简介

SPI（Serial Peripheral Interface，串行外设接口）总线系统是一种同步串行外设接口，它可以使 MCU 与各种外围设备以串行方式进行通信以交换信息。外围设置 Flash RAM、网络控制器、LCD 显示驱动器、A/D 转换器和 MCU 等。SPI 是一种高速、全双工、同步的通信总线，并且在芯片的管脚上只占用 4 根线，节约了芯片的管脚，同时为 PCB 的布局节省空间，提供方便。正是出于这种简单易用的特性，现在越来越多的芯片集成了这种通信协议，SPI 总线系统可直接与各个厂家生产的多种标准外围器件直接接口。

SPI 接口一般使用 4 根信号线，SPI 的 4 根信号线定义为：
SCLK：Serial Clock 串行时钟线（从主设备输出）。
MOSI/SIMO：主设备数据输出/从设备数据输入线。
MISO/SOMI：主设备数据输入/从设备数据输出线。
SS：Slave Select 从设备片选线（低电平有效，主设备输出片选信号）。

SPI 接口是 Motorola 公司首先提出的全双工三线同步串行外围接口，采用主从模式（Master Slave）架构；支持多从设备模式应用，一般仅支持单主设备。时钟由主设备控制，在时钟移位脉冲下，数据按位传输，高位在前，低位在后（MSB first）；SPI 接口有 2 根单向数据线，为全双工通信，目前应用中的数据速率可达几 Mbps 的水平。主从设备的连接方式如图 4-13 所示，（a）图只有一个从设备，（b）图有多个从设备。

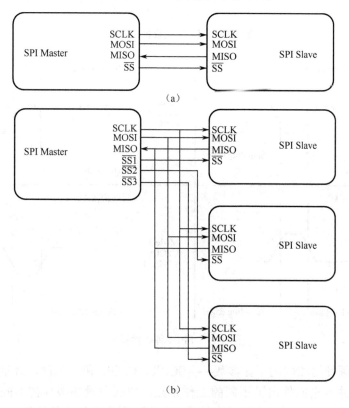

图 4-13 SPI 主从设备连接方式

SPI 是单主设备（single-master）通信协议，这意味着总线中只有一支中心设备能发起通信。当 SPI 主设备想读/写从设备时，它首先拉低从设备对应的 SS 线（SS 为低电平有效），接着开始发送工作脉冲到时钟线上，在相应的脉冲时间上，主设备把信号发到 MOSI 实现"写"，同时可对 MISO 采样而实现"读"，如图 4-14 所示。

SPI 有 4 种操作模式——模式 0、模式 1、模式 2 和模式 3，它们的区别是定义了在时钟脉冲的哪条边沿转换（toggles）输出信号，哪条边沿采样输入信号，还有时钟脉冲的稳定电平值（时钟信号无效时是高还是低）。每种模式由一对参数刻画，它们称为时钟极（clock polarity）CPOL 与时钟期（clock phase）CPHA。SPI 4 种操作模式时钟情况如图 4-15 所示。

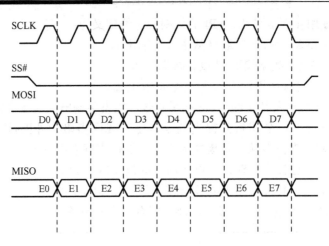

图 4-14 SPI 主从设备读写时序

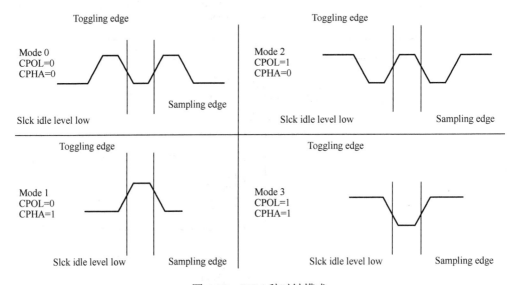

图 4-15 SPI 4 种时钟模式

主从设备必须使用相同的工作参数——SCLK、CPOL 和 CPHA，才能正常工作。如果有多个从设备，并且它们使用了不同的工作参数，那么主设备必须在不同从设备间重新配置这些参数。以上为 SPI 总线协议的主要内容。SPI 不规定最大传输速率，没有地址方案；SPI 也没规定通信应答机制，没有规定流控制规则。事实上，SPI 主设备甚至并不知道指定的从设备是否存在。这些通信控制都需通过 SPI 协议以外自行实现。例如，要用 SPI 连接一支命令—响应控制型解码芯片，则必须在 SPI 的基础上实现更高级的通信协议。SPI 并不关心物理接口的电气特性，如信号的标准电压。在最初，大多数 SPI 应用都是使用间断性时钟脉冲和以字节为单位传输数据的，但现在有很多变种实现了连续性时间脉冲和任意长度的数据帧。

2. SPI 指令

所有的 SPI 指令均在 CSN 由低到高开始跳变时执行； MOSI 写命令的同时，MISO 实时返回 nRF24L01 的状态值；SPI 指令由命令字节和数据字节两部分组成，如表 4-6 所示。

表 4-6　SPI 命令字节表

| 指令名称 | 指令格式（二进制） | 字节数 | 操作说明 |
|---|---|---|---|
| R_REGISTER | 000A AAAA | 1~5 | 读寄存器。AAAAA 表示寄存器地址 |
| W_REGISTER | 001A AAAA | 1~5 | 写寄存器。AAAAA 表示寄存器地址，只能在掉电或待机模式下操作 |
| R_RX_PAYLOAD | 0110 0001 | 1~32 | 在接收模式下读 1~32 字节 RX 有效数据。从字节 0 开始，数据读完后，FIFO 寄存器清空 |
| W_TX_PAYLOAD | 1010 0000 | 1~32 | 在发射模式下写 1~31 字节 TX 有效数据。从字节 0 开始 |
| FLUSH_TX | 1110 0001 | 0 | 在发射模式下，清空 TX FIFO 寄存器 |
| FLUSH_RX | 1110 0010 | 0 | 在接收模式下，清空 RX FIFO 寄存器。在传输应答信号时不应执行此操作，否则不能传输完整的应答信号 |
| REUSE_TX_PL | 1110 0011 | 0 | 应用于发射端。重新使用上一次发射的有效数据，当 CE=1 时，数据将不断重新发射。在发射数据包过程中，应禁止数据包重用功能 |
| NOP | 1111 1111 | 0 | 空操作。可用于读状态寄存器 |

**3. SPI 时序**

SPI 读写时序如图 4-16、图 4-17 所示。在写寄存器之前，一定要进入待机模式或掉电模式。其中，C$n$ 为 SPI 指令位；S$n$ 为状态寄存器位；D$n$ 为数据位（低字节在前，高字节在后；每个字节中高位在前）。

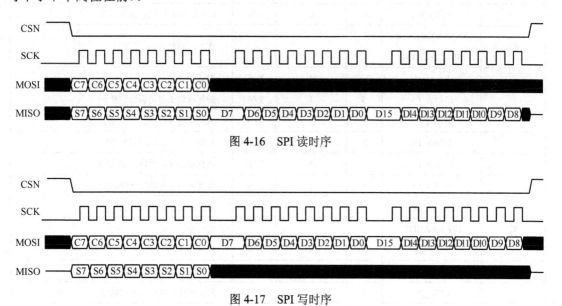

图 4-16　SPI 读时序

图 4-17　SPI 写时序

**4. nRF24L01 射频芯片寄存器**

nRF24L01 射频芯片寄存器内容及说明如表 4-7 所示。

表 4-7　nRF24L01 射频芯片寄存器内容及说明

| 地址（十六进制） | 寄存器 | 位 | 复位值 | 类型 | 说明 |
|---|---|---|---|---|---|
| 00 | CONFIG | | | | 配置寄存器 |
| | Reserved | 7 | 0 | R/W | 默认为 0 |
| | MASK_RX_DR | 6 | 0 | R/W | 可屏蔽中断 RX_RD<br>1：中断产生时对 IRQ 没影响<br>0：RX_RD 中断产生时，IRQ 引脚为低 |
| | MASK_TX_DS | 5 | 0 | R/W | 可屏蔽中断 TX_RD<br>1：中断产生时对 IRQ 没影响<br>0：TX_RD 中断产生时，IRQ 引脚为低 |
| | MASK_MAX_RT | 4 | 0 | R/W | 可屏蔽中断 MAX_RT<br>1：中断产生时对 IRQ 没影响<br>0：MAX_RT 中断产生时，IRQ 引脚为低 |
| | EN_CRC | 3 | 1 | R/W | CRC 使能。如果 EN_AA 中任意一位为高，则 EN_CRC 为高 |
| | CRCO | 2 | 0 | R/W | CRC 校验值：<br>0：1 字节<br>1：2 字节 |
| | PWR_UP | 1 | 0 | R/W | 0：掉电；1：上电 |
| | PRIM_RX | 0 | 0 | R/W | 0：发射模式；1：接收模式 |
| 01 | EN_AA Enhanced ShockBurstTM | | | | 使能"自动应答"功能 |
| | Reserved | 7:6 | 00 | R/W | 默认为 00 |
| | ENAA_P5 | 5 | 1 | R/W | 数据通道 5 自动应答使能位 |
| | ENAA_P4 | 4 | 1 | R/W | 数据通道 4 自动应答使能位 |
| | ENAA_P3 | 3 | 1 | R/W | 数据通道 3 自动应答使能位 |
| | ENAA_P2 | 2 | 1 | R/W | 数据通道 2 自动应答使能位 |
| | ENAA_P1 | 1 | 1 | R/W | 数据通道 1 自动应答使能位 |
| | ENAA_P0 | 0 | 1 | R/W | 数据通道 0 自动应答使能位 |
| 02 | EN_RXADDR | | | | 接收地址允许 |
| | Reserved | 7:6 | 00 | R/W | 默认为 00 |
| | ERX_P5 | 5 | 0 | R/W | 数据通道 5 接收数据使能位 |
| | ERX_P4 | 4 | 0 | R/W | 数据通道 4 接收数据使能位 |
| | ERX_P3 | 3 | 0 | R/W | 数据通道 3 接收数据使能位 |
| | ERX_P2 | 2 | 0 | R/W | 数据通道 2 接收数据使能位 |
| | ERX_P1 | 1 | 1 | R/W | 数据通道 1 接收数据使能位 |
| | ERX_P0 | 0 | 1 | R/W | 数据通道 0 接收数据使能位 |

续表

| 地址<br>（十六进制） | 寄存器 | 位 | 复位值 | 类型 | 说明 |
|---|---|---|---|---|---|
| 03 | SETUP_AW | | | | 设置地址宽度（所有数据通道） |
| | Reserved | 7:2 | 000000 | R/W | 默认为 00000 |
| | AW | 1:0 | 11 | R/W | 接收/发射地址宽度：<br>00：无效<br>01：3 字节<br>10：4 字节<br>11：5 字节 |
| 04 | SETUP_RETR | | | | 自动重发 |
| | ARD | 7:4 | 0000 | R/W | 自动重发延时时间：<br>0000：250μs<br>0001：500μs<br>⋮<br>1111：4000μs |
| | ARC | 3:0 | 0011 | R/W | 自动重发计数：<br>0000：禁止自动重发<br>0001：自动重发 1 次<br>⋮<br>1111：自动重发 15 次 |
| 05 | RF_CH | | | | 射频通道 |
| | Reserved | 7 | 0 | R/W | 默认为 0 |
| | RF_CH | 6:0 | 0000010 | R/W | 设置工作通道频率 |
| 06 | RF_SETUP | | | | 射频寄存器 |
| | Reserved | 7:5 | 000 | R/W | 默认为 000 |
| | PLL_LOCK | 4 | 0 | R/W | 锁相环使能，测试下使用 |
| | RF_DR | 3 | 1 | R/W | 数据传输率：<br>0：1Mbps<br>1：2Mbps |
| | RF_PWR | 2:1 | 11 | R/W | 发射功率：<br>00：−18dBm<br>01：−12dBm<br>10：−6dBm<br>11：0dBm |
| | LNA_HCURR | 0 | 1 | R/W | 低噪声放大器增益 |
| 07 | STATUS | | | | 状态寄存器 |
| | Reserved | 7 | 0 | R/W | 默认值为 0 |

续表

| 地址<br>（十六进制） | 寄存器 | 位 | 复位值 | 类型 | 说明 |
|---|---|---|---|---|---|
| | RX_DR | 6 | 0 | R/W | 接收数据中断位。当收到有效数据包后置1<br>写"1"清除中断 |
| | TX_DS | 5 | 0 | R/W | 发送数据中断。如果工作在自动应答模式下，只有当接收到应答信号后置1<br>写"1"清除中断 |
| | MAX_RT | 4 | 0 | R/W | 重发次数溢出中断<br>写"1"清除中断<br>如果MAX_RT中断产生，则必须清除后才能继续通信 |
| | RX_P_NO | 3:1 | 111 | R | 接收数据通道号：<br>000~101：数据通道号<br>110：未使用<br>111：RX FIFO 寄存器为空 |
| | TX_FULL | 0 | 0 | R | TX FIFO 寄存器满标志位 |
| 08 | OBSERVE_TX | | | | 发送检测寄存器 |
| | PLOS_CNT | 7:4 | 0 | R | 数据包丢失计数器。当写RF_CH寄存器时，此寄存器复位。当丢失15个数据包后，此寄存器重启 |
| | ARC_CNT | 3:0 | 0 | R | 重发计数器。当发送新数据包时，此寄存器复位 |
| 09 | CD | | | | 载波检测 |
| | Reserved | 7:1 | 000000 | R | |
| | CD | 0 | 0 | R | |
| 0A | RX_ADDR_P0 | 39:0 | E7E7E7E7E7 | R/W | 数据通道0接收地址，最大长度为5个字节 |
| 0B | RX_ADDR_P1 | 39:0 | C2C2C2C2C2 | R/W | 数据通道1接收地址，最大长度为5个字节 |
| 0C | RX_ADDR_P2 | 7:0 | C3 | R/W | 数据通道2接收地址。最低字节可设置，高字节必须与RX_ADDR_P1[39:8]相等 |
| 0D | RX_ADDR_P3 | 7:0 | C4 | R/W | 数据通道3接收地址。最低字节可设置，高字节必须与RX_ADDR_P1[39:8]相等 |
| 0E | RX_ADDR_P4 | 7:0 | C5 | R/W | 数据通道4接收地址。最低字节可设置，高字节必须与RX_ADDR_P1[39:8]相等 |
| 0F | RX_ADDR_P5 | 7:0 | C6 | R/W | 数据通道5接收地址。最低字节可设置，高字节必须与RX_ADDR_P1[39:8]相等 |
| 10 | TX_ADDR | 39:0 | E7E7E7E7E7 | R/W | 发送地址。在ShockBurstTM模式，设置RX_ADDR_P0与此地址相等来接收应答信号 |
| 11 | RX_PW_P0 | | | | |
| | Reserved | 7:6 | 00 | R/W | 默认为00 |

续表

| 地址（十六进制） | 寄存器 | 位 | 复位值 | 类型 | 说　明 |
|---|---|---|---|---|---|
|  | RX_PW_P0 | 5:0 | 0 | R/W | 数据通道 0 接收数据有效宽度：<br>0：无效<br>1：1 个字节<br>⋮<br>32：32 个字节 |
| 12 | RX_PW_P1 |  |  |  |  |
|  | Reserved | 7:6 | 00 | R/W | 默认为 00 |
|  | RX_PW_P1 | 5:0 | 0 | R/W | 数据通道 1 接收数据有效宽度：<br>0：无效<br>1：1 个字节<br>⋮<br>32：32 个字节 |
| 13 | RX_PW_P2 |  |  |  |  |
|  | Reserved | 7:6 | 00 | R/W | 默认为 00 |
|  | RX_PW_P2 | 5:0 | 0 | R/W | 数据通道 2 接收数据有效宽度：<br>0：无效<br>1：1 个字节<br>⋮<br>32：32 个字节 |
| 14 | RX_PW_P3 |  |  |  |  |
|  | Reserved | 7:6 | 00 | R/W | 默认为 00 |
|  | RX_PW_P3 | 5:0 | 0 | R/W | 数据通道 3 接收数据有效宽度：<br>0：无效<br>1：1 个字节<br>⋮<br>32：32 个字节 |
| 15 | RX_PW_P4 |  |  |  |  |
|  | Reserved | 7:6 | 00 | R/W | 默认为 00 |
|  | RX_PW_P4 | 5:0 | 0 | R/W | 数据通道 4 接收数据有效宽度：<br>0：无效<br>1：1 个字节<br>⋮<br>32：32 个字节 |
| 16 | RX_PW_P5 |  |  |  |  |
|  | Reserved | 7:6 | 00 | R/W | 默认为 00 |

续表

| 地址<br>（十六进制） | 寄存器 | 位 | 复位值 | 类型 | 说明 |
|---|---|---|---|---|---|
| | RX_PW_P5 | 5:0 | 0 | R/W | 数据通道5接收数据有效宽度：<br>0：无效<br>1：1个字节<br>⋮<br>32：32个字节 |
| 17 | FIFO_STATUS | | | | FIFO 状态寄存器 |
| | Reserved | 7 | 0 | R/W | 默认为0 |
| | TX_REUSE | 6 | 0 | R | 若 TX_REUSE=1，则当 CE 置高时，不断发送上一数据包。TX_REUSE 通过 SPI 指令 REUSE_TX_PL 设置；通过 W_TX_PALOAD 或 FLUSH_TX 复位 |
| | TX_FULL | 5 | 0 | R | TX_FIFO 寄存器满标志<br>1：寄存器满<br>0：寄存器未满，有可用空间 |
| | TX_EMPTY | 4 | 1 | R | TX_FIFO 寄存器空标志<br>1：寄存器空<br>0：寄存器非空 |
| | Reserved | 3:2 | 00 | R/W | 默认为00 |
| | RX_FULL | 1 | 0 | R | RX FIFO 寄存器满标志<br>1：寄存器满<br>0：寄存器未满，有可用空间 |
| | RX_EMPTY | 0 | 1 | R | RX FIFO 寄存器空标志<br>1：寄存器空<br>0：寄存器非空 |
| N/A | TX_PLD | 255:0 | X | W | |
| N/A | RX_PLD | 255:0 | X | R | |

# 小 结

1. ETC 系统主要由车辆自动识别系统、中心管理系统和其他辅助设施等组成。车辆自动识别系统包含车载系统设备（又称电子标签、Tag）——ETC 标签（ETC 射频卡）、路侧系统设备 ETC 阅读器——Reader、地感线圈。

2. ETC 系统功能需求如下。ETC 标签：存储车辆相关信息、发送车辆相关信息，有些 ETC 标签还可与银行卡关联，实现储值、消费等。阅读器：标签合法性验证、接收并识别 ETC 标签信息、记录车辆通过时间信息，有些阅读器还可以在线修改标签内存储信息，如自动收费等。后台管理维护系统：数据库管理（远程网络访问）、车辆注册、检索、注销、日志、收费管理等。

3. nRF24L01 射频芯片主要特点：2.4GHz 全球开放 ISM 频段免许可证使用；最高工作速率为 2Mbps,

项目四 2.4GHz 物联网 RFID 应用系统设计——ETC 系统

高效 GFSK 调制,抗干扰能力强,特别适合工业控制场合;126 个频道,满足多点通信和跳频通信需要;内置硬件 CRC 检错和点对多点通信地址控制;低功耗 1.9～3.6V 工作,待机模式下状态为 22μA;掉电模式下为 900nA。

4. nRF24L01 射频芯片内部结构包括射频发送电路、射频接收、基带控制及串行接口电路模块。
5. nRF24L01 射频芯片有接收、发送、待机、掉电 4 种工作模式。
6. 2.4GHz 有源射频标签模块主要由 4 个部分组成,包括数据存储单元、收发器及天线单元、电池及电源管理单元以及主控 MCU 单元。
7. 本 ETC 系统中阅读器和 ETC 标签均为以 nRF24L01 为核心的 2.4GHz 射频模块。

## 思考与练习

1. ETC 系统有哪些功能要求?
2. ETC 系统由哪些部分组成?分别起什么作用?
3. 2.4GHz 物联网射频标签有哪些特点?
4. 2.4GHz 物联网射频标签阅读器由哪些电路组成?简述各电路模块作用。
5. 2.4GHz 物联网射频标签阅读器与 MCU 之间通过什么方式传输数据?简述该通信方式特点。
6. 简述物联网射频 ETC 系统工作原理和工作流程。
7. 2.4GHz 物联网射频阅读器与 MCU 间以何种方式进行通信?简述通信协议。
8. 2.4GHz 物联网射频标签还可以应用在哪些场合?
9. 2.4GHz 物联网射频 ETC 系统还可进行哪些功能拓展?如何实现?

# 项目五　实训项目：物联网射频识别技术与应用系统硬件使用

## 5.1　系 统 简 介

本教材配套实验系统是在校企合作的基础上研究开发的一款物联网射频识别技术与应用实训平台。该实训平台完全根据射频识别技术和物联网课程教学的需求定制，强调教和学的互动，弥补理论教学与实践应用之间的差距，将原理性的知识点逐一分解到实训平台的硬件中，实现模块化、开放化，方便学生由浅入深地学、练、做，开发一个实际的应用系统，强化学生的实际动手、应用能力。

**1. 系统功能特性与硬件、软件技术指标**

（1）系统功能特性

① 模块化。各种模块可以单独使用（软件和硬件），也可以集成到系统，方便学生基于模块开发自己的系统级小产品。

② 方便教学。各个功能模块上需要提供关键数据路径的测试点，方便教学演示，将课堂理论教学具体化到实际的硬件产品。

③ 提供各种基础实验教材。方便学生入门的学、初级的练，深化理解课程知识点。

④ 与实际应用结合。整个系统提供基于应用的功能演示，如 125kHz RFID 的门禁系统、13.56MHz 的公交收费系统、2.4GHz 的 ETC 系统。

（2）硬件系统技术指标

① 支持各种 125kHz 曼彻斯特编码的只读 ID 卡。

② 支持 13.56MHz 的 RFID 卡，兼容 ISO 1443A/B，支持 Mifare 系列卡片。

③ 支持 470MHz 或者 2.4GHz 有源 RFID 卡。

④ 支持各种接触式 IC 卡，兼容 ISO 7816 标准 SmartCard，各种存储卡。

⑤ 支持无线数传模块，实现远距离数据通信。

⑥ 支持各种显示和控制接口，如 STN 图形字符显示、LED 指示、蜂鸣器和按钮键盘等。

⑦ 系统主板使用 CortexM0 处理器，支持 USB/UART 串口到 PC 的连接。

（3）软件系统技术指标

① 提供应用级 PC 端演示软件。

② 模块级固件提供应用编程接口。

③ 系统级软件开放二次开发。

## 2. 环境需求

支持 Windows XP/Windows 7/ Windows 8 PC 或者 NB 平台。

## 3. 配件清单

系统配件清单如表 5-1 所示。

表 5-1  系统配件清单

| | 项目 | 数量 | 备注 |
|---|---|---|---|
| 硬件 | | | |
| 1 | 机箱 | 1 台 | |
| 2 | 功能子板：<br>MCU 子板, STN 子板, Power 子板, USB 子板, LED 子板, 125kHz RFID 子板, 13.56MHz RFID 子板, 2.4GHz RFID 子板 | 各 1 块 | |
| 3 | 电源线 | 1 条 | （可选） |
| 4 | USB 电缆 | 1 条 | 如果使用 USB 通信和供电, 则电源线和 UART 电缆不需要 |
| 5 | UART 电缆 | 1 条 | （可选） |
| 6 | 125kHz, 13.56MHz RFID | 各 2 张 | |
| 软件 | | | |
| 1 | MCU 烧录代码和 PC 端安装软件 | 1 套 | |
| 2 | 固件编程接口及例程 | 1 套 | |
| 3 | 教学项目配套程序源代码 | 1 套 | |
| 使用手册 | | | |
| 1 | 硬件使用手册 | 1 本 | |
| 2 | 系统应用手册 | 1 本 | 可用做实际教学教材 |
| 可选配件 | | | |
| 7 | 扩展实验板 | — | 可供学生在本平台上开发扩展功能 |
| 8 | 其他类型 RFID 标签 | — | 根据教学需要, 提供相关的 RFID 标签 |
| 9 | JTAG 下载调试器 | — | |
| 10 | 系统源代码 | — | 实际工程应用, 节约开发时间 |

## 4. 实验系统实物

物联网射频应用实验系统实物如图 5-1 所示。

图 5-1　物联网射频应用实验系统

## 5.2　搭建演示平台

**1. 积木化功能模块组件**

实验系统各模块组件如图 5-2 所示。

图 5-2　实验系统各模块组件

所有可以独立应用的功能全部以模块组件的方式实现。系统组件由下列电路板模块构成：MCU 子板、STN 子板、Power 子板、USB 子板、LED 子板、125kHz RFID 子板、13.56MHz RFID 子板、2.4GHz RFID 子板以及承载主板。用户可以根据实际应用的需求，将相关子板搭配，构成自己的专用平台。

**2. 125kHz RFID 组合**

125kHz RFID 系统由 RFID 子板、MCU 子板和必要的通用组件组成，如图 5-3 所示。

**3. 13.56MHz RFID 组合**

13.56MHz RFID 系统由 RFID 子板、MCU 子板和必要的通用组件组成，如图 5-4 所示。

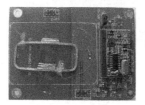

图 5-3　125kHz RFID 系统

图 5-4　13.56MHz RFID 系统

### 4. 2.4GHz RFID 组合

2.4GHz RFID 系统由 RFID 子板、MCU 子板和必要的通用组件组成，如图 5-5 所示。

图 5-5　2.4GHz RFID 系统

### 5. 通用组件

STN 子板、Power 子板、USB 子板、LED 子板、底板等统称为通用组件，用户可视需要安装使用，如图 5-6 所示。

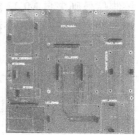

　STN 子板　　　Power 子板　　　USB 子板　　　LED 子板　　　底板

图 5-6　实验系统通用组件

## 5.3 主板使用手册

### 5.3.1 主板硬件结构简介

主板用于接插各个子板,并提供信号连接通路。模块分布如图 5-7 所示。

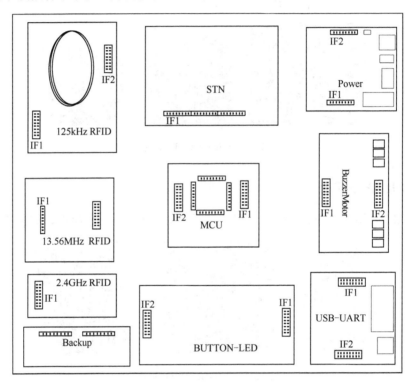

图 5-7 主板模块分布

### 5.3.2 主板接口

除了少部分控制电路外,主板上主要提供模块接口的信号互连。模块电源来自 Power 模块,控制信号则来自 MCU 模块。

根据图 5-7 所示,各个接插件接口互连引脚定义如表 5-2～表 5-11 所示。

表 5-2 MCU 板接口

| IF1 | | | | | |
|---|---|---|---|---|---|
| 引 脚 号 | 信号名称 | 对应的 MCU PIO | 引 脚 号 | 信号名称 | 对应的 MCU PIO |
| 1 | LED5 | PIO2_8 | 2 | SCK1 | PIO2_1 |
| 3 | BAK2 | PIO2_7 | 4 | VCCN_13M56 | PIO0_3 |
| 5 | CSN_2G4 | PIO0_2 | 6 | SCL_13M56 | PIO0_4 |
| 7 | WG2_125K | PIO1_8 | 8 | SDA_13M56 | PIO0_5 |
| 9 | D3V3 | — | 10 | WAKE_13M56 | PIO1_9 |

续表

| IF1 | | | | | | |
|---|---|---|---|---|---|---|
| 引脚号 | 信号名称 | 对应的MCU PIO | 引脚号 | 信号名称 | 对应的MCU PIO | |
| 11 | D3V3 | — | 12 | ACT_FLAG_125K | PIO3_4 | |
| 13 | CE_2G4 | PIO1_10 | 14 | WG1_125K | PIO2_4 | |
| 15 | D3V3 | — | 16 | SW4 | PIO2_5 | |
| 17 | MOSI_2G4 | PIO0_9 | 18 | SW3 | PIO3_5 | |
| 19 | MISO_2G4 | PIO0_8 | 20 | SW2 | PIO0_6 | |
| 21 | MISO1 | PIO2_2 | 22 | SW1 | PIO0_7 | |
| 23 | RELAY_CTL | PIO2_10 | 24 | VCCN_2G4 | PIO2_9 | |
| IF2 | | | | | | |
| 1 | SPK_CTL | PIO3_3 | 2 | VCCN_125K | PIO2_6 | |
| 3 | MCU_TXD | PIO1_7 | 4 | SSEL1 | PIO2_0 | |
| 5 | MCU_RXD | PIO1_6 | 6 | DGND | — | |
| 7 | CS_STN | PIO1_5 | 8 | DGND | — | |
| 9 | D3V3 | — | 10 | DGND | — | |
| 11 | SID_STN | PIO3_2 | 12 | D3V3 | — | |
| 13 | SCK_STN | PIO1_11 | 14 | SCK_2G4 | PIO2_11 | |
| 15 | DGND | — | 16 | IRQ_2G4 | PIO1_11 | |
| 17 | RSTn_STN | PIO1_4 | 18 | BAK1 | PIO1_0 | |
| 19 | DGND | — | 20 | LED4 | PIO1_1 | |
| 21 | MOSI1 | PIO2_3 | 22 | LED3 | PIO1_2 | |
| 23 | LED1 | PIO3_1 | 24 | LED2 | PIO3_0 | |

表 5-3 Power 板接口

| IF1 | | | |
|---|---|---|---|
| 引脚号 | 信号名称 | 信号功能 | 对应的MCU引脚号 |
| 1, 2, 3 | GND | 3.3V 电源地 | — |
| 4, 5 | D3V3 | 3.3V 电源输出 | — |
| 6, 7 | BLK_3V3 | 送给STN模块的背光驱动电源 | — |
| 8, 9, 10 | BLK_GND | 背光驱动GND | — |
| IF2 | | | |
| 1, 2 | GND | 5V 电源地 | — |
| 3, 4 | P5V | 5V 电源输出 | — |
| 5, 6 | USB_5V0 | 从USB-UART串口板上的USB口取出的5V电源 | — |
| 7, 8 | RELAY_5V | 送给继电器的5V电源 | — |
| 9, 10 | RELAY_GND | 继电器GND信号 | — |

表 5-4　13.56MHz RFID 板接口及主板内部互连

| IF1 | | | |
|---|---|---|---|
| 引脚号 | 信号名称 | 连接到 Power 板接口 | 连接到 MCU 板接口 |
| 20 | GND | IF1：Pin 1，2，3；IF2：Pin1，2 | — |
| 16 | VDD | — | — |
| 17 | SCL_13M56 | — | IF1: Pin 6 |
| 18 | SDA_13M56 | — | IF1: Pin 8 |
| | VCCN_13M56 | — | IF1: Pin 4 |
| | D3V3 | IF1: Pin 4，5 | |
| 15 | WAKE_13M56 | — | IF1:Pin 10 |
| 其他 | NC | — | — |

表 5-5　2.4GHz RFID 板接口及主板内部互连

| 接口 IF1 | | | |
|---|---|---|---|
| 引脚号 | 信号名称 | 连接到 Power 板接口 | 连接到 MCU 板接口 |
| 1 | VDD | — | — |
| 2 | NC | — | — |
| 3 | CE_2G4 | — | IF1: Pin 13 |
| 4 | CSN_2G4 | — | IF1: Pin 5 |
| 5 | SCK_2G4 | — | IF2: Pin 14 |
| 6 | MOSI_2G4 | — | IF1: Pin 17 |
| 7 | MISO_2G4 | — | IF1: Pin 19 |
| 8 | IRQ_2G4 | — | IF2: Pin 16 |
| 9 | GND | IF1: Pin 1，2，3；IF2: Pin 1，2 | — |
| 10 | NC | — | — |
| | VCCN_2G4 | — | IF1: Pin 24 |
| | D3V3 | IF1: Pin 4，5 | — |

表 5-6　125kHz RFID 板接口及主板内部互连

| IF1 | | | |
|---|---|---|---|
| 引脚号 | 信号名称 | 连接到 Power 板接口 | 连接到 MCU 板接口 |
| 1 | GND | IF1: Pin 1，2，3；IF2: Pin 1，2 | — |
| 2 | P5V | IF2:Pin3，4 | — |
| 3 | WG1_125K | — | IF1: Pin 14 |
| 4 | ACT_FLAG_125K | — | IF1: Pin 12 |
| 5 | WG2_125K | — | IF1: Pin 7 |
| 6 | VCCN_125K | — | IF2: Pin 2 |
| 7 | DGND | IF1: Pin 1，2，3；IF2: Pin1，2 | — |
| 8 | D3V3 | IF1: Pin 4，5 | — |
| IF2 | | | |
| 1～8 | NC | — | — |

表5-7 STN 板接口及主板内部互连

| IF1 | | | |
|---|---|---|---|
| 引脚号 | 信号名称 | 连接到Power板接口 | 连接到MCU板接口 |
| 1 | GND | IF1: Pin 1, 2, 3; IF2: Pin 1, 2 | — |
| 2 | VDD | IF1: Pin 4, 5 | — |
| 3 | V0 | — | — |
| 4 | CS_STN | — | IF2: Pin 7 |
| 5 | SID_STN | — | IF2: Pin 11 |
| 6 | SCK_STN | — | IF2: Pin 13 |
| 17 | RSTn_STN | — | IF2: Pin 17 |
| 18 | VOUT | — | — |
| 19 | BackLight VDD | IF1: Pin 6, 7 | — |
| 20 | BackLight GND | IF1: Pin 8, 9, 10 | — |
| 其他 | NC | — | — |

表5-8 Backup 板接口及主板内部互连

| JP_BAK1 | | | |
|---|---|---|---|
| 引脚号 | 信号名称 | 连接到Power板接口 | 连接到MCU板接口 |
| 1 | VDD | IF1: Pin 4, 5 | — |
| 2 | SSEL1 | — | IF2: Pin 4 |
| 3 | SCK1 | — | IF1: Pin 2 |
| 4 | MISO1 | — | IF1: Pin 23 |
| 5 | MOSI1 | — | IF2: Pin 21 |
| 6 | BAK2 | — | IF1: Pin 3 |
| 7 | BAK1 | — | IF2: Pin 18 |
| 10 | GND | IF1: Pin 1, 2, 3; IF2: Pin 1, 2 | — |
| 其他 | NC | | |
| JP_BAK2 | | | |
| 1-6 | GND | IF1: Pin 1, 2, 3; IF2: Pin 1, 2 | — |
| 5-10 | NC | — | — |
| 焊盘阵列 | | | |
| 1 | VCC | IF1: Pin 4, 5 | — |
| 2 | GND | IF1: Pin 1, 2, 3; IF2: Pin 1, 2 | — |
| 其他 | NC | — | — |

表 5-9 蜂鸣器板接口及主板内部互连

| IF1 | | | |
|---|---|---|---|
| 引脚号 | 信号名称 | 连接到 Power 板接口 | 连接到 MCU 板接口 |
| 1 | GND | IF1: Pin 1, 2, 3; IF2: Pin 1, 2 | — |
| 2 | P5V | IF2: Pin 13, 14 | — |
| 3 | RELAY_CTL2 | — | IF1: Pin 23 |
| 4 | NC | — | — |
| 5 | RELAY_CTL1 | — | IF1: Pin 23 |
| 6 | SPK_CTL | — | IF2: Pin 1 |
| 7 | DGND | IF1: Pin 1, 2, 3; IF2: Pin 1, 2 | — |
| 8 | D3V3 | IF1: Pin 4, 5 | — |
| IF2 | | | |
| 1, 3 | DGND | IF1: Pin 1, 2, 3; IF2: Pin 1, 2 | — |
| 2, 4 | D3V3 | IF1: Pin 4, 5 | — |
| 5, 7 | RELAY_GND | IF2: Pin19, 20 | — |
| 6, 8 | RELAY_5V | IF2: Pin 17, 18 | — |

表 5-10 BUTTON_LED 板接口及主板内部互连

| IF1 | | | |
|---|---|---|---|
| 引脚号 | 信号名称 | 连接到 Power 板接口 | 连接到 MCU 板接口 |
| 1 | LED1 | — | IF2: Pin 23 |
| 2 | LED2 | — | IF2: Pin 24 |
| 3 | LED3 | — | IF2: Pin 22 |
| 4 | LED4 | — | IF2: Pin 20 |
| 5 | LED5 | — | IF1: Pin 1 |
| 6 | LED6 | — | — |
| 7 | GND | IF1: Pin 1, 2, 3; IF2: Pin 1, 2 | — |
| 8 | D3V3 | IF1: Pin 4, 5 | — |
| IF2 | | | |
| 1 | SW1 | — | IF1: Pin 22 |
| 2 | SW2 | — | IF1: Pin 20 |
| 3 | SW3 | — | IF1: Pin 18 |
| 4 | SW4 | — | IF1: Pin 16 |
| 5 | SW5 | — | — |
| 6 | SW6 | — | — |
| 7 | GND | IF1: Pin 1, 2, 3; IF2: Pin 1, 2 | — |
| 8 | D3V3 | IF1: Pin 4, 5 | — |

## 项目五 实训项目：物联网射频识别技术与应用系统硬件使用

表 5-11 USB-UART 板接口及主板内部互连

| 引脚号 | 信号名称 | 连接到 Power 板接口 | 连接到 MCU 板接口 |
|---|---|---|---|
| IF1 | | | |
| 1 | MCU_RXD | — | IF2: Pin 5 |
| 2 | P5V_IN | IF2: 3，4 | — |
| 3 | MCU_TXD | — | IF2: Pin 3 |
| 4 | P5V_IN | IF2: 3，4 | — |
| 5 | GND | IF1: Pin 1，2，3；IF2: Pin 1，2 | — |
| 6 | GND | IF1: Pin 1，2，3；IF2: Pin 1，2 | — |
| 7 | D3V3 | IF1: Pin 4，5 | — |
| 8 | GND | IF1: Pin 1，2，3；IF2: Pin 1，2 | — |
| IF2 | | | |
| 1 | GND | IF1: Pin 1，2，3；IF2: Pin 1，2 | — |
| 2 | USB5V_OUT | IF2: 5，6 | — |
| 3 | GND | IF1: Pin 1，2，3；IF2: Pin 1，2 | — |
| 4 | USB5V_OUT | IF2: 5，6 | — |
| 5 | GND | IF1: Pin 1，2，3；IF2: Pin 1，2 | — |
| 6 | P5V_IN | IF2: 3，4 | — |
| 7 | GND | IF1: Pin 1，2，3；IF2: Pin 1，2 | — |
| 8 | P5V_IN | IF2: 3，4 | — |

### 5.3.3 主板功能配置

主板上的控制电路主要包括：RFID 125kHz 板、RFID 13.56MHz 板、RFID 2.4GHz 板的电源控制和指示；STN 模块的接口电路；蜂鸣器板的接口选择等。

#### 1. STN 模块背光对比度调节

可以根据需要在 V0 和 VOUT 之间接一个可调电阻，调节对比度，电路如图 5-8 所示，可以查找主板上标有丝印文字"RES_ADJ**"的电阻。

#### 2. 双继电器的控制

蜂鸣器板上默认支持两个继电器。目前主板上只提供 MCU 的一个控制引脚连接到蜂鸣器板上的继电器，如图 5-9 所示。可以在主板上查找电阻 $R_1$ 和 $R_2$，根据需求焊接一个电阻，用来控制对应的继电器。

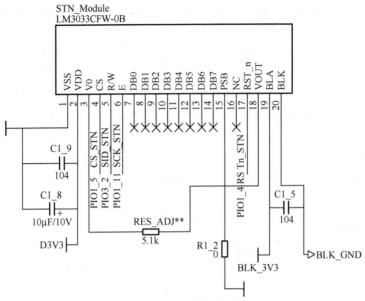

图 5-8　STN 模块电路

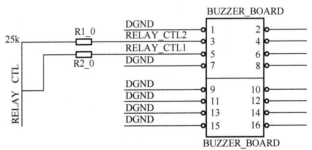

图 5-9　继电器模块

## 3. 其他注意事项

主板上每个子模块丝印都有板角缺口，用来指示接插子板模块时的方位，如图 5-10 所示。

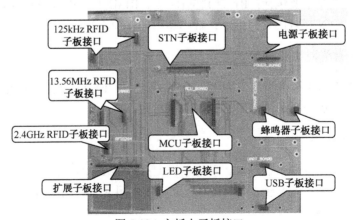

图 5-10　主板上子板接口

## 5.4　MCU 模块使用手册

### 1. MCU 模块硬件结构简介

MCU 模块使用 NXP LPC1114 实现了一个单片机最小系统，把所有用户可用的 GPIO 引脚都引到外部接口。用户可以使用这个模块扩展外部功能，从而实现一个自己的专用硬件。MCU 接口如图 5-11 所示。

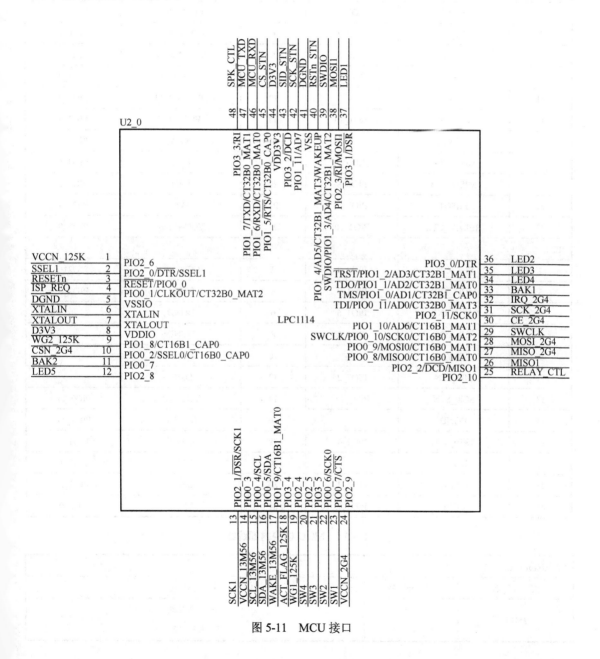

图 5-11　MCU 接口

## 2. MCU 模块接口引脚

MCU 模块接口引脚如表 5-12、表 5-13 所示。

表 5-12 MCU 模块外部接口

| 引脚号 | 信号名称 | 对应的 MCU PIO | 引脚号 | 信号名称 | 对应的 MCU PIO |
|---|---|---|---|---|---|
| IF1 | | | | | |
| 1 | LED5 | PIO2_8 | 2 | SCK1 | PIO2_1 |
| 3 | BAK2 | PIO2_7 | 4 | VCCN_13M56 | PIO0_3 |
| 5 | CSN_2G4 | PIO0_2 | 6 | SCL_13M56 | PIO0_4 |
| 7 | WG2_125K | PIO1_8 | 8 | SDA_13M56 | PIO0_5 |
| 9 | D3V3 | — | 10 | WAKE_13M56 | PIO1_9 |
| 11 | D3V3 | — | 12 | ACT_FLAG_125K | PIO3_4 |
| 13 | CE_2G4 | PIO1_10 | 14 | WG1_125K | PIO2_4 |
| 15 | D3V3 | — | 16 | SW4 | PIO2_5 |
| 17 | MOSI_2G4 | PIO0_9 | 18 | SW3 | PIO3_5 |
| 19 | MISO_2G4 | PIO0_8 | 20 | SW2 | PIO0_6 |
| 21 | MISO1 | PIO2_2 | 22 | SW1 | PIO0_7 |
| 23 | RELAY_CTL | PIO2_10 | 24 | VCCN_2G4 | PIO2_9 |
| IF2 | | | | | |
| 1 | SPK_CTL | PIO3_3 | 2 | VCCN_125K | PIO2_6 |
| 3 | MCU_TXD | PIO1_7 | 4 | SSEL1 | PIO2_0 |
| 5 | MCU_RXD | PIO1_6 | 6 | DGND | — |
| 7 | CS_STN | PIO1_5 | 8 | DGND | — |
| 9 | D3V3 | — | 10 | DGND | — |
| 11 | SID_STN | PIO3_2 | 12 | D3V3 | — |
| 13 | SCK_STN | PIO1_11 | 14 | SCK_2G4 | PIO2_11 |
| 15 | DGND | — | 16 | IRQ_2G4 | PIO1_11 |
| 17 | RSTn_STN | PIO1_4 | 18 | BAK1 | PIO1_0 |
| 19 | DGND | — | 20 | LED4 | PIO1_1 |
| 21 | MOSI1 | PIO2_3 | 22 | LED3 | PIO1_2 |
| 23 | LED1 | PIO3_1 | 24 | LED2 | PIO3_0 |

表 5-13 MCU 模块内部跳线

| SP 跳线 JMP1 | | |
|---|---|---|
| 丝印名 | 引脚号 | 功能说明 |
| JMP1 | | H：正常功能 |
| | | L：ISP 配置 |

续表

| 下载接口 SWIO | | |
|---|---|---|
| 丝 印 名 | 引 脚 号 | 功 能 说 明 |
| SWIO | 1, 2 | VCC3.3 |
| | 3 | SWDIO |
| | 5 | SWCLK |
| | 7 | nRST |
| | 4, 6, 8 | GND |

#### 3. MCU 模块功能配置

MCU 模块功能配置如图 5-12 所示。

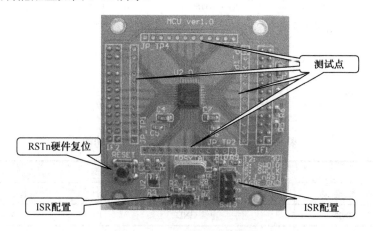

图 5-12  MCU 模块功能配置

## 5.5  各组件模块简介

物联网射频识别技术实验系统组件模块包括：RFID 125kHz 模块、RFID 13.56MHz 模块、RFID 2.4GHz 模块、电源模块、STN 显示模块、蜂鸣器继电器模块、按键和 LED 模块，前 3 个模块在项目二、三、四中有详细介绍说明，本节主要介绍其他几个组件模块。

### 5.5.1  STN 显示模块

本系统的显示模块使用 OCMJ4X8C STN 屏，支持 128×64 中英文字符和点阵显示，如图 5-13 所示。

STN 显示模块外部接口电路如图 5-14 所示。

STN 显示模块外部接口引脚功能如表 5-14 所示。

图 5-13  STN 显示模块

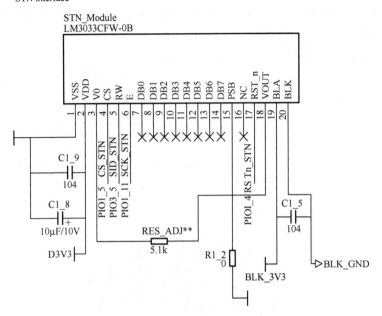

图 5-14 STN 显示模块外部接口电路

表 5-14 STN 显示模块外部接口引脚功能

| IF1 | | | |
|---|---|---|---|
| 引脚号 | 信号名称 | 功能说明 | 备注 |
| 1 | GND | 电源 GND | — |
| 2 | VDD | 3.3V 电源输入 | — |
| 3 | V0 | 背光对比度调节 | 悬空 |
| 4 | CS_STN | STN 模块串行接口 | — |
| 5 | SID_STN | | — |
| 6 | SCK_STN | | — |
| 17 | RSTn_STN | | — |
| 15 | PSB | H:并行模式；L:串行模式 | 外部需要拉低 |
| 18 | VOUT | 背光对比度调节 | 悬空 |
| 19 | BackLight VDD | 背光驱动 3.3V 电源输入 | — |
| 20 | BackLight GND | 背光驱动 GND | — |
| 其他 | NC | 未连接 | 本系统没有使用并行接口 |

该 STN 屏支持并行和串行两种通信方式，本系统选择使用串行模式。具体的操作时序和命令码参考 OCMJ4X8C 使用说明书。

## 5.5.2 BUTTON_LED 模块

本模块提供 6 个 LED 指示灯和 6 个自锁开关按钮。用户可以通过 IF1、IF2 将此模块接入自己的系统，实现 LED 指示和开关控制输入功能。硬件实物如图 5-15 所示。

## 项目五　实训项目：物联网射频识别技术与应用系统硬件使用

图 5-15　BUTTON_LED 模块实物图

BUTTON_LED 模块功能原理图如图 5-16 所示。此系统只用到了 5 个 LED 和 4 个开关信号。LED6 和 SW5、SW6 是备用接口。

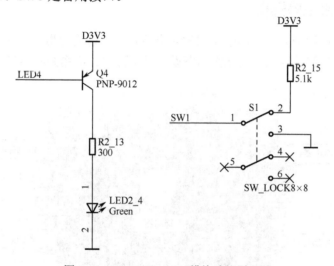

图 5-16　BUTTON_LED 模块功能原理图

BUTTON_LED 模块外部接口引脚功能如表 5-15 所示。

表 5-15　BUTTON_LED 模块外部接口引脚功能

| IF1 | | | |
|---|---|---|---|
| 引脚号 | 信号名称 | 功能说明 | 备注 |
| 1 | LED1 | 6 个 LED 的控制输入 | — |
| 2 | LED2 | | — |
| 3 | LED3 | | — |
| 4 | LED4 | | — |
| 5 | LED5 | | — |
| 6 | LED6 | | — |
| 7 | GND | 电源地 | — |
| 8 | D3V3 | 3.3V 供电输入 | — |

· 171 ·

续表

| IF2 | | | |
|---|---|---|---|
| 1 | SW1 | | — |
| 2 | SW2 | | — |
| 3 | SW3 | 6个自锁开关输出控制 | — |
| 4 | SW4 | | — |
| 5 | SW5 | | — |
| 6 | SW6 | | — |
| 7 | GND | 电源地 | — |
| 8 | D3V3 | 3.3V 供电输入 | — |

### 5.5.3 蜂鸣器、继电器模块

继电器模块提供两个光电隔离继电器控制电路和一个蜂鸣器指示功能。用户可以用此模块的继电器来控制外部马达或者用做大功率设备供电开关。实物如图 5-17 所示。

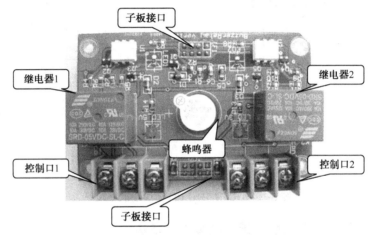

图 5-17 蜂鸣器、继电器模块实物图

蜂鸣器、继电器模块外部接口引脚功能如表 5-16 所示。

表 5-16 蜂鸣器、继电器模块外部接口引脚功能

| IF1 | | | |
|---|---|---|---|
| 引脚号 | 信号名称 | 功能说明 | 备注 |
| 1 | GND | 电源地 | — |
| 2 | P5V | 蜂鸣器 5V 电源输入 | — |
| 3 | RELAY_CTL2 | 继电器 2 的控制输入 | — |
| 4 | NC | 未连接 | — |
| 5 | RELAY_CTL1 | 继电器 1 的控制输入 | — |
| 6 | SPK_CTL | 蜂鸣器的控制输入 | — |
| 7 | DGND | 电源地 | — |
| 8 | D3V3 | 3.3V 电源输入 | — |

续表

| IF2 | | | |
|---|---|---|---|
| 1, 3 | DGND | 电源地 | — |
| 2, 4 | D3V3 | 3.3V 电源输入 | — |
| 5, 7 | RELAY_GND | 继电器电路 GND | — |
| 6, 8 | RELAY_5V | 继电器电路 5V 输入 | — |

蜂鸣器原理电路如图 5-18 所示，继电器原理电路如图 5-19 所示。

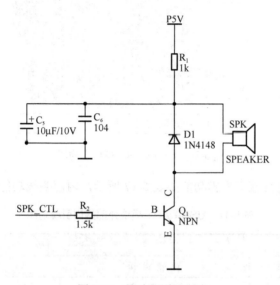

图 5-18 蜂鸣器原理电路

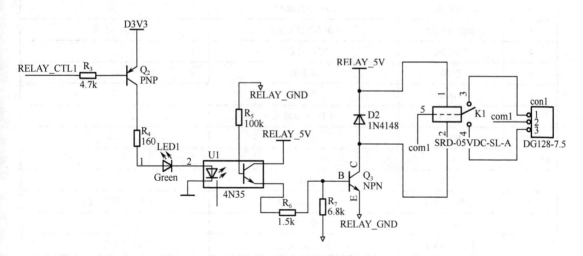

图 5-19 继电器原理电路

## 5.5.4 USB–UART 串口模块

本模块提供一个 USB-UART 转换功能支持 USB 串口连接，同时提供一个传统的 RS-232 串行接口。另外模块上还有一个备用的 RX-232 接口，供扩展使用。本模块默认选择 USB 串口，没有使用备用 RS-232 串口。本模块出厂默认配置 USB 设备电流为 500mA。如果自己重新做 USB 模块，同时需要 500mA 的驱动能力，必须先对 USB 芯片做初始编程配置。硬件实物如图 5-20 所示。

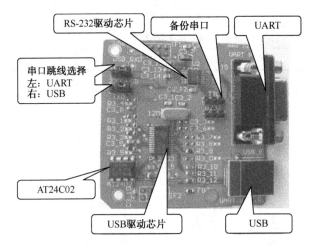

图 5-20　USB-UART 模块实物图

USB-UART 模块外部接口引脚功能如表 5-17 所示，内部跳线功能如表 5-18 所示。

表 5-17　USB-UART 模块外部接口引脚功能

| 引脚号 | 信号名称 | 功能说明 | 备注 |
|---|---|---|---|
| IF1 | | | |
| 1 | MCU_RXD | MCU TTL RXD | 本模块输出 |
| 2 | P5V_IN | 5V 电源输入 | — |
| 3 | MCU_TXD | MCU TTL TXD | 输入本模块 |
| 4 | P5V_IN | 5V 电源输入 | — |
| 5 | GND | 电源地 | |
| 6 | GND | 电源地 | |
| 7 | D3V3 | 3.3V 电源输入 | |
| 8 | GND | 电源地 | |
| IF2 | | | |
| 1 | GND | 电源地 | — |
| 2 | USB5V_OUT | 5V 电源输出 | USB 电缆的 VBus |
| 3 | GND | 电源地 | — |
| 4 | USB5V_OUT | 5V 电源输出 | USB 电缆的 VBus |
| 5 | GND | 电源地 | — |
| 6 | P5V_IN | 5V 电源输入 | — |
| 7 | GND | 电源地 | — |
| 8 | P5V_IN | 5V 电源输入 | |

表 5-18 USB-UART 模块内部跳线

| USB/RS-232 选择跳线 | | |
|---|---|---|
| 丝 印 名 | 引 脚 号 | 功 能 说 明 |
| MCU_RX | 2 | 2-1：选择 RS-232 串口<br>2-3：选择 USB 串口 |
| MCU_TX | 2 | 2-1：选择 RS-232 串口<br>2-3：选择 USB 串口 |
| 备用 RS-232 跳线 | | |
| 丝 印 名 | 引 脚 号 | 功 能 说 明 |
| U232 | 1 | 232_SEND（发送） |
|  | 2 | 232_RECV（接收） |
|  | 3 | DGND |
| TTL | 1 | TTL_SEND（发送） |
|  | 2 | TTL_RECV（接收） |
|  | 3 | DGND |

## 5.5.5 电源模块

本模块提供系统所需的各种电源，包括 5V 和 3.3V 数字电源、3.3V STN 背光驱动电源、5V 继电器驱动电源。为方便使用，模块提供 5 种电源输入接口：USB-B 接口、Mini-USB 接口、耳机插座式电源接口以及接线柱电源接口，另外也可以直接使用 USB-UART 模块上的 USB 电缆电源。

本模块默认使用来自 USB 串口板的 USB 电源供电，需要将 PWR_port0 用跳线帽短接。这种模式下，用户不需要再使用其他的电源接口对系统供电。但是任意时刻，只能从 5 种电源接口中选择一个为系统供电。如果使用电源子板上的电源接口供电，需要将 PWR_port0 的跳线帽去掉。电源模块实物图如图 5-21 所示。

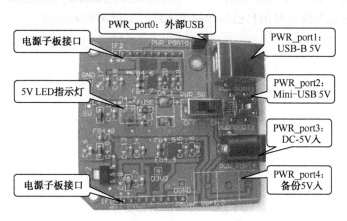

图 5-21 电源模块实物图

Power 模块外部接口引脚功能如表 5-19 所示，内部跳线功能如表 5-20 所示。

表 5-19　Power 模块外部接口引脚功能

| 引脚号 | 信号名称 | 信号功能 | 备注 |
|---|---|---|---|
| IF1 | | | |
| 1，2，3 | GND | 3.3V 电源地 | — |
| 4，5 | D3V3 | 3.3V 电源输出 | — |
| 6，7 | BLK_3V3 | 送给 STN 模块的背光驱动电源 | — |
| 8，9，10 | BLK_GND | 背光驱动 GND | — |
| IF2 | | | |
| 1，2 | GND | 5V 电源地 | — |
| 3，4 | P5V | 5V 电源输出 | — |
| 5，6 | USB_5V0 | 从 USB-UART 串口板上的 USB 口取出的 5V 电源 | — |
| 7，8 | RELAY_5V | 送给继电器的 5V 电源 | — |
| 9，10 | RELAY_GND | 继电器 GND 信号 | — |

表 5-20　Power 模块内部跳线功能

| USB 电源选择跳线 | | |
|---|---|---|
| 丝印名 | 引脚号 | 功能说明 |
| PWR_port0 | 1，2 | 短接：选择使用 USB 电缆电源为系统供电<br>空：不选择 USB 电缆电源 |

### 5.5.6　硬件功能扩展

本系统为用户保留了 6 个 MCU 端口，供扩展接口使用。其中 4 个引脚也可以用做 SPI 接口。

如图 5-22 所示，用户可以利用备用的信号连接来实现本系统与其他系统的通信，也可以直接利用备用焊盘在主板上焊接自己制作的小电路，实现附加的功能。

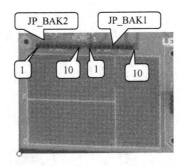

图 5-22　硬件拓展接口实物图

Backup 板接口及主板内部互连端口功能如表 5-21 所示。

表 5-21　Backup 板接口及主板内部互连端口功能

| JP_BAK1 | | | |
|---|---|---|---|
| 引脚号 | 信号名称 | 功能说明 | 备注 |
| 1 | VDD | 3.3V 电源输入 | — |
| 2 | SSEL1 | 连接到 MCU PIO2_0 | |
| 3 | SCK1 | 连接到 MCU PIO2_1 | |
| 4 | MISO1 | 连接到 MCU PIO0_8 | |
| 5 | MOSI1 | 连接到 MCU PIO2_3 | |
| 6 | BAK2 | 连接到 MCU PIO2_7 | |
| 7 | BAK1 | 连接到 MCU PIO1_0 | |
| 10 | GND | 电源地 | — |
| 其他 | NC | 未连接 | 1 个焊盘 |
| JP_BAK2 | | | |
| 1~6 | GND | 电源地 | 6 个焊盘短接到地 |
| 7~10 | NC | 未连接 | 4 个焊盘 |
| 焊盘阵列 | | | |
| | VCC | 3.3V 电源输入 | 2 个焊盘连接到 3.3V |
| | GND | 电源地 | 2 个焊盘连接到地 |
| 其他 | NC | 未连接 | 其余 146 个焊盘未连接 |

## 5.6　外围器件及接口简介

### 5.6.1　液晶显示屏

**1. 液晶显示器简介**

显示器是人类与应用设备沟通的重要界面，近年来，随着电子技术的飞速发展，液晶显示技术在实际生活中得到了广泛应用。

液晶显示器（Liquid Crystal Display，LCD）是一种数字显示技术，可以通过液晶和彩色过滤器过滤光源，在平面面板上产生图像。与传统的阴极射线管（CRT）相比，LCD 占用空间小、低功耗、低辐射、无闪烁、降低视觉疲劳、显示内容丰富、模块化以及接口电路简单等诸多优点在科研、生产和产品设计等领域中发挥着越来越重要的作用。

本系统中采用 LM3033 液晶 STN 显示模块（图 5-23），图形点阵模块 LM3033B 系列液晶显示模块是深圳 TOPWAY 公司生产的中文显示模块中的一员，采用了台湾的 ST7920 控制芯片，并提供了中文字库，为中文显示开发方面带来了更多的方便。

LM3033B 系列液晶显示模块是一种具有 4/8 位并行、2 线或 3 线串行多种接口方式，内部含有国标一级、二级简体中文字库的点阵图形液晶显示模块；其显示分辨率为 128×64，内置 8192 个 16×16 点汉字和 128 个 16×8 点 ASCII 字符集。利用该模块灵活的接口方式和简单、方便的操作指令，可构成全中文人机交互图形界面。可以显示 8×4 行 16×16 点阵的汉字，也可完成图形显示，低电压低功耗是其又一显著特点。由该模块构成的液晶显示方案与同类型的图形点阵液晶显示模块相比，不论硬件电路结构或显示程序都要简洁得多，且该模块的价格也略低于相同点阵的图形液晶模块。

图 5-23　LM3033 液晶 STN 显示模块

### 2. LM3033 介绍

（1）LM3033 液晶显示模块的主要特性：

① 汉字显示：内置汉字字库，提供 8192 个 16×16 点阵汉字（简体）。

② 半宽字型显示：内置 128 个 16×8 点阵字符。

③ 绘图显示：绘图显示画面提供一个 64×256 点的绘图区域 GDRAM 自定义字型显示，含 CGRAM 提供 2 组软件可编程的 16×16 点阵造字功能。

④ 电源电压：3/5V 单电源供电。

⑤ 显示分辨率：128×64。

⑥ 显示方式：STN、正显、半透。

⑦ 显示颜色：白底蓝字。

⑧ 驱动方式：1/33 DUTY、1/5 BIAS。

⑨ 通信方式：8/4 位并行方式或串行方式。

⑩ 工作温度：-20～+70℃，存储温度：-30～+80℃。

（2）LM3033 液晶显示模块的引脚功能如表 5-22 所示。

表 5-22　LM3033 液晶显示模块的引脚功能

| 引脚号 | 引脚名 | 电平 | 管脚功能描述 |
| --- | --- | --- | --- |
| 1 | VSS | 0V | 电源地 |
| 2 | VDD | 3～5V | 电源正 |
| 3 | VO | — | 对比度（亮度）调整 |
| 4 | RS（CS） | H/L | RS="H"，表示 DB7～DB0 为显示数据<br>RS="L"，表示 DB7～DB0 为显示指令数据 |
| 5 | R/W（SID） | H/L | R/W="H"，数据被读到 DB7～DB0<br>R/W="L"，E="H→L"，DB7～DB0 的数据被写到 IR 或 DR |

续表

| 引脚号 | 引脚名 | 电平 | 管脚功能描述 |
|---|---|---|---|
| 6 | E（SCLK） | H/L | 使能信号 |
| 7 | DB0 | H/L | 三态数据线 |
| 8 | DB1 | H/L | 三态数据线 |
| 9 | DB2 | H/L | 三态数据线 |
| 10 | DB3 | H/L | 三态数据线 |
| 11 | DB4 | H/L | 三态数据线 |
| 12 | DB5 | H/L | 三态数据线 |
| 13 | DB6 | H/L | 三态数据线 |
| 14 | DB7 | H/L | 三态数据线 |
| 15 | PSB | H/L | H:8位或4位并口方式，L:串口方式[1] |
| 16 | NC | — | 空脚 |
| 17 | RSEET | H/L | 复位端低电平有效[2] |
| 18 | VOUT | — | LCD 驱动电压输出 |
| 19 | A | VDD | 背光源正端（+5V）[3] |
| 20 | K | VSS | 背光源负端[3] |

注：[1] 如在实际应用中仅使用串口通信模式，可将 PSB 接固定低电平，也可以将模块上的 J8 和 GND 用焊锡短接。

[2] 模块内部接有上电复位电路，因此在不需要经常复位的场合可将该端悬空。

[3] 如背光和模块共用一个电源，可以将模块上的 JA、JK 用焊锡短接。

**3. LM3033 系列液晶显示模块应用**

（1）字符显示

每屏可显示 4 行 8 列共 32 个 16×16 点阵的汉字，每个显示 RAM 可显示 1 个中文字符或 2 个 16×8 点阵全高 ASCII 码字符，即每屏最多可实现 32 个中文字符或 64 个 ASCII 码字符的显示。FYD12864-0402B 内部提供 128×2 字节的字符显示 RAM 缓冲区（DDRAM）。字符显示是通过将字符显示编码写入该字符显示 RAM 实现的。根据写入内容的不同，可分别在液晶屏上显示 CGROM（中文字库）、HCGROM（ASCII 码字库）及 CGRAM（自定义字形）的内容。三种不同字符/字型的选择编码范围为：0000～0006H（其代码分别是 0000、0002、0004、0006 共 4 个）显示自定义字型，02H～7FH 显示半宽 ASCII 码字符，A1A0H～F7FFH 显示 8192 种 GB2312 中文字库字形。字符显示 RAM 在液晶模块中的地址为 80H～9FH。字符显示的 RAM 的地址与 32 个字符显示区域有着一一对应的关系，其对应关系如表 5-23 所示。

表 5-23 RAM 的地址与 32 个字符显示区域的对应关系

| 80H | 81H | 82H | 83H | 84H | 84H | 86H | 87H |
|---|---|---|---|---|---|---|---|
| 90H | 91H | 92H | 93H | 93H | 95HH | 96H | 97H |
| 88H | 89H | 8AH | 8BH | 8CH | 8DH | 8EH | 8FH |
| 98H | 99H | 9A | 9BH | 9CH | 9DH | 9EH | 9FH |

(2) 图形显示

先设垂直地址再设水平地址（连续写入两个字节的资料来完成垂直与水平的坐标地址）。垂直地址范围为 AC5～AC0，水平地址范围为 AC3～AC0。绘图 RAM 的地址计数器（AC）只会对水平地址（X 轴）自动加 1，当水平地址为 0FH 时会重新设为 00H，但并不会对垂直地址做进位自动加 1，故当连续写入多笔资料时，程序需自行判断垂直地址是否需重新设定。GDRAM 的坐标地址与资料排列顺序如图 5-24 所示。

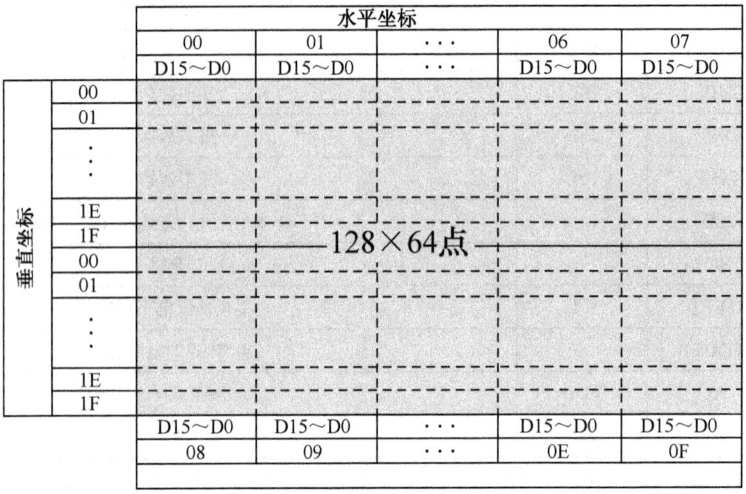

图 5-24 GDRA 坐标地址与资料排列顺序

(3) LM3033 应用电路

LM3033B-0BR3 与单片机的连接采用的是 8 位并行接口，此时 PSB 脚必须接高电平。在并行模式下可由功能设定指令中的 DL 位来选择 8 位或 4 位接口方式（DL=1 为 8 位接口），主控制系统将配合 RS、R/W、E、DB0～DB7 来完成指令/数据的传送，其操作时序与其他并行接口液晶显示模块相同。

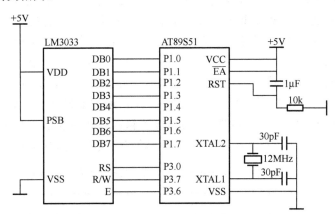

图 5-25 LM3033 应用电路

**注意**：模块与单片机连接如果为串行，PSB 脚必须接低电平。如果液晶显示模块采取 3V 供电则模块引脚的脚 3 和脚 18 之间必须加一可调电阻。

（4）应用说明

应用 LM3033B-0BR3 显示模块时应注意以下几点：

① 欲在某一个位置显示中文字符时，应先设定显示字符位置，即先设定显示地址，再写入中文字符编码。

② 显示 ASCII 字符过程与显示中文字符过程相同，不过在显示连续字符时，只需设定一次显示地址，由模块自动对地址加 1 指向下一个字符位置，否则，显示的字符中将会有一个空 ASCII 字符位置。

③ 当字符编码为 2 字节时，应先写入高位字节，再写入低位字节。

④ RE 为基本指令集与扩充指令集的选择控制位。当变更 RE 后，以后的指令集将维持在最后的状态，除非再次变更 RE 位，否则使用相同指令集时，无须每次均重设 RE 位。

## 5.6.2 LED

LED 是英文单词 Light Emitting Diode 的缩写，中文意为发光二极管，是一种能够将电能转化为可见光的固态的半导体器件，它可以直接把电转化为光。由镓（Ga）与砷（As）、磷（P）的化合物制成的二极管，当电子与空穴复合时能辐射出可见光，因而可以用来制成发光二极管，在电路及仪器中作为指示灯，组成文字或数字显示。磷砷化镓二极管发红光，磷化镓二极管发绿光，碳化硅二极管发黄光。

**1. LED 的特性**

（1）极限参数的意义

① 允许功耗 $P_m$：允许加于 LED 两端正向直流电压与流过它的电流之积的最大值。超过此值，LED 发热、损坏。

② 最大正向直流电流 $I_{Fm}$：允许加的最大的正向直流电流。超过此值可损坏二极管。

③ 最大反向电压 $V_{Rm}$：所允许加的最大反向电压。超过此值，发光二极管可能被击穿损坏。

④ 工作环境 $top_m$：发光二极管可正常工作的环境温度范围。低于或高于此温度范围，发光二极管将不能正常工作，效率大大降低。

（2）电参数的意义

① 光谱分布和峰值波长：某一个发光二极管所发之光并非单一波长，其波长大体按图 5-26（a）所示。由图可见，该发光管所发之光中某一波长 $\lambda_0$ 的光强最大，该波长为峰值波长。

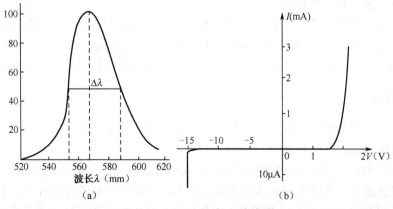

图 5-26 发光二极管参数特性

② 正向工作电流 $I_F$：它是指发光二极管正常发光时的正向电流值。在实际使用中应根据需要选择 $I_F$ 在 $0.6 \cdot I_{Fm}$ 以下。

③ 正向工作电压 $V_F$：参数表中给出的工作电压是在给定的正向电流下得到的，一般是在 $I_F=20mA$ 时测得的。发光二极管正向工作电压 $V_F$ 在 1.4～3V 之间。在外界温度升高时，$V_F$ 将下降。

④ V-I 特性：发光二极管的电压与电流的关系可用图 5-26（b）表示。在正向电压小于某一值（阈值）时，电流极小，不发光。当电压超过某一值后，正向电流随电压迅速增加，发光。由 V-I 曲线可以得出发光管的正向电压、反向电流及反向电压等参数。正向的发光管反向漏电流 $I_R<10\mu A$。

### 2. LED 的分类

（1）按发光管发光颜色分

按发光管发光颜色分，可分成红色、橙色、绿色（又细分为黄绿、标准绿和纯绿）、蓝光等。另外，有的发光二极管中包含两种或三种颜色的芯片。根据发光二极管出光处掺或不掺散射剂、有色还是无色，上述各种颜色的发光二极管还可分成有色透明、无色透明、有色散射和无色散射四种类型。散射型发光二极管可以作为指示灯用。

（2）按发光管出光面特征分

按发光管出光面特征分为圆灯、方灯、矩形灯、面发光管、侧向管、表面安装用微型管等。圆形灯按直径分为 $\phi 2mm$、$\phi 4.4mm$、$\phi 5mm$、$\phi 8mm$、$\phi 10mm$ 及 $\phi 20mm$ 等。国外通常把 $\phi 3mm$ 的发光二极管记为 T-1；把 $\phi 5mm$ 的记为 T-1（3/4）；把 $\phi 4.4mm$ 的记为 T-1（1/4）。

由半值角大小可以估计圆形发光强度角分布情况。按发光强度角分布图来分有三类：

① 高指向性。一般为尖头环氧封装，或带金属反射腔封装，且不加散射剂。半值角为 5°～20° 或更小，具有很高的指向性，可作为局部照明光源用，或与光检出器联用以组成自动检测系统。

② 标准型。通常作为指示灯用，其半值角为 20°～45°。

③ 散射型。这是视角较大的指示灯，半值角为 45°～90° 或更大，散射剂的量较大。

（3）按发光二极管的结构分

按发光二极管的结构分有全环氧包封、金属底座环氧封装、陶瓷底座环氧封装及玻璃封装等结构。

（4）按发光强度和工作电流分

按发光强度和工作电流分为普通亮度的 LED（发光强度<10mcd）、超高亮度的 LED（发光强度>100mcd），把发光强度在 10～100mcd 间的称为高亮度发光二极管。一般 LED 的工作电流在十几 mA～几十 mA，而低电流 LED 的工作电流在 2mA 以下（亮度与普通发光管相同）。

### 3. LED 的应用

由于发光二极管的颜色、尺寸、形状、发光强度及透明情况等不同，所以使用发光二极管时应根据实际需要进行恰当选择。

由于发光二极管具有最大正向电流 $I_{Fm}$、最大反向电压 $V_{Rm}$ 的限制，使用时，应保证不超过此值。为安全起见，实际电流 $I_F$ 应在 $0.6I_{Fm}$ 以下；应使可能出现的反向电压 $V_R<0.6V_{Rm}$。

LED 被广泛用于各种电子仪器和电子设备中，可作为电源指示灯、电平指示或微光源之用。红外发光管常被用于电视机、录像机等的遥控器中。

### 4. 应用电路

图 5-27 是一个简单的使用八个发光二极管的典型应用电路。采用共阳极接法，加八个分压电阻，一般电阻不可大于 1kΩ，200～500Ω最为合适。假设电源 VCC 为高电平 "1"，接地端为低电平 "0"，则当电路输入低电平 "0" 时发光二极管 VD1～VD8 正向导通 LED 亮；高电平 "1" 时，二极管反向截止 LED 灭。

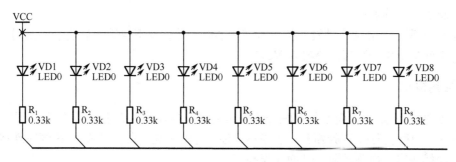

图 5-27 LED 典型应用电路

## 5.6.3 按键开关

按键开关简称按钮，通常用来接通和断开控制电路，是利用按钮推动传动机构，使动触点与静触点接通或断开并实现电路换接的开关。它是电力拖动中一种发出指令的低压电器。按键开关是一种结构简单，应用十分广泛的主令电器。在电气自动控制电路中，用于手动发出控制信号以控制接触器、继电器、电磁起动器等。

### 1. 按钮分类

（1）按钮可按操作方式、防护方式分类，常见的按钮类别及特点为：

① 开启式：适用于嵌装固定在开关板、控制柜或控制台的面板上，代号为 K。
② 保护式：带保护外壳，可以防止内部的按钮零件受机械损伤或人触及带电部分，代号为 H。
③ 防水式：带密封的外壳，可防止雨水侵入，代号为 S。
④ 防腐式：能防止化工腐蚀性气体的侵入，代号为 F。
⑤ 防爆式：能用于含有爆炸性气体与尘埃的地方而不引起传爆，如煤矿等场所，代号为 B。
⑥ 旋钮式：用手把旋转操作触点，有通断两个位置，一般为面板安装式，代号为 X。
⑦ 钥匙式：用钥匙插入旋转进行操作，可防止误操作或供专人操作，代号为 Y。
⑧ 紧急式：有红色大蘑菇钮头突出于外，作为紧急时切断电源用，代号为 J 或 M。
⑨ 自持按钮：按钮内装有自持用电磁机构，主要用于发电厂、变电站或试验设备中，操作人员互通信号及发出指令等，一般为面板操作，代号为 Z。
⑩ 带灯按钮：按钮内装有信号灯，除用于发布操作命令外，兼作为信号指示，多用于控制柜、控制台的面板上，代号为 D。

（2）按用途和触头的结构不同分类：
① 常开按钮。

② 常闭按钮。
③ 复合按钮。

### 2. 六脚自锁开关

（1）四角非自锁开关：默认情况下，距离较近的两个引脚是连在一起的，具体情况可以用万用表测试。

（2）六脚自锁开关：默认情况下，1 与 3，6 与 4 是连在一起的；按下时，1 与 2，6 与 5 是连在一起的，对称使用。

如图 5-28 所示，开关自锁键未按下时连接的是一边；按下自锁键后连接的是另一边。连接电路时中间的引脚一般都选择接入 VCC。

### 3. 应用电路

如图 5-29 所示是一个简单的双联开关应用电路，当开关 A 连接上面触头，开关 B 连接下面触头时，电路在开关 B 处断开，线路不导通，灯泡不亮。只有当 A 和 B 同时连接上面触头或者下面触头时，电路导通，灯泡才能亮。

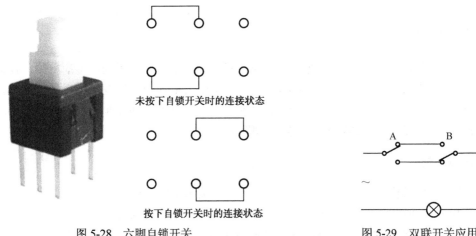

图 5-28　六脚自锁开关　　　　　图 5-29　双联开关应用电路

## 5.6.4　蜂鸣器

蜂鸣器又称为音响器，讯响器，是一种小型化的电声器件，泛指会发出声音的一种电声零件。蜂鸣器在电路中用字母"H"或"HA"（旧标准用"FM"、"LB"、"JD"等）表示。一般采用直流电压供电，广泛应用于计算机、打印机、复印机、报警器、电子玩具、汽车电子设备、电话机、定时器等电子产品中作为发声器件。

由于智能手机、PDA 和平板电脑等便携式产品日益盛行，国内市场的需求增长主要来自手机、PDA、家电和汽车报警等领域。

### 1. 蜂鸣器的分类

蜂鸣器主要分为电磁式蜂鸣器和压电式蜂鸣器两种类型。电磁式蜂鸣器由振荡器、电磁线圈、磁铁、振动膜片及外壳等组成。接通电源后，振荡器产生的音频信号电流通过电磁线圈，使电磁线圈产生磁场。振动膜片在电磁线圈和磁铁的相互作用下周期性地振动发声。

压电式蜂鸣器主要由多谐振荡器、压电蜂鸣片、阻抗匹配器及共鸣箱、外壳等组成。有的压电式蜂鸣器外壳上还装有发光二极管。

多谐振荡器由晶体管或集成电路构成。当接通电源后（1.5～15V 直流工作电压），多谐振荡器起振，输出 1.5k～2.5kHz 的音频信号，阻抗匹配器推动压电蜂鸣片发声。

压电式蜂鸣器采用压电陶瓷片制成，当给压电陶瓷片加以音频信号时，在逆压电效应的作用下，陶瓷片将随音频信号的频率发生机械振动，从而发出声响。

### 2. 有源蜂鸣器与无源蜂鸣器的区别

蜂鸣器一般分为有源、无源两种。这里的"源"不是指电源，而是指振荡源。有源蜂鸣器内部带振荡源，只要一通电就会叫。无源蜂鸣器内部不带振荡源，如果用直流信号则无法令其鸣叫，必须用 2k～5kHz 的方波去驱动它。所以有源蜂鸣器往往比无源的贵，就是因为里面多个振荡电路。有源蜂鸣器的优点是程序控制方便。无源蜂鸣器的优点是价格便宜，且声音频率可控，可以做出"多来米发索拉西"的效果，在一些特例中，可以和 LED 复用一个控制口。

现在市场上出售的一种小型蜂鸣器因其体积小（直径只有 11mm）、质量轻、价格低、结构牢靠，而广泛地应用在各种需要发声的电器设备、电子制作和单片机等电路中。有源蜂鸣器和无源蜂鸣器的外观如图 5-30 所示。

（a）有源蜂鸣器　　　　　　（b）无源蜂鸣器

图 5-30　有源、无源蜂鸣器

图中，有源蜂鸣器高度为 9mm，而无源蜂鸣器的高度为 8mm。如将两种蜂鸣器的引脚都朝上放置时，可以看出有绿色电路板的一种是无源蜂鸣器，没有电路板而用黑胶封闭的一种是有源蜂鸣器。

快速判断有源蜂鸣器和无源蜂鸣器，还可以用万用表电阻挡 $R×1$ 挡测试：用黑表笔接蜂鸣器"-"引脚，红表笔在另一引脚上来回碰触，如果发出"咔、咔"声且电阻只有 8Ω（或 16Ω）的是无源蜂鸣器；如果能发出持续声音且电阻在几百欧以上的是有源蜂鸣器。

有源蜂鸣器直接接上额定电源（新的蜂鸣器在标签上都有注明）就可连续发声；而无源蜂鸣器则和电磁扬声器一样，需要接在音频输出电路中才能发声。

### 3. 蜂鸣器的应用

图 5-31 是一个简单的蜂鸣器的应用电路，由续流二极管、滤波电容、三极管组成。续流二极管提供续流，防止蜂鸣器两端产生几十伏的尖峰电压，可能损坏三极管及整个电路系统的其他部分。滤波电容作用是滤波，也可以改善电源的交流阻抗，如果可能，最好是再并联一个 220μF 的电解电容。三极管起开关作用，基极的高电平使三极管饱和导通，

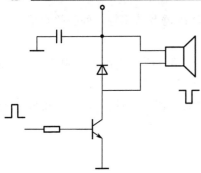

图 5-31 无源蜂鸣器典型应用电路

使蜂鸣器发声；而基极低电平则使三极管关闭，蜂鸣器停止发声。

音乐蜂鸣实际上就是在普通的蜂鸣器电路基础上加了一路电源产生余音。图 5-31 电路只适合无源蜂鸣器，对有源蜂鸣器不能采用此线路。

图 5-32 中 I/O2 输出频率信号控制三极管 TR3 的通断使蜂鸣器发声。$TR_1$、$TR_2$ 导通为蜂鸣器供电的同时给电容 $C_1$ 供电使电压不能突变，当 $TR_1$ 关断后 $C_1$ 放电使电压不能突变，加在蜂鸣器两端的电压是缓变电压就能使蜂鸣器产生余音。$R_4$、$R_5$ 控制电容充放电时间从而控制余音长短。$R_6$ 为放电电阻。I/O1 输出的是开关信号，I/O2 输出的是频率信号，在 I/O1 关断的时候，I/O2 还在输出频率信号，通过 $C_1$ 供电使蜂鸣器产生余音。通过 I/O1 和 I/O2 的互相配合可输出比较动听的音乐。音乐电路中蜂鸣器的频率常为 1k～4kHz。

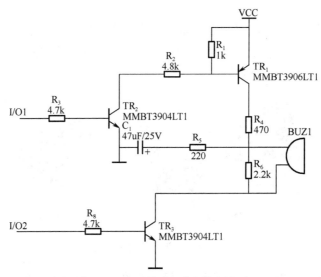

图 5-32 在源蜂鸣器典型应用电路

### 5.6.5 继电器

**1. 继电器的简介**

继电器是一种根据某种输入信号的变化使其自身的执行机构动作的自动控制电器。它具有输入电路（又称感应元件）和输出电路（又称执行元件），当感应元件的输入量（如电流、电压、频率、温度等）变化达到某一定值时，继电器动作，执行元件便接通或断开控制电路。通常应用于自动控制电路中，它实际上是用较小的电流去控制较大电流的一种"自动开关"，故在电路中起着自动调节、安全保护、转换电路等作用。概括起来，继电器有如下几种作用：

（1）扩大控制范围：如多触点继电器控制信号达到某一定值时，可以按触点组的不同形式，同时换接、开断、接通多路电路。

（2）放大：如灵敏型继电器、中间继电器等，用一个很微小的控制量，可以控制很大功率的电路。

（3）综合信号：如当多个控制信号按规定的形式输入多绕组继电器时，经过比较综合，达到预定的控制效果。

（4）自动、遥控、监测：如自动装置上的继电器与其他电器一起，可以组成程序控制线路，从而实现自动化运行。

### 2. 继电器的外形结构

继电器上的触点分为静触点和动触点，而静触点可分为常闭触点和常开触点。常开触点与常闭触点是一对状态相反的触点。常闭触点是指在继电器未动作时处于闭合状态，继电器动作时处于断开状态的触点。常开触点是指在继电器未动作时处于断开状态，继电器动作时处于闭合状态的触点。继电器结构图、符号如图 5-33 所示。

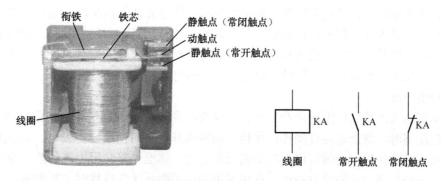

图 5-33　继电器结构图、符号

### 3. 继电器的分类

继电器按输入信号分为电流继电器、电压继电器、功率继电器、速度继电器、压力继电器、温度继电器等；按工作原理分为电磁型继电器、感应型继电器、整流型继电器、静态型继电器、热继电器等；按用途分为测量继电器与辅助继电器；按输出形式分为有触点继电器和无触点继电器。

（1）电流继电器

电流继电器线圈匝数少、导线粗、阻抗小，用做继电保护的测量元件，串接于被测电路中，反映被保护元件的电流变化，有过电流、欠电流两种类别。过电流继电器：输入电流达 70%～300%$I_e$ 时吸合，（直流）输入电流达 110%～400%$I_e$ 时释放。（交流）欠电流继电器：输入电流为 30%～65%$I_e$ 时吸合，低至 10%～20% $I_e$ 释放。正常情况下，欠电流继电器始终是吸合的，而过电流继电器始终是断开的。

（2）电压继电器

电压继电器线圈匝数多、导线细、阻抗大，并接于被测电路中，是以电压为特征量的测量继电器，有过电压、低电压两种类别。过电压继电器：输入电压达 105%～120%$U_e$ 时吸合。低电压继电器：输入电压低至 30%～50% $U_e$ 时释放。正常情况下，低电压继电器始终是吸合的，而过电压继电器始终是断开的。

（3）中间继电器

在控制电路中，有时为了增加触点的数量或增大触点的控制容量，需要使用中间继电器。中间继电器触点数量多、容量大，以扩展前级继电器触点或触点负载容量，起到中间放大的作用。继电器采用线圈电压较低的多个优质密封小型继电器组合而成，防潮、防尘、不断线，可靠性高，克服了电继电器、磁性中间继电器导线过细易断线的缺点；功耗小，温升低，不需外附大功率电阻，可任意安装、接线方便；继电器触点容量大，工作寿命长；继电器动作后有发光管指示，便于现场观察；延时只需用面板上的拨码开关整定，延时精度高，延时范围可在 0.02～5.00s 任意整定。

（4）时间继电器

时间继电器是一种利用电磁原理或机械原理实现延时控制的控制电器。它的种类很多，有空气阻尼型、电动型和电子型等。在交流电路中常采用空气阻尼型时间继电器，它是利用空气通过小孔节流的原理来获得延时动作的。它由电磁系统、延时机构和触点三部分组成。作为一种辅助继电器，在接收到动作（释放）信号后不是立即，而是经过固定的时间才改变其输出状态；延时方式有两种。通电延时：接收输入信号后延时一定的时间，输出信号才发生变化，当输入信号消失后，输出瞬时复原；断电延时：接收输入信号时，瞬时产生相应的输出信号，当输入信号消失后，延时一定的时间，输出才复原。

（5）热继电器

热继电器由流入热元件的电流产生热量，使有不同膨胀系数的双金属片发生形变，当形变达到一定距离时，就推动连杆动作，使控制电路断开，从而使接触器失电，主电路断开，实现电动机的过载保护，通常应用在电动机保护场合。热继电器利用电流的热效应原理，当其测量元件被加热到一定程度时动作，在出现电动机不能承受的过载时切断电源，为电动机提供过载保护；热继电器能够根据过载电流的大小自动调整动作时间，具有反时限保护特性，过载电流越大，动作时间越短。

4. 应用电路

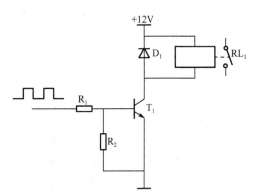

图 5-34 继电器典型应用电路

如图 5-34 所示，晶体管 $T_1$ 可视为控制开关，一般选取 $V_{CBO} \approx V_{CEO} \geq 24V$，放大倍数 $\beta$ 一般选择在 120～240 之间。电阻 $R_1$ 主要起限流作用，降低晶体管 $T_1$ 功耗，阻值为 $2k\Omega$。电阻 $R_2$ 使晶体管 $T_1$ 可靠截止，阻值为 $5.1k\Omega$。二极管 $D_1$ 反向续流，抑制浪涌，一般选 1N4148 即可。

NPN 晶体管驱动时：当晶体管 $T_1$ 基极被输入高电平时，晶体管饱和导通，集电极变为低电平，因此继电器线圈通电，触点 $RL_1$ 吸合。当晶体管 $T_1$ 基极被输入低电平时，晶体管截止，继电器线圈断电，触点 $RL_1$ 断开。

## 5.6.6 USB 接口

### 1. USB 概念

通用串行总线（Universal Serial Bus，USB）是连接外部装置的一个串口汇流排标准，在计算机上使用广泛,但也可以用在机顶盒和游戏机上,补充标准 On-The-Go（OTG）使其能够在便携装置之间直接交换资料。USB 是一个外部总线标准,用于规范电脑与外部设备的连接和通信。USB 接口支持设备的即插即用和热插拔功能,可用于连接多达 127 种外设,如鼠标、调制解调器和键盘等,如图 5-35 所示。

### 2. 发展历史

USB 是在 1994 年年底由 Intel、Compaq、IBM、Microsoft 等多家公司联合提出的,自 1996 年推出后,已成功替代串口和并口,成为当今个人电脑和大量智能设备必配的接口之一。从 1994 年 11 月 11 日发表了 USB V0.7 版本以后,USB 版本经历了多年的发展,到现在已经发展为 3.0 版本。

（1）USB 1.0

USB 1.0 是在 1996 年出现的,速度只有 1.5Mb/s（位每秒）；1998 年升级为 USB 1.1,速度也提升到 12Mb/s,在部分旧设备上还能看到这种标准的接口。USB1.1 是较为普遍的 USB 规范,其高速方式的传输速率为 12Mbps,低速方式的传输速率为 1.5Mbps, b/s 一般表示位传输速度,bps 表示位传输速率,数值上相等。B/s 与 b/s, Bps（字节每秒）与 bps（位每秒）不能混淆。1MB/s（兆字节/秒）=8Mbps（兆位/秒）,12Mbps=1.5MB/s,大部分 MP3 为此种接口类型。

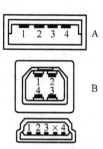

图 5-35　USB 接口

（2）USB 2.0

USB 2.0 规范是由 USB1.1 规范演变而来的。它的传输速率达到了 480Mbps,折算为 60MB/s,足以满足大多数外设的速率要求。USB 2.0 中的"增强主机控制器接口"（EHCI）定义了一个与 USB 1.1 相兼容的架构。它可以用 USB 2.0 的驱动程序驱动 USB 1.1 设备。也就是说,所有支持 USB 1.1 的设备都可以直接在 USB 2.0 的接口上使用而不必担心兼容性问题,而且像 USB 线、插头等附件也都可以直接使用。

使用 USB 为打印机应用带来的变化则是速度的大幅度提升,USB 接口提供了 12Mbps 的连接速度,相比并口速度提高到 10 倍以上,在这个速度下打印文件传输时间大大缩减。USB 2.0 标准进一步将接口速度提高到 480Mbps,是普通 USB 速度的 20 倍,更大幅度降低了打印文件的传输时间。

（3）USB 3.0

由 Intel、Microsoft、HP、德州仪器、NEC、ST-NXP 等业界巨头组成的 USB 3.0 Promoter Group 宣布,该组织负责制定的新一代 USB 3.0 标准已经正式完成并公开发布。USB 3.0 的理论速度为 5.0Gb/s,其实只能达到理论值的 50%,接近于 USB 2.0 的 10 倍。USB 3.0 的物理层采用 8b/10b 编码方式,理论速度为 4Gb/s,实际速度还要扣除协议开销,可广泛用于 PC 外围设备和消费电子产品。

### 3. 接口布置

USB 是一种常用的 PC 接口,只有 4 根线,两根电源线和两根信号线,故信号是串行传输的。USB 接口也称为串行口,可以满足各种工业和民用需要。USB 接口的输出电压和电流是+5V/500mA,实际上有误差,最大不能超过±0.2V,也就是 4.8～5.2V。USB 接口的 4 根线一般是下面这样分配的：

黑线：GND；红线：VCC；绿线：data+；白线：data-。

USB 接口一般的排列方式：红、白、绿、黑，从左到右，如图 5-36 所示。各端口定义如下：

- 红色（USB 电源）：标有 VCC、Power、5V、5VSB 字样。
- 白色（USB 数据线）：（负）DATA-、USBD-、PD-、USBDT-。
- 绿色（USB 数据线）：（正）DATA+、USBD+、PD+、USBDT+。
- 黑色（地线）：GND、Ground。

4. 接口种类

随着各种数码设备的大量普及，特别是 MP3 和数码相机的普及，日常使用的 USB 设备渐渐多了起来。然而这些设备虽然都是采用了 USB 接口，但是数据线并不完全相同。这些数据线在连接 PC 的一端都是相同的，但是在连接设备端的时候，通常出于体积的考虑而采用了各种不同的接口。

（1）Mini B 型 5Pin

这种接口可以说是最常见的一种了，这种接口由于防误插性能出众，体积也比较小巧，所以正在赢得越来越多的厂商青睐，现在这种接口广泛出现在读卡器、MP3、数码相机以及移动硬盘上，如图 5-37 所示。

图 5-36  USB 接口配置

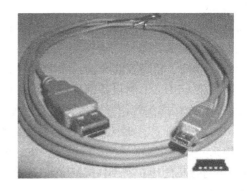

图 5-37  Mini B 型 5Pin  USB 接口

（2）Mini B 型 4Pin

这种接口常见于以下品牌的数码产品：奥林巴斯的 C 系列和 E 系列，柯达的大部分数码相机，三星的 MP3 产品（如 Yepp），SONY 的 DSC 系列，康柏的 IPAQ 系列产品等，如图 5-38 所示。

Mini B 型 4Pin 还有一种形式，那就是 Mini B 型 4Pin Flat。顾名思义，这种接口比 Mini B 型 4Pin 要更加扁平，在设备中的应用也比较广泛。

（3）Mini B 型 8Pin Round

这种接口和前面的普通型比起来，就是将原来的 D 型接头改成了圆形接头，并且为了防止误插在一边设计了一个凸起，如图 5-39 所示。

这种接头可以见于一些 Nikon 的数码相机，CoolPix 系列比较多见。虽然 Nikon 一直坚持用这种接口，但是在一些较新的机型中，如 D100 和 CP2000 也都采用了普及度最高的 Mini B 型 5Pin 接口。

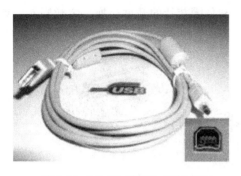

图 5-38  Mini B 型 4Pin USB 接口

图 5-39  Mini B 型 8Pin Round USB 接口

（4）Mini B 型 8Pin 2×4

这种接口也是一种比较常见的了，如图 5-40 所示。如 iRiver 的著名的 MP3 系列，其中号称"铁三角"的 180TC，以及该系列的很多其他产品采用的均是这种接口。

（5）Micro USB B 型

Micro USB 是 USB 2.0 标准的一个便携版本，比部分手机使用的 Mini USB 接口更小，Micro USB 是 Mini USB 的下一代规格，由 USB 标准化组织美国 USB Implementers Forum（USB-IF）于 2007 年 1 月 4 日制定完成，如图 5-41 所示。Micro USB 支持 OTG，和 Mini USB 一样，也是 5Pin 的。Micro 系列的定义包括标准设备使用的 Micro B 系列插槽；OTG 设备使用的 Micro AB 插槽；Micro A 和 Micro B 插头，还有线缆。Micro 系列的独特之处是它们包含了不锈钢外壳，万次插拔没有问题。

2009 年 10 月 26 日在瑞士日内瓦举办的国际电联 ITU-T 第五研究组（SG5）全会上完成了"通用移动终端及其他 ICT 设备的电源适配器和充电器方案"框架标准讨论并通过，并申请进入报批程序。这实际意味着全球都将统一手机充电器标准。

图 5-40  Mini B 型 8Pin USB 接口

图 5-41  Micro Mini B 型 USB 接口

### 5.6.7 UART 接口

**1. 概念**

UART 是一种通用异步串行数据总线，用于异步通信。该总线双向通信，可以实现全双工传输和接收，用于嵌入式系统与主机的调试，与外围芯片的数据交换，多数嵌入式处理器内部集成了 UART 接口。实物如图 5-42 所示。

图 5-42　UART 数据线及端口

因为计算机内部采用并行数据，不能直接把数据发到嵌入式系统，必须经过 UART 整理才能进行异步传输，其过程为：CPU 先把准备写入串行设备的数据放到 UART 的寄存器（临时内存块）中，再通过 FIFO（First Input First Output，先入先出队列）传送到串行设备，若是没有 FIFO，信息将变得杂乱无章，不可能传送到嵌入式系统。

**2. UART 接口连接**

UART 是计算机中串行通信端口的关键部分。在计算机中，UART 相连于产生兼容 RS-232 规范信号的电路。RS-232 标准定义逻辑"1"信号相对于地为-3～-15V，而逻辑"0"相对于地为+3～+15V。所以，当一个微控制器中的 UART 相连于 PC 时，它需要一个 RS-232 驱动器来转换电平。UART 通信连接过程如图 5-43 所示。

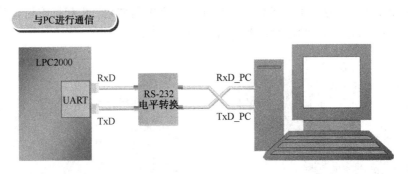

图 5-43　UART 通信连接过程

UART 指的是 TTL 电平的串口；RS-232 指的是 RS-232 电平的串口。

TTL 电平是 5V 的，而 RS-232 是负逻辑电平，它定义+5～+12V 为低电平，而-12～-5V 为高电平。

UART 串口的 RXD、TXD 等一般直接与处理器芯片的引脚相连，而 RS-232 串口的 RXD、TXD 等一般需要经过电平转换（通常由 Max-232 等芯片进行电平转换）才能接到处理器芯片的引脚上，否则这么高的电压很可能会把芯片烧坏。

我们平时所用的计算机的串口就是 RS-232 的，在做电路工作时，应该注意外设的串口是 UART 类型的还是 RS-232 类型的，如果不匹配，应当找个转换线（通常这根转换线内有块类似于 Max-232 的芯片做电平转换工作的），不能盲目地将两串口相连。

### 3. UART 数据格式

UART 首先将接收到的并行数据转换成串行数据来传输。消息帧数据包括起始位、数据位、奇偶校验位、停止位，如图 5-44 所示。

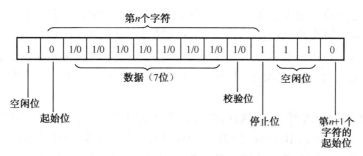

图 5-44　UART 帧数据格式

起始位：先发出一个逻辑"0"的信号，表示传输字符的开始。

数据位：紧接着起始位之后。数据位的个数可以是 4、5、6、7、8 等，构成一个字符。通常采用 ASCII 码。从最低位开始传送，靠时钟定位。

奇偶校验位：数据位加上这一位后，使"1"的位数应为偶数（偶校验）或奇数（奇校验），以此来校验资料传送的正确性。

停止位：它是一个字符数据的结束标志，可以是 1 位、1.5 位、2 位的高电平。由于数据是在传输线上定时的，并且每一个设备有自己的时钟，很可能在通信中两台设备间出现了小小的不同步。因此停止位不仅仅表示传输的结束，并且提供计算机校正时钟同步的机会。适用于停止位的位数越多，不同时钟同步的容忍程度越大，但是数据传输率同时也越小。

空闲位：处于逻辑"1"状态，表示当前线路上没有资料传送。

### 4. 通信速度

微控制器中的 UART 传送数据的速度范围为每秒几百位到 1.5Mb。例如，嵌入在 ElanSC520 微控制器中的高速 UART 通信的速度可以高达 1.152Mbps。UART 波特率还受发送和接收线对距离（线长度）的影响。

### 5. UART 功能

（1）发送/接收逻辑

发送逻辑对从发送 FIFO 读取的数据执行"并→串"转换。控制逻辑输出起始位在先的串行位流，并且根据控制寄存器中已编程的配置，会面紧跟着数据位（注意：最低位 LSB 先输出）、奇偶校验位和停止位。

在检测到一个有效的起始脉冲后，接收逻辑对接收到的位流执行"串→并"转换。此外还会对溢出错误、奇偶校验错误、帧错误和线中止（line-break）错误进行检测，并将检测到的状态附加到被写入接收 FIFO 的数据中。

（2）波特率的产生

波特率除数（baud-rate divisor）是一个 22 位数，它由 16 位整数和 6 位小数组成。波特率发生器使用这两个值组成的数字来决定位周期。通过带有小数波特率的除法器，在足够高的系统时钟速率下，UART 可以产生所有标准的波特率，而误差很小。

（3）数据收发

发送时，数据被写入发送 FIFO。如果 UART 被使能，则会按照预先设置好的参数（波特率、数据位、停止位、校验位等）开始发送数据，一直到发送 FIFO 中没有数据。一旦向发送 FIFO 写数据（如果 FIFO 未空），UART 的忙标志位 BUSY 就有效，并且在发送数据期间一直保持有效。BUSY 位仅在发送 FIFO 为空，且已从移位寄存器发送最后一个字符，包括停止位时才变无效。即 UART 不再使能，它也可以指示忙状态。BUSY 位的相关库函数是 UARTBusy()。

在 UART 接收器空闲时，如果数据输入变成"低电平"，即接收到了起始位，则接收计数器开始运行，并且数据在 Baud16 的第 8 个周期被采样。如果 RxD 在 Baud16 的第 8 周期仍然为低电平，则起始位有效，否则会被认为是错误的起始位并将其忽略。

如果起始位有效，则根据数据字符被编程的长度，在 Baud16 的第 16 个周期对连续的数据位（即一个位周期之后）进行采样。如果奇偶校验模式使能，则还会检测奇偶校验位。

最后，如果 RxD 为高电平，则有效的停止位被确认，否则发生帧错误。当接收到一个完整的字符时，将数据存放在接收 FIFO 中。

（4）中断控制

出现以下情况时，可使 UART 产生中断：

① FIFO 溢出错误。

② 线中止错误（即 RxD 信号一直为 0 的状态，包括校验位和停止位在内）。

③ 奇偶校验错误。

④ 帧错误（停止位不为 1）。

⑤ 接收超时（接收 FIFO 已有数据但未满，而后续数据长时间不来）。

⑥ 发送。

⑦ 接收。

由于所有中断事件在发送到中断控制器之前会一起进行"或运算"操作，所以任意时刻 UART 只能向中断产生一个中断请求。通过查询中断状态函数 UARTIntStatus()，软件可以在同一个中断服务函数里处理多个中断事件（多个并列的 if 语句）。

（5）FIFO 操作

FIFO 是 "First-In First-Out" 的缩写，意为 "先进先出"，是一种常见的队列操作。发送 FIFO 的基本工作过程：只要有数据填充到发送 FIFO 里，就会立即启动发送过程。发送 FIFO 会按照填入数据的先后顺序把数据一个个发送出去，直到发送 FIFO 全空时为止。已发送完毕的数据会被自动清除，在发送 FIFO 里同时会多出一个空位。

接收 FIFO 的基本工作过程：当硬件逻辑接收到数据时，就会往接收 FIFO 里填充接收到的数据。程序应当及时取走这些数据，数据被取走也是在接收 FIFO 里被自动删除的过程，因此在接收 FIFO 里同时会多出一个空位。如果在接收 FIFO 里的数据未被及时取走而造成接收 FIFO 已满，则以后再接收到数据时因无空位可以填充而造成数据丢失。

（6）回环操作

UART 可以进入一个内部回环（Loopback）模式，用于诊断或调试。在回环模式下，从 TxD 上发送的数据将被 RxD 输入端接收。

# 项目六　实训项目：物联网射频识别技术与应用系统软件使用

## 6.1　工具准备阶段

**硬件工具**：请参见项目五表 5-1 或硬件使用手册配件清单。
**软件工具**：
- Keil uVision4　　　　　　　　　　1 套
- 串口驱动程序　　　　　　　　　　1 套
- RFID_Center 程序　　　　　　　　1 套
- Flash magic 程序　　　　　　　　 1 套
- RFID_Center 项目配套源码　　　　1 套
- Proteus 程序　　　　　　　　　　 1 套
- 串口调试助手　　　　　　　　　　1 套

本实验系统使用 CortexM0 处理器开发固件，需要安装 2 个开发工具：Setup_JLinkARM_V426b.exe 与 MDK420.exe。其中 Setup_JLinkARM_V426b.exe 用来安装 JTAG 编程器的驱动，MDK420.exe 则是 Keil uVision4 集成开发环境的安装包。

### 6.1.1　安装串口驱动说明

安装串口驱动按以下步骤进行。
（1）双击应用程序文件，如图 6-1 所示。

图 6-1　应用程序文件

（2）单击"下一步"按钮，如图 6-2 所示。
（3）安装完成，如图 6-3 所示。

图 6-2　单击"下一步"按钮

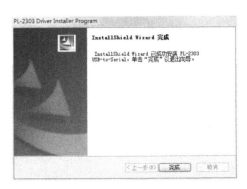

图 6-3　安装完成

## 6.1.2 Keil uVision 安装

Keil uVision 安装按照以下步骤进行。

（1）选择软件工具中"mdk420_mcu123"目录下的 ，单击"Yes"按钮，进入如图 6-4 所示界面。

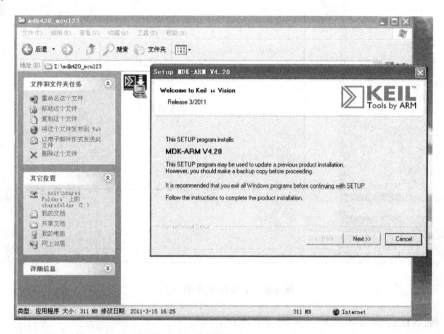

图 6-4　安装向导界面（一）

（2）单击"Next"按钮，进入如图 6-5 所示的界面，进行选择。

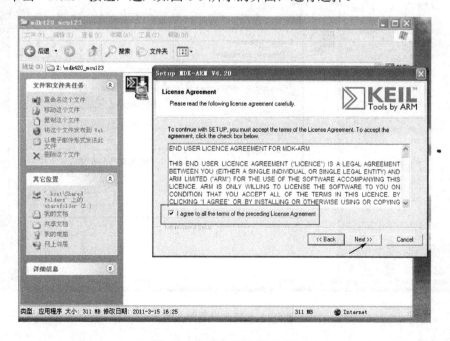

图 6-5　安装向导界面（二）

(3) 保持默认安装目录不变，并单击"Next"按钮，如图 6-6 所示。

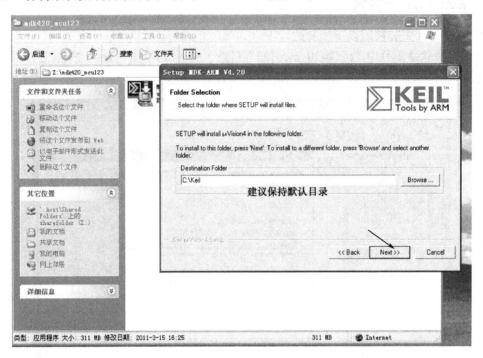

图 6-6　安装向导界面（三）

(4) 输入自己的安装信息，如图 6-7 所示。

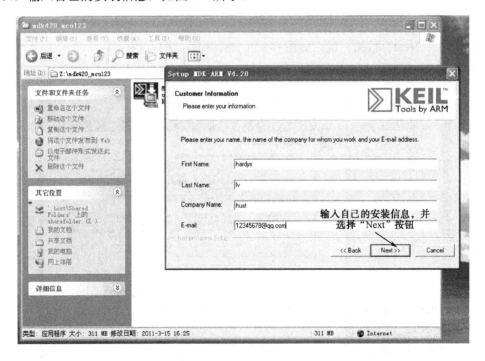

图 6-7　安装向导界面（四）

(5) 安装程序开始安装，如图 6-8 所示。

图 6-8 安装向导界面（五）

（6）单击"Next"按钮，进入如图 6-9 所示的界面，保持默认选择不变，单击"Next"按钮。

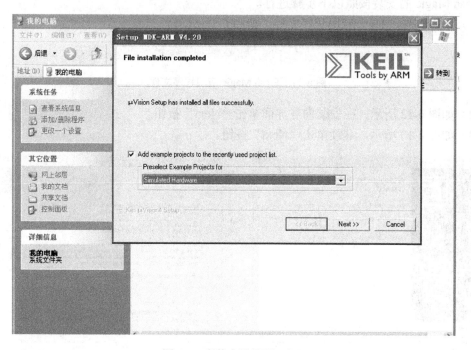

图 6-9 安装向导界面（六）

（7）最后单击"Finish"按钮，安装完成，如图 6-10 所示，现在桌面上的"Keil uVision4"就可以使用了。

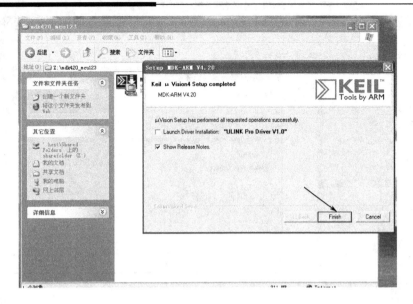

图 6-10　安装向导界面（七）

## 6.1.3　Flash Magic 安装使用

**1. Flash Magic 的安装**

Flash Magic 的安装按照以下步骤进行。

（1）双击 Flash Magic 应用程序文件，如图 6-11 所示。

图 6-11　Flash Magic 应用程序文件

（2）如图 6-12 所示，在安装向导界面单击 "Next" 按钮。
（3）如图 6-13 所示，继续单击 "Next" 按钮。

图 6-12　安装向导界面（一）　　　　　图 6-13　安装向导界面（二）

（4）修改安装目录，如图 6-14 所示。
（5）如图 6-15 所示，单击 "Next" 按钮继续安装。

图 6-14　安装向导界面（三）

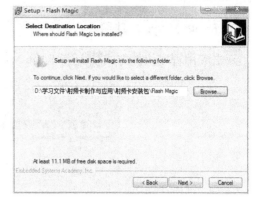

图 6-15　安装向导界面（四）

（6）单击"Next"按钮，如图 6-16 所示。

（7）继续单击"Next"按钮，如图 6-17 所示。

图 6-16　安装向导界面（五）

图 6-17　安装向导界面（六）

（8）在如图 6-18 所示界面中单击"Install"按钮。

（9）单击"Finish"按钮完成安装，如图 6-19 所示。

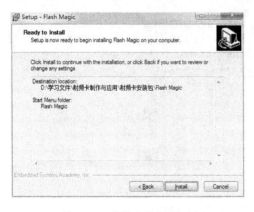

图 6-18　安装向导界面（七）

图 6-19　安装向导界面（八）

（10）找到刚刚存储的目录，双击打开，将  发送到桌面快捷方式。

## 2. Flash Magic 的使用

双击应用程序快捷方式运行 Flash Magic，其界面如图 6-20 所示。

图 6-20　Flash Magic 界面

将系统的 USB 或 UART 接口与计算机的串口相连，短接 ISP 下载跳线，并重启实验系统。此处需要注意开发板的串口连接无误，确认计算机系统中已经安装串口驱动程序 PL-2303 USB-to-Serial，同时确认计算机的串行端口号。

在使用 FlashMagic 进行 ISP 下载前需要完成以下几个设置：

（1）Communications（通信设置）

① 在 Setp 1 的"Select Device"中选择所使用的芯片型号，本实验系统中选择 ARM Cortex 系列芯片 LPC114/301 或 LPC114/302，单击"OK"按钮，如图 6-21 所示。

图 6-21　选择所使用的芯片型号

② 在"COM Port"中根据实际串口连接情况选择串行通信端口,如图 6-22 所示。
③ 在"Baud Rate"选项中设置串口通信波特率,数值越大下载速度越快,通常可选择 115200,如图 6-22 所示。
④ 在"Interface"中选择"None（ISP）"作为下载方式,如图 6-22 所示。
⑤ 在"Oscillator"中设置芯片所使用的系统时钟频率。本实验系统中时钟频率是 12MHz,如图 6-22 所示。

（2）Erase（擦除设置）

选择好 Device 后,在界面中将出现所选芯片的 Flash 分区情况,可任意选择所要擦除的分区,亦可在 Step 2 中勾选"Erase all Flash+Code Rd Prot"擦除所有的分区或"Erase blocks used by Hex File"擦除 Hex 文件使用到的分区。若用户无特殊应用,建议选择擦除 Hex 文件使用的分区,如图 6-23 所示。

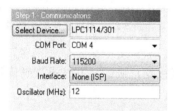

图 6-22　通信设置

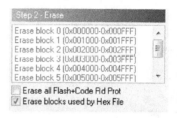

图 6-23　擦除设置

（3）Hex File（Hex 文件路径设置）

单击 Setp 3 中"Browse"按钮,选择需要下载的 Hex 文件,如图 6-24 所示。

（4）Options（其他功能设置）

在 Step 4 中勾选"Verify after programming"设置在下载后进行校验,其他项用户根据自己需要进行选择。无特殊要求无须勾选其他项,如图 6-25 所示。

图 6-24　文件路径设置

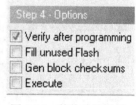

图 6-25　其他功能设置

（5）Start（启动）

关闭电源,按下 ISP 按键（如果是 ISP 跳线,就短接跳线）,打开电源,单击 Step 5 中"Start"按钮启动 ISP 下载。下载完成后断开 ISP 跳线或者松开 ISP 按键,并重启系统,程序运行（ISP 按键不需要一直按下,只要保证上电的前后一秒内按住即可）,如图 6-26 所示。

擦除成功后,断开 ISP 跳线并重启实验系统。

3. Flash Magic 使用常见问题

（1）自动波特率失败

在进行 ISP 操作时,常常会出现"Operation Failed（failed to autobaud-step 1）"自动波特率失败的提示,如图 6-27 所示。这时可以考虑进行以下几个方面的处理。

图 6-26 启动

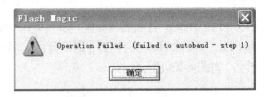

图 6-27 自动波特率失败提示

① 检查器件连接。

首先确认电脑串口与芯片 UART0 口之间的连接是正确的，并且再次确认开发板的 ISP 跳线已经短接。

② 重启系统。

给系统重新上电或按下开发板上的"RST"复位键，使芯片复位重新进入 ISP 模式。

③ 调整串口波特率。

尝试使用不同的波特率进行 ISP 下载。例如，可将波特率更换为"19200"等。

④ 更换驱动程序。

也可能由于串口驱动的兼容性问题，在某些操作系统下或者在安装了某些软件的情况下可能会导致 Flash Magic 不能正常工作，可尝试更换串口驱动程序。

（2）擦除失败

图 6-28 擦除失败提示

若在使用 ISP 时出现"Operation Failed（erasing device）"提示擦除失败时，如图 6-28 所示，可尝试以下几种方法。

① 反复多次操作。

有可能是串口通信受到干扰或不稳定，建议进行多次尝试。注意，每次尝试前都不要忘了重启系统。

② 调整串口波特率。

也可能是自动波特率测试不准确引起的，建议改变串口波特率后进行尝试。注意，每次重试前都不要忘了重启系统。

③ 更换芯片。

如果以上两种方法始终不能成功擦除芯片的话，很有可能是芯片坏了，建议更换芯片。

## 6.2　MCU 系统应用基础技能

### 6.2.1　创建 MCU 程序

Keil uVision 集成开发环境是以工程的方法来管理文件的，所有的文件包括源程序（包括

C 程序、汇编程序)、头文件以及说明性的技术文档都可以放在工程项目文件里来统一管理。一般可以按以下步骤来创建自己的 Keil uVision 项目工程。

创建一个工程项目文件，需要先新建一个文件夹 Beep，然后按照以下步骤进行。

(1) 双击桌面图标，进入如图 6-29 所示界面，选择 "Project" → "New uVision Project" 命令。

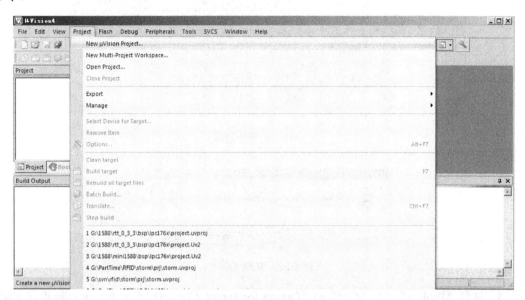

图 6-29　Keil uVision 界面

(2) 选择工程文件要存放的路径，如图 6-30 所示。

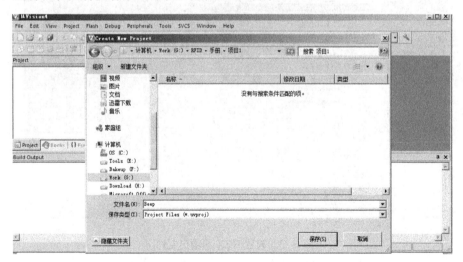

图 6-30　选择工程文件要存放的路径

(3) 为工程选择目标文件，选择 NXP (founded by Philips) 下的 LPC1114/301 处理器，并单击 "OK" 按钮，如图 6-31 所示。

(4) 在弹出的如图 6-32 所示对话框中，单击 "是" 按钮，将配套演示源码项目 1 中的 "CM0" 和 "LPC11××" 两个目录以及文件复制到该工程目录下。

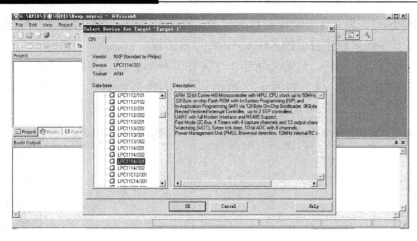

图 6-31 选择处理器

图 6-32 复制文件

（5）选择"Project"下拉菜单中的"Option for Target 'Target1'"命令，为目标设置 HEX 的输出文件，如图 6-33 所示。

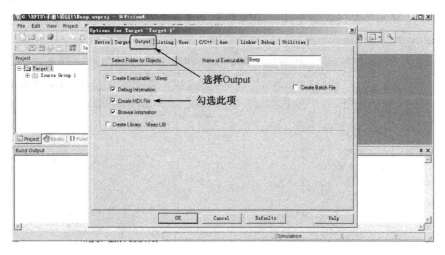

图 6-33 设置 HEX 的输出文件

（6）在主界面左侧"Project"视图中选择"Target 1"，单击"Source Group1"，修改其"Group"名为"CM0"。然后右击"Target 1"，选择"Add Group"命令，修改新添加的"Group"名为"LPC11××"，如图 6-34 所示。

（7）右击"Project"视图中的 Group "CM0"，选择"Add Files to Group 'CM0'"命令，选择步骤（4）中提到的目录 CM0 下的所有类型文件（包括 C 代码、汇编代码以及头文件），单击"Add"按钮，如图 6-35 所示。

项目六 实训项目：物联网射频识别技术与应用系统软件使用

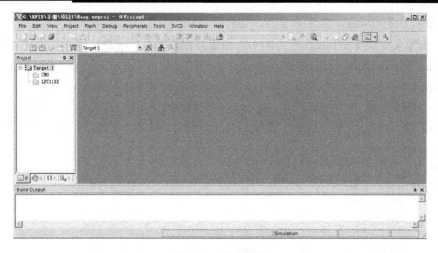

图 6-34 修改名称

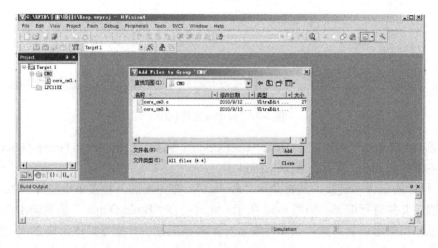

图 6-35 添加文件

（8）类似上面步骤（7）所示，将步骤（4）中提到的目录"LPC11××"的文件添加到 Group "LPC11××"中，如图 6-36 所示。

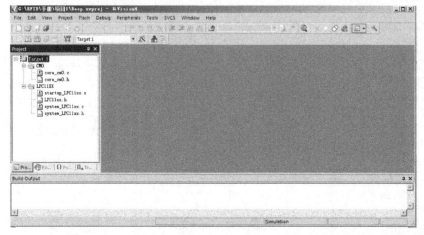

图 6-36 添加全部文件

（9）添加一个 Group，命名为"User Code"。

（10）选择菜单命令"File"→"New"创建并保存源代码程序，文件名保存为 main.c，并编写主程序代码，如图 6-37 所示。

图 6-37　main.c 文件代码

（11）右击"Project"视图中的 Group"User Code"，选择"Add Files to Group 'User Code'"，选择上步生成的 main.c，并添加到该 Group 中。

（12）程序的编译和链接。选择菜单"Project"，在弹出的下拉菜单中选择"Build target"命令对源程序文件进行编译，如图 6-38 所示。此时会在"Build Output"信息输出窗口输出一些相关信息。由提示信息可知：第 1 行表示开始对该工程进行编译操作，第 2～5 行表示

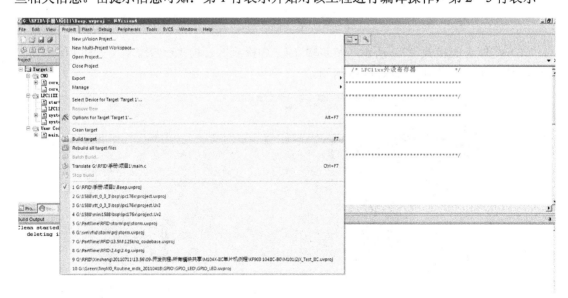

图 6-38　编译文件

Keil uVision 正在对该工程的所有文件进行编译，第 6 行表示正在链接所有编译后的目标文件，第 7 行表示最后生成的文件的代码段、数据段等程序段的大小，第 8 行表示该项目的目标文件 Beep.hex 已经生成，最后一行表示该项目的可执行文件 Beep.axf 成功生成，并提示是否有告警信息，如图 6-39 所示。若在编译过程中出现错误，系统会给出错误所在行和该错误的提示信息，用户应根据这些提示信息，更正程序中的错误，重新编译直至完全正确。

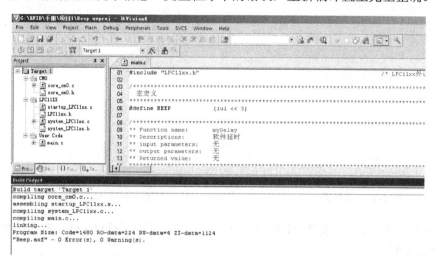

图 6-39　输出提示信息

## 6.2.2　在线下载及调试

**硬件连接**：通过 JTAG 接口及编程器把电脑与实验箱进行连接。

**软件设置**：按照以下步骤进行设置。

（1）在"Project"菜单下，选择"Option for Target 'Target 1'"命令，如图 6-40 所示。

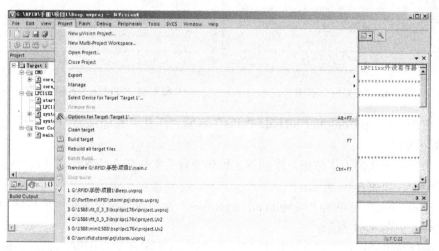

图 6-40　选择"Option for Target 'Target 1'"命令

（2）选择"Option for Target 'Target 1'"界面的"Device"选项卡，确认选择器件无误，如图 6-41 所示。

（3）选择"Output"选项卡，可以修改生成可执行文件名，也可直接用默认文件名，通常与工程名一致，同时勾选"Debug information"、"Create HEX File"、"Browse information"三项，如图6-42所示。

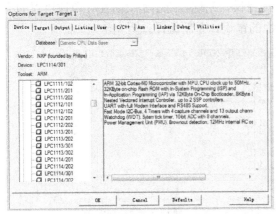

图6-41 选择器件

图6-42 确定可执行文件名

（4）如图6-43所示，选择"C/C++"选项卡，单击"Include Paths"右侧按钮，出现如图6-44所示界面。

图6-43 "C/C++"选项卡

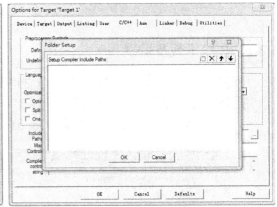

图6-44 "Folder Setup"窗口（一）

（5）单击"Setup Compiler include Paths"右侧"新建"按钮或者双击空白处，出现如图6-45所示窗口。

（6）单击新出现的 按钮，添加该工程到所有头文件所在的路径，单击"OK"按钮，编译设置结束，如图6-46所示。

（7）选择"File"菜单的"Rebuild all target files"命令或直接单击相应的快捷按钮，编译该工程文件，如图6-47所示。

（8）编译结果会提示工程文件是否有错，一直修改到编译结果出现"creating hex file"及"0 Error(s)"，表示该工程编译成功，如图6-48所示。

项目六　实训项目：物联网射频识别技术与应用系统软件使用

图 6-45 "Folder Setup"窗口（二）

图 6-46 编译设置结束

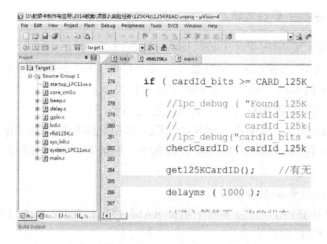

图 6-47 编译文件

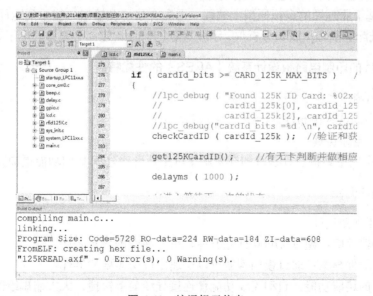

图 6-48 编译提示信息

（9）程序编译成功后，可配合 Flash Magic 下载软件（使用方法参见 6.1.3 小节）。

## 6.3 Proteus 8.0 安装和使用

### 6.3.1 Proteus 8.0 基本性能概述

Proteus 8.0 是英国 Labcenter 公司开发的嵌入式系统仿真开发平台,不仅具有其他 EDA 工具软件的仿真功能,还能仿真单片机及外围器件。它是目前最好的仿真单片机及外围器件的工具,是目前世界上唯一将电路仿真软件、PCB 设计软件和虚拟模型仿真软件三合一的设计平台。虽然目前国内推广的起步不久,但已经受到单片机爱好者、从事单片机教学的教师、致力于单片机开发应用的科技工作者的青睐。Proteus 主要由两个设计系统及 3D 浏览器构成:ISIS.EXE(电路原理图设计系统)和 ARES.EXE(印制电路板设计系统)。

**1. Proteus ISIS 的主要性能特点**

(1)Proteus 的电路原理图设计系统(ISIS)性能特点

Proteus 的元件库有分离元件、集成器件,还有多种 CPU 的可编程序器件。既有理想元件模型,还有各种根据不同厂家及时更新的实际元件模型。

(2)Proteus 的电路原理图设计系统的仿真实验功能

Proteus 电路设计系统不仅能做电路基础实验、模拟电路实验与数字电路实验,而且能做单片机与接口实验。在 Proteus 8.0 的交互式仿真中,还能直观地用颜色表示电压的大小,用箭头表示电流方向。

(3)Proteus 软件具有革命性的特点

① 互动的电路仿真:用户可以实时采用如 RAM、ROM、键盘、马达、LED、LCD、AD/DA、部分 SPI 器件、部分 $I^2C$ 器件。

② 仿真处理器及其外围电路:可以仿真 51 系列、AVR、PIC、ARM 等常用主流单片机,还可以直接在基于原理图的虚拟原型上编程,再配合显示及输出,能看到运行后输入输出的效果。配合系统配置的虚拟逻辑分析仪、示波器等,Proteus 建立了完备的电子设计开发环境。

**2. Proteus 的印制电路板设计系统(ARES)的性能特点**

(1)原理布图。
(2)PCB 自动或人工布线。
(3)SPICE 电路仿真。

Proteus 的印制电路板设计系统同样采用年度更新升级,PCB 的功能更加完备。

**3. 功能模块介绍**

(1)智能原理图设计

① 丰富的器件库:超过 27000 种元器件,可方便地创建新元件。
② 智能的器件搜索:通过模糊搜索可以快速定位所需要的器件。
③ 智能化的连线功能:自动连线功能使连接导线简单快捷,大大缩短绘图时间。
④ 支持总线结构:使用总线器件和总线布线使电路设计简明清晰。
⑤ 可输出高质量图纸:通过个性化设置,可以生成印刷质量的 BMP 图纸,可以方便地

供 Word、PowerPoint 等多种文档使用。

（2）完善的电路仿真功能

① ProSPICE 混合仿真：基于工业标准 SPICE3F5，实现数字/模拟电路的混合仿真。

② 超过 27000 个仿真器件：可以通过内部原型或使用厂家的 SPICE 文件自行设计仿真器件，Labcenter 也在不断地发布新的仿真器件，还可导入第三方发布的仿真器件。

③ 多样的激励源：包括直流、正弦、脉冲、分段线性脉冲、音频（使用 wav 文件）、指数信号、单频 FM、数字时钟和码流，还支持文件形式的信号输入。

④ 丰富的虚拟仪器：13 种虚拟仪器，面板操作逼真，如示波器、逻辑分析仪、信号发生器、直流电压/电流表、交流电压/电流表、数字图案发生器、频率计/计数器、逻辑探头、虚拟终端、SPI 调试器、$I^2C$ 调试器等。

⑤ 生动的仿真显示：用色点显示引脚的数字电平，导线以不同颜色表示其对地电压大小，结合动态器件（如电机、显示器件、按钮）的使用可以使仿真更加直观、生动。

⑥ 高级图形仿真功能（ASF）：基于图标的分析可以精确分析电路的多项指标，包括工作点、瞬态特性、频率特性、传输特性、噪声、失真、傅立叶频谱分析等，还可以进行一致性分析。

（3）单片机协同仿真功能

① 支持主流的 CPU 类型：如 ARM7、8051/52、AVR、PIC10/12、PIC16、PIC18、PIC24、dsPIC33、HC11、BasicStamp、8086、MSP430 等，CPU 类型随着版本升级还在继续增加，如即将支持 Cortex、DSP 处理器。

② 支持通用外设模型：如字符 LCD 模块、图形 LCD 模块、LED 点阵、LED 七段显示模块、键盘/按键、直流/步进/伺服电机、RS-232 虚拟终端、电子温度计等，其 COMPIM（COM 口物理接口模型）还可以使仿真电路通过 PC 串口和外部电路实现双向异步串行通信。

③ 实时仿真：支持 UART/USART/EUSARTs 仿真、中断仿真、SPI/$I^2C$ 仿真、MSSP 仿真、PSP 仿真、RTC 仿真、ADC 仿真、CCP/ECCP 仿真。

④ 编译及调试：支持单片机汇编语言的编辑/编译/源码级仿真，内带 8051、AVR、PIC 的汇编编译器，也可以与第三方集成编译环境（如 IAR、Keil 和 Hitech）结合，进行高级语言的源码级仿真和调试。

（4）实用的 PCB 设计平台

① 原理图到 PCB 的快速通道：原理图设计完成后，一键便可进入 ARES 的 PCB 设计环境，实现从概念到产品的完整设计。

② 先进的自动布局/布线功能：支持器件的自动/人工布局；支持无网格自动布线或人工布线；支持引脚交换/门交换功能使 PCB 设计更为合理。

③ 完整的 PCB 设计功能：最多可设计 16 个铜箔层，2 个丝印层，4 个机械层（含板边），灵活的布线策略供用户设置，自动设计规则检查，3D 可视化预览。

④ 多种输出格式的支持：可以输出多种格式文件，包括 Gerber 文件的导入或导出，便于与其他 PCB 设计工具的互转（如 Protel）和 PCB 的设计和加工。

### 4. Proteus 资源

（1）Proteus 可提供的仿真元器件资源：仿真数字和模拟、交流和直流等数千种元器件，有 30 多个元件库。

（2）Proteus 可提供的仿真仪表资源：示波器、逻辑分析仪、虚拟终端、SPI 调试器、$I^2C$

调试器、信号发生器、模式发生器、交直流电压表、交直流电流表。理论上同一种仪器可以在一个电路中随意调用。

（3）除了现实存在的仪器外，Proteus 还提供了一个图形显示功能，可以将线路上变化的信号，以图形的方式实时地显示出来，其作用与示波器相似，但功能更多。这些虚拟仪器仪表具有理想的参数指标，如极高的输入阻抗、极低的输出阻抗。这些都尽可能减少了仪器对测量结果的影响。

（4）Proteus 可提供的调试手段：Proteus 提供了比较丰富的测试信号用于电路的测试。这些测试信号包括模拟信号和数字信号。

### 6.3.2　Proteus 8.0 的安装

Proteus 8.0 安装方法如下。

（1）运行 Proteus 8.0 的"Setup.exe"安装程序，勾选"I accept the terms of this agreement"选项，如图 6-49 所示。

（2）单击"Next"按钮弹出如图 6-50 所示界面，选择"Use a locally installed license key"。

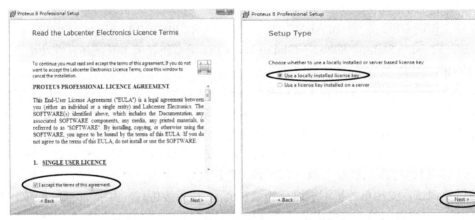

图 6-49　安装向导界面（一）　　　　图 6-50　安装向导界面（二）

（3）继续选择"Next"按钮，直到弹出如图 6-51 所示界面。

图 6-51　安装向导界面（三）

（4）单击"Browse For Key File"按钮，找到 LICENCE.lxl 文件，单击"Install"按钮后在弹出的提示框中单击"是"按钮，出现如图 6-52 所示界面。

项目六 实训项目：物联网射频识别技术与应用系统软件使用

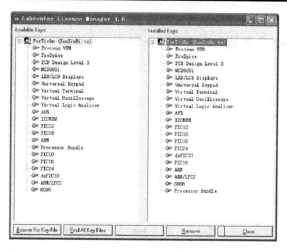

图 6-52 安装向导界面（四）

（5）单击"Close"按钮，弹出如图 6-53 所示界面，勾选全部选项。

（6）单击"Next"按钮，出现如图 6-54 所示界面，有两个选项："Typical"为典型模式，"Custom"为自定义模式，这里选择自定义模式。

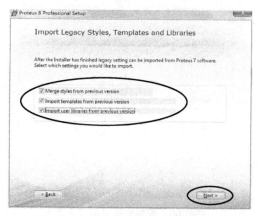

图 6-53 安装向导界面（五）

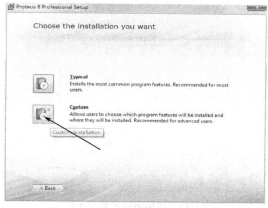

图 6-54 安装向导界面（六）

（7）按照提示操作，选择安装目录，如图 6-55、图 6-56 所示。

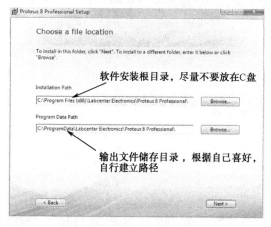

图 6-55 安装向导界面（七）

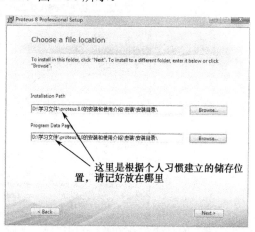

图 6-56 安装向导界面（八）

215

(8) 选择好文件后,单击"Next"按钮,弹出如图6-57所示界面。

(9) 继续单击"Next"按钮,出现如图6-58所示界面。

图6-57 安装向导界面(九)　　　　图6-58 安装向导界面(十)

(10) 单击"Next"按钮,出现如图6-59所示界面。

(11) 单击"Install"按钮,弹出正在安装界面,如图6-60所示。

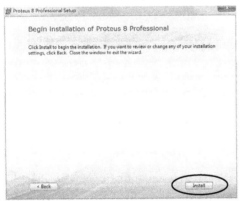 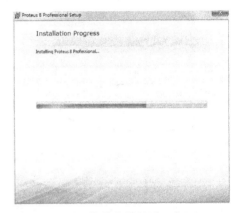

图6-59 安装向导界面(十一)　　　　图6-60 安装向导界面(十二)

(12) 选择缓存目录安装路径,建议不要放在C盘上,如图6-61、图6-62所示。

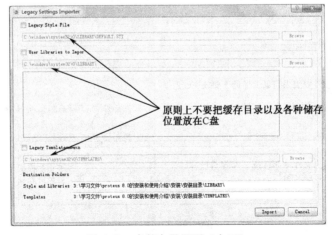

图6-61 安装向导界面(十三)

项目六　实训项目：物联网射频识别技术与应用系统软件使用

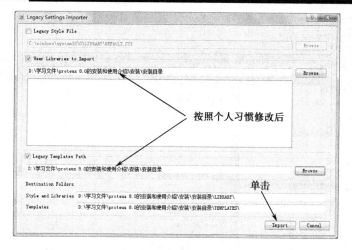

图 6-62　安装向导界面（十四）

（13）单击"Import"按钮，完成安装，如图 6-62 所示。

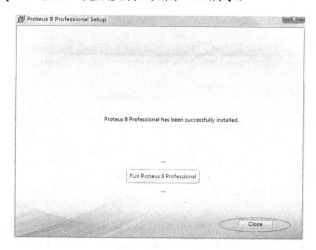

图 6-63　安装向导界面（十五）

## 6.3.3　Proteus 8.0 使用介绍

### 1. 新建工程项目

Proteus 8.0 以工程的方法来管理文件，所有的文件可以放在工程项目文件里来统一管理。一般可以按照以下步骤来创建原理布图项目工程。

（1）先新建一个文件夹"项目一"。

（2）双击桌面图标 ，进入如图 6-64 所示的界面，单击"New Project"按钮新建项目。

（3）选择新建项目文件要存放的路径，这里选择刚刚新建的文件夹，如图 6-65 所示。

（4）单击"Next"按钮弹出新项目向导方案设计，有两个选项："Do not create a schematic"为不创建示意图，"Create a schematic from the selected template"为从选中的模板创建一个示意图。此处选择从模板创建示意图，一般选择默认的"DEFAULT"，如图 6-66 所示。

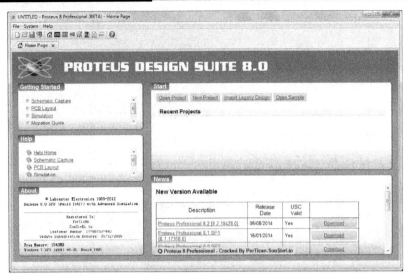

图 6-64 新建项目

图 6-65 选择新建项目文件要存放的路径

图 6-66 从模板创建示意图

(5)单击"Next"按钮弹出 PCB 布局向导界面,有两个选项:"Do not create a PCB layout"为不创建 PCB 布局,"Create a PCB layout from the selected template"为从选中的模板创建一个 PCB 布局。此处选择不创建,如图 6-67 所示。

(6)单击"Next"按钮,出现如图 6-68 所示界面,选择"No Firmware Project"没有固件项目。

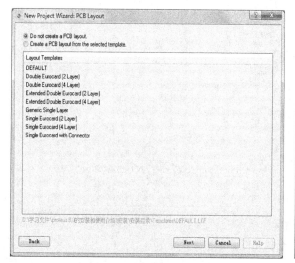

图 6-67　不创建 PCB 布局

图 6-68　固件项目选择

(7)单击"Next"按钮,出现如图 6-69 所示界面,单击"Finish"按钮,完成新项目的创建。

图 6-69　完成新项目创建

## 2. 绘制电路原理图

(1)查找元件

在原理图编辑窗中的任意空白处右击,在弹出的菜单中选择"Place"→"Component"→"From Libraries"命令,如图 6-70 所示。

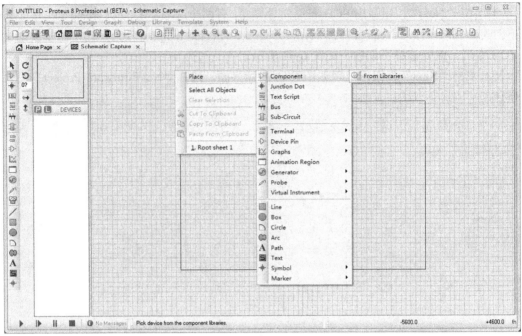

图 6-70 查找元件命令

(2) 在弹出的"浏览元件库"窗口中进行查找,如图 6-71 所示。

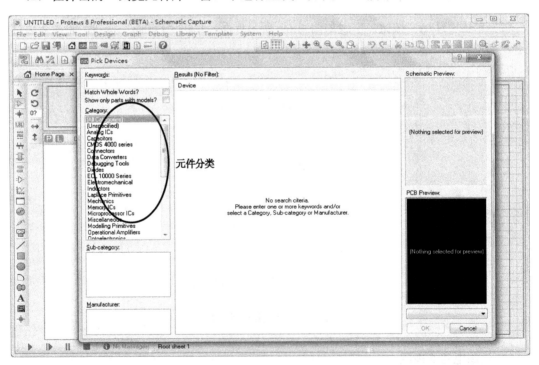

图 6-71 "浏览元件库"窗口

(3) 输入所需查找的元件,如"AT89C51",找到需要的型号,单击"OK"按钮选取元件,如图 6-72 所示。

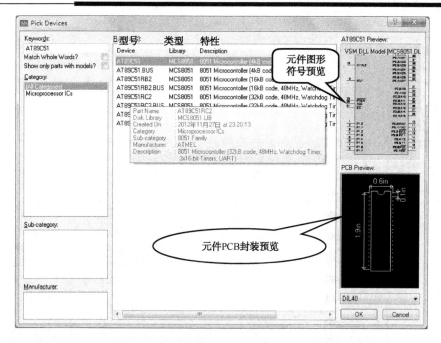

图 6-72　查找元件

（4）放置元件

① 选取元件。单击要选取的元件符号，按下键盘上的"-/+"键，可改变元件的方向，便于元件的摆放，移动鼠标可将它移动到图纸上适当的位置，再单击鼠标左键放置，如果选择的元件不正确，可右击放弃，如图 6-73 所示。

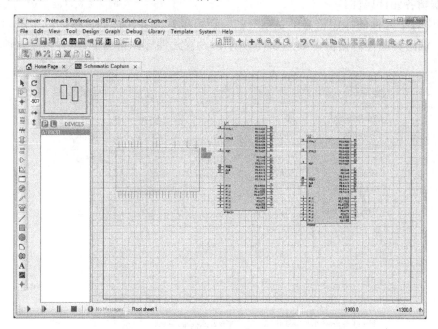

图 6-73　选取元件

② 依照上述方式，将其余元件也放置在图纸中，每个元件在放置时都会带有一个默认参数值。综观全局调整各个元件的位置，放置好所用元器件的图纸，如图 6-74 所示。

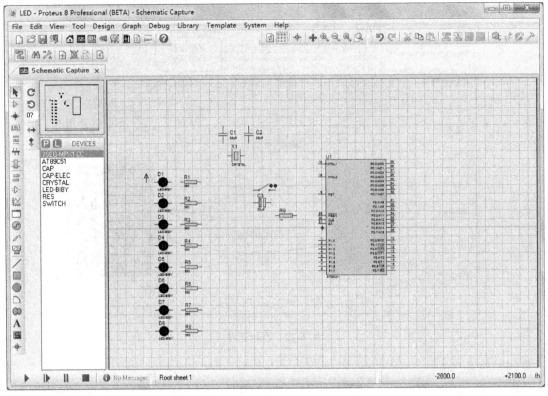

图 6-74 放置元件

③ 编辑各元件属性。

电路中每个元件的标识符必须是唯一的,但可以修改各元件的参数。以电阻为例,双击电阻 R1,调出其属性对话框,如图 6-75 所示,设置元件标识符为 R1,并设置元件参数值为 560Ω。

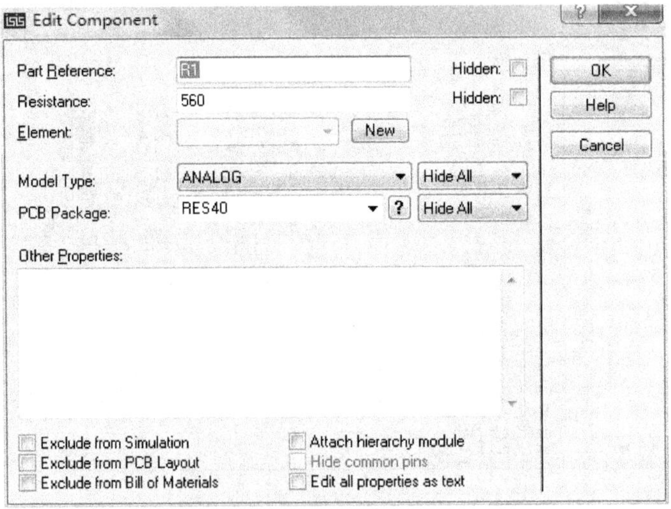

图 6-75 编辑元件属性

元件属性全部修改后完成电路,如图 6-76 所示。

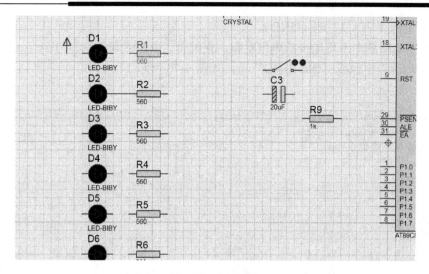

图 6-76 完成电路

④ 放置电连接线。

放置电连接线的目的是按照电路设计要求实现网络的电连通。例如，D4 与 R4 连接，首先移动光标到 D4 元件引脚端点上，单击一次鼠标左键，然后移动光标到 R4 元件引脚端点上，再单击鼠标左键，即可将 D4、R4 的两个引脚连接起来，依照上述方法放置其他的电连接线，如图 6-77 所示。

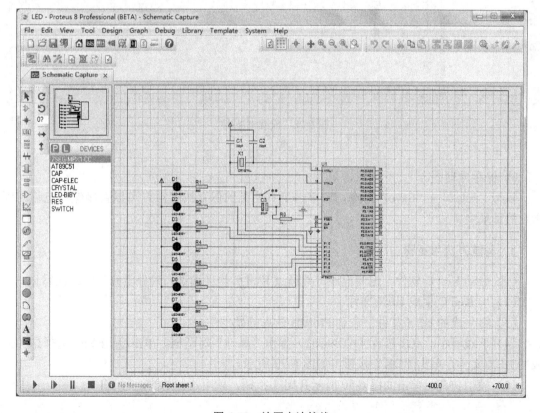

图 6-77 放置电连接线

⑤ 放置电源（VCC）、地（GND）。

电源/地是电路图中不可缺少的电气对象，在编辑工具栏中单击 "Terminals Mode" 按钮选择 "POWER" 电源或 "GROUND" 地，如图 6-78 所示。

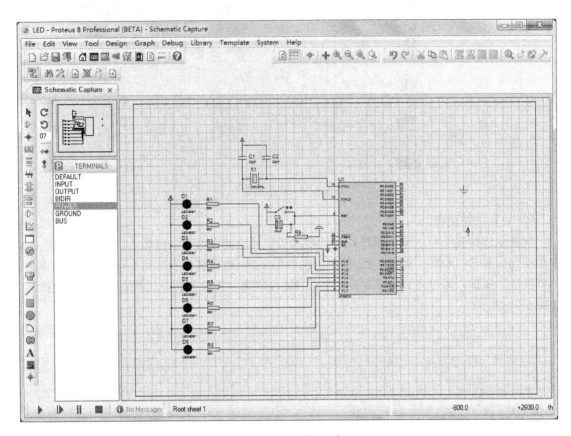

图 6-78 放置电源/地

⑥ 保存原理图。

执行 "File" → "Save" 命令，或单击工具栏上的保存按钮，可以直接保存电路图到指定的目录中。

### 3. 调试方法与步骤

（1）启动 Keil C 软件，编写程序，并通过 Keil C 软件调试，确保没有任何语法错误。

（2）用 Keil C 生成 HEX 文件。

（3）将生成的 HEX 文件下载到 Proteus 仿真的硬件中。

（4）下载程序，双击芯片（AT89C51）弹出 "属性" 对话框。单击 按钮，选择添加生成的 HEX 文件，单击 "OK" 按钮，如图 6-79 所示。

（5）模拟仿真。单击如图 6-80 所示开始 按钮，就可进行仿真运行了。

项目六 实训项目：物联网射频识别技术与应用系统软件使用

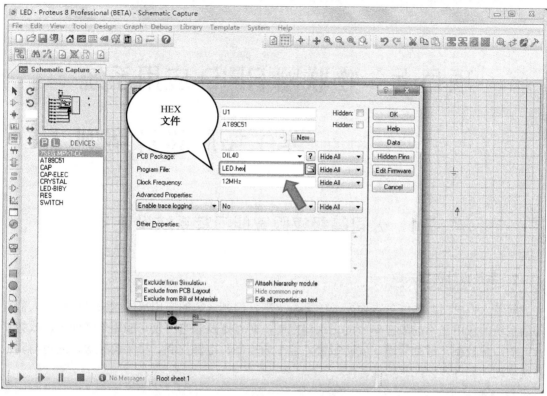

图 6-79 调试程序

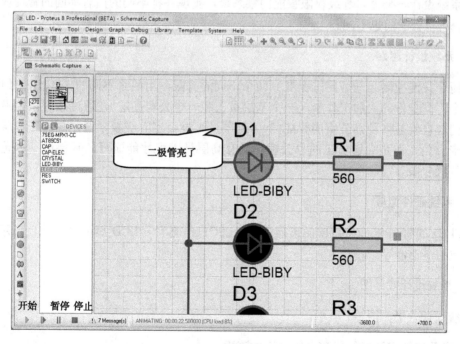

图 6-80 模拟仿真

# 项目七 物联网 RFID 应用系统
## ——学生拓展设计案例

## 7.1 公司等级权限智能门禁系统设计

**1. 系统设计创意来源**

随着人们对门禁系统各方面要求的不断提高，门禁系统的应用范围越来越广泛。人们对门禁系统的应用已不局限在单一的出入口控制，而且还要求它不仅可应用于智能大厦或智能社区的门禁控制、考勤管理、安防报警、停车场控制、电梯控制、楼宇自控等，还可与其他系统联动控制等多种控制功能。

**2. 系统设计功能**

本系统设计一个公司等级权限智能门禁系统，实现各种不同的门有不同的管理权限，职位不同，可以开的门也不同。

**3. 系统设计思路**

用两个按键控制（一个高一个低）两个不同的权限，用两张不同的 125kHz 的 ID 卡来模拟两个不同身份的人的工作卡（一个基层员工和一个公司高层），通过按键来转换是哪种权限的门（也就是哪种办公室的智能门）。基层员工办公室等级权限低，高层和基层员工都可以刷卡开门，但是高层员工的办公室门只有高层员工卡才能刷开，基层员工卡无效，从而实现等级权限。

**4. 系统硬件组成**

125kHz 的射频卡、125kHz 阅读器模块、LPC1114 芯片、LCD 显示器、LED 指示灯、蜂鸣器、电磁继电器等。

**5. 系统设计效果图**

系统设计效果如图 7-1 所示。

**6. 公司等级权限智能门禁系统的工作流程**

公司等级权限智能门禁系统工作流程如图 7-2 所示。

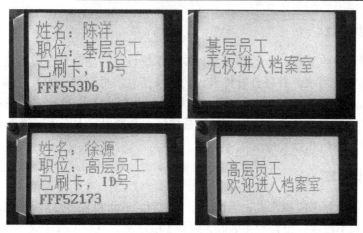

图 7-1 系统设计效果

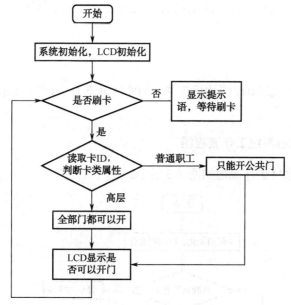

图 7-2 公司等级权限智能门禁系统工作流程

7．思考

（1）怎样可以实现卡与卡之间的权限设置？
（2）怎样利用现有的资源实现多张卡的权限设置，即多名高层跟职工之间的关系。
（3）这个实验的拓展跟现实生活的差别在哪里，怎样可以更完善？

## 7.2　射频卡水控制器系统设计

1．系统设计创意来源

学校宿舍热水打水系统是自动打水系统，刷热水卡一次，打水系统开关开启，可以打水，再次刷水卡，开关自动关闭，停止打水，如若不进行二次刷卡，消费 0.5 元后系统自动停止出水。

### 2. 系统设计功能

基于学校热水打水系统，本射频卡水控制器系统设计的功能是在阅读器感应区刷射频水卡即可开启自动开关用水，并可查看持卡人的用水信息，再次刷卡即可控制自动开关停水，每刷卡一次取水最大值是 25 个单位，即如果只刷一次卡，打水 25 个单位后打水器自动停止出水。余额不足控制器自动关阀不出水并屏显提示，余额用完水表关阀停水；充值金额在 IC 卡内，每次消费用水时扣除相应金额。

### 3. 系统设计思路

用 125kHz 的射频卡模拟水卡，当没有卡接触时，开水机保持红灯，LED1 一直亮，绿灯 LED3 不亮，表示不流水；当有卡接触时，绿灯 LED3 亮，红灯 LED1 灭，表示不流水；当卡里面的钱减少 25 个单位时，自动停止流水，如果想继续打水，需要再次刷卡；当不需要太多水的时候，只需再刷一次卡，自动停止流水。此过程和日常校园热水卡的用法一样，既方便又节约用水。

### 4. 系统硬件组成

125kHz 的射频卡、125kHz 阅读器模块、LPC1114 芯片、LCD 显示器、LED 指示灯、蜂鸣器、电磁继电器等。

### 5. 射频卡水控制器系统工作流程图

射频卡水控制器系统工作流程如图 7-3 所示。

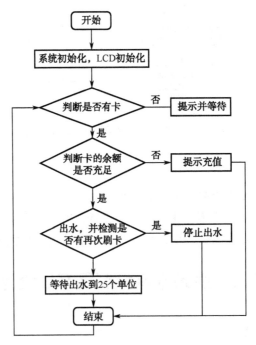

图 7-3　射频卡水控制器系统工作流程

## 6. 系统设计效果图

系统设计效果如图 7-4 所示。

未刷卡，LED1 亮，LED3 灭，模拟打水器系统不出水

刷卡，LED1 灭，LED3 亮，模拟打水器系统出水

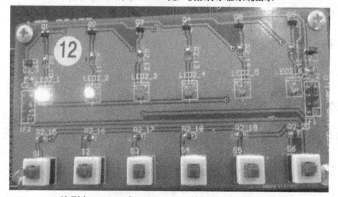

二次刷卡，LED1 亮，LED3 灭，模拟打水器系统不出水

图 7-4　系统设计效果

7. 思考

（1）能否用 13.56MHz 的芯片来实现这些功能？如何才能完成？

（2）如果采用 13.56MHz 系统作为基础进行该系统设计，怎样实现可以直接给卡充值、持卡消费？即在卡的哪些数据段可以进行操作？

（3）该拓展还有哪些不足？如何使其更完美？

## 7.3 购物消费系统设计

1. 系统设计创意来源

用 13.56MHz 的卡片来模拟银联卡的消费。

2. 系统设计实现功能

在实验箱 13.56MHz 公交收费系统的基础上，模拟实现日常购物消费系统，13.56MHz 射频卡模拟消费卡，阅读器系统模拟消费系统刷卡机，增加了按键矩阵模块，用来实现密码及消费、充值金额输入，加上显示屏显示消费余额、消费金额等，蜂鸣器提醒。

3. 系统设计思路

（1）卡的充值：利用 13.56MHz 卡的数据块（扇区）对卡设立唯一的 ID，并且在此数据位存储卡的金额信息，以达到消费。

（2）卡的消费：在开始过程中，显示屏显示欢迎语，利用实验箱矩阵的一个按键来（模拟 POS 机接收到要刷卡的信息）开启刷卡（其余按键可以用来模拟输入要刷卡钱的多少，即对数据位的值进行自加法或自增），当感应到卡的信息时，进行消费，实质上是对卡的数据位的值做自减法，显示屏显示消费金额、余额等，并且蜂鸣器响声提示。结束后重新开始消费循环。

4. 系统硬件组成

13.56MHz 的射频卡、13.56MHz 阅读器模块、LPC1114 芯片、LCD 显示器、显示灯、蜂鸣器、矩阵按键模块等。

5. 购物消费系统工作流程图

购物消费系统工作流程如图 7-5 所示。

6. 系统设计效果图

系统设计效果如图 7-6 所示。

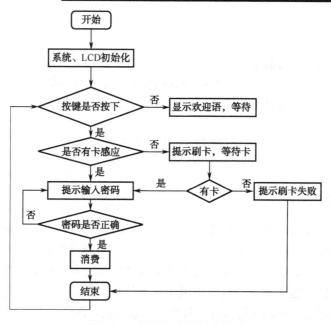

图 7-5 购物消费系统工作流程

图 7-6 系统设计效果

### 7. 思考

（1）假如没有矩阵键盘的拓展，如何利用现有的资源实现消费金额、密码的输入？

（2）矩阵键盘或者其他的一些外部拓展如何跟实验箱进行通信？

（3）该拓展还可以实现日常生活中的那些应用？如何实现？

## 7.4 停车场收费系统设计

### 1. 系统设计创意来源

停车场收费系统采用非接触式智能卡，在停车场的出入口处设置一套出入口管理设备，使停车场形成一个相对封闭的场所，进出车只需将 IC 卡在读卡箱前轻晃一下，系统即能瞬时完成检验、记录、核算、收费等工作，挡车道闸自动启闭，方便快捷地进行停车场的管理。进场车主和停车场的管理人员均持有一张属于自己的智能卡，作为个人的身份识别，只有通过系统检验认可的智能卡才能进行操作（管理卡）或进出（停车卡），充分保证了系统的安全性、保密性，有效地防止车辆失窃，免除车主后顾之忧。

### 2. 系统设计实现功能

（1）实现 125kHz 的刷卡功能。

（2）实现计时功能。

（3）显示扣费功能。

### 3. 系统设计思路

利用实验箱 125kHz 的射频卡和接收模块作为收费系统的出入口管理设备，利用电磁继电器作为挡杆，以控制车辆的进出。当车临近收费系统时，提示刷卡进入，并且计时。等到车辆要出去时，刷卡自动收取费用，应收取的费用=$K \times S$；（$K$——设定的每小时多少钱，单位为元每时；$S$——共停车多久，单位为时）。卡的余额=第一次刷卡时的余额-应收取的费用。

### 4. 停车场收费系统工作流程图

停车场收费系统工作流程如图 7-7 所示。

### 5. 系硬件统组成

125kHz 的射频卡、125kHz 阅读器模块、LPC1114 芯片、LCD 显示器、LED 指示灯、蜂鸣器、电磁继电器等。

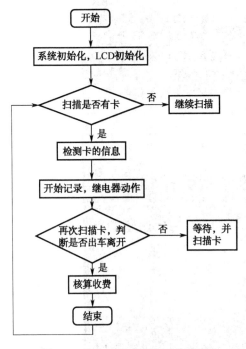

图 7-7 停车场收费系统工作流程

### 6. 系统设计效果图

系统设计效果如图 7-8 所示。

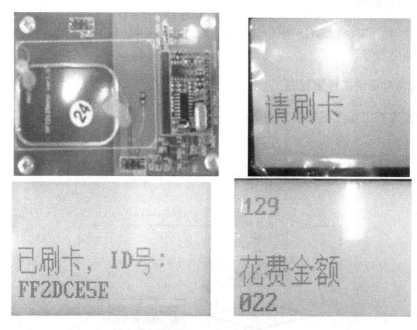

图 7-8　系统设计效果

### 7. 思考

（1）假如有两张卡或者多张卡分别进入到停车场，它们各自如何计算停车时间，如何能使它们互不干扰？

（2）怎么可以实现卡的充值？

（3）现实生活中的停车场里面，在刷卡时，还可以提示车位剩余多少，给出最优的车位，根据目前的拓展，这些功能都可以实现，如何实现？

（4）该拓展有哪些不足？如何改进？

## 7.5　优秀职工考勤系统设计

### 1. 系统设计创意来源

职工考勤系统是记录工时及时间跟踪的系统。主要用途为记录、统计和分析员工在项目及非项目上的各项工作任务内容和所花费的时间，用来采集项目标准工时，考核员工绩效，核算项目人工成本。可以由此降低项目人工成本，提高员工工作效率。

### 2. 系统设计实现功能及设计思路

为方便公司考勤，表彰优秀员工，特此设计优秀员工考勤系统，统计每日前十位最早上班员工，并在月终予以奖励。设计一个计数程序，刷一次卡计一次数、LED 灯亮、蜂鸣器响、继电器开。当签到人数超过十人以后，不再计数，蜂鸣器长鸣，屏幕显示"今日优秀名额已满"但仍可签到。

### 3. 系硬件统组成

125kHz 的射频卡、125kHz 阅读器模块、LPC1114 芯片、LCD 显示器、LED 指示灯、蜂鸣器、电磁继电器等。

### 4. 职工考勤系统工作流程图

职工考勤系统工作流程如图 7-9 所示。

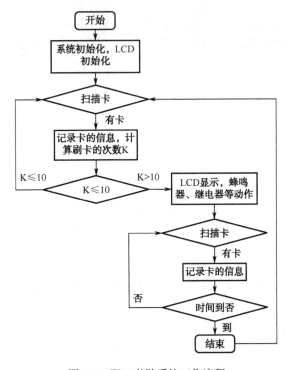

图 7-9  职工考勤系统工作流程

### 5. 系统设计效果图

系统设计效果如图 7-10 所示。

  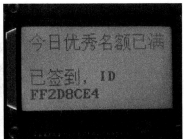

图 7-10  系统设计效果

6. 思考

（1）考勤系统时间如何记录？

（2）如何记录员工一段时间的考勤记录并进行统计？

（3）如何完善系统功能？

# 参 考 文 献

[1] International Standard ISO7810.Identification cards.Physical characteristics, 2003.

[2] International Standard ISO7811.Identification cards.Recording technique, 2004.

[3] International Standard ISO7816.Identification cards. Integrated circuit(s) cards, 2007.

[4] International Standard ISO/IEC14443.Identification cards. Contactless Integrated circuit(s) cards-Proximity Cards, 2008.

[5] International Standard ISO/IEC15693.Identification cards Contactless Integrated circuit(s) cards-Vicinity Cards, 2006.

[6] International Standard ISO/IEC10008.Information technology-Radio frequency identification for item management, 2008.

[7] 王爱英. 智能卡技术——IC 卡与 RFID 标签（第 3 版）. 北京：清华大学出版社，2009.

[8] 黄玉兰. 物联网射频识别（RFID）核心技术详解. 北京：人民邮电出版社. 2010.

[9] 游占清. 无线射频识别技术（RFID）理论与应用. 北京：电子工业出版社. 2006.

[10] 单承赣. 射频识别（RFID）原理与应用. 北京：电子工业出版社. 2008.

[11] 庞明. 物联网条形码技术与射频识别技术. 北京：中国财富出版社. 2011.

[12] 张新程. 物联网关键技术. 北京：人民邮电出版社. 2011.

[13] 刘岩. RFID 通信测试技术及应用. 北京：人民邮电出版社. 2010.

[14] 米志强. 射频识别（RFID）技术与应用. 北京：电子工业出版社. 2011.

[15] 彭力. 无线射频识别（RFID）技术基础. 北京：北京航空航天大学出版社. 2012.

[16] 张鸿涛. 物联网关键技术及系统应用. 北京：机械工业出版社. 2012.

# 反侵权盗版声明

电子工业出版社依法对本作品享有专有出版权。任何未经权利人书面许可,复制、销售或通过信息网络传播本作品的行为,歪曲、篡改、剽窃本作品的行为,均违反《中华人民共和国著作权法》,其行为人应承担相应的民事责任和行政责任,构成犯罪的,将被依法追究刑事责任。

为了维护市场秩序,保护权利人的合法权益,我社将依法查处和打击侵权盗版的单位和个人。欢迎社会各界人士积极举报侵权盗版行为,本社将奖励举报有功人员,并保证举报人的信息不被泄露。

举报电话:(010)88254396;(010)88258888
传　　真:(010)88254397
E-mail:　　dbqq@phei.com.cn
通信地址:北京市万寿路 173 信箱
　　　　　电子工业出版社总编办公室
邮　　编:100036